普通高等院校"十四五"精品教材

光电子技术实验

主　编　刘钦朋
副主编　李东明　李晓莉　贾振安

西南交通大学出版社
·成　都·

内容提要

本书参照教育部现行的《电子信息类教学质量国家标准》，依据光电信息科学与工程专业的核心课程设置，结合西安石油大学光电信息科学与工程专业的特色和优势编撰而成。全书实验包括光电系统常见光源实验、光电探测器件实验、光纤传感和光纤通信实验、光调制实验、光谱测量实验 5 章，每章是一个相对独立的单元，每章实验均体现不同的层次，同时 5 章实验内容又是一个有机整体。本书精选光电子技术中典型实验，并融合体现专业特色的光纤传感实验，合计 38 个实验项目。每个实验首先简单介绍实验背景，宏观介绍实验内容及背景知识，然后依次介绍实验目的、实验原理、实验系统与装置、实验内容与步骤、实验注意事项、问题思考和拓展，目的是激发学生的实验兴趣，培养学生的科学素养，提高学生实践动手能力。

图书在版编目（ＣＩＰ）数据

光电子技术实验 / 刘钦朋主编. —成都：西南交通大学出版社，2020.12

ISBN 978-7-5643-7803-5

Ⅰ. ①光… Ⅱ. ①刘… Ⅲ. ①光电子技术 – 实验 – 高等学校 – 教材 Ⅳ. ①TN2-33

中国版本图书馆 CIP 数据核字（2020）第 210511 号

Guangdianzi Jishu Shiyan

光电子技术实验

主编　刘钦朋

责任编辑	张华敏
助理编辑	赵永铭
封面设计	何东琳设计工作室

出版发行	西南交通大学出版社
	（四川省成都市金牛区二环路北一段 111 号
	西南交通大学创新大厦 21 楼）
邮政编码	610031
发行部电话	028-87600564　　028-87600533
网址	http://www.xnjdcbs.com
印刷	成都中永印务有限责任公司

成品尺寸	185 mm×260 mm
印张	15.5
字数	386 千
版次	2020 年 12 月第 1 版
印次	2020 年 12 月第 1 次
书号	ISBN 978-7-5643-7803-5
定价	46.00 元

课件咨询电话：028-81435775

【 前 言 】 >>>>

　　本书在西安石油大学光电技术实验课程教学实践的基础上，依据光电信息与工程专业建议的核心课程，结合西安石油大学光电信息科学与工程的专业特色，以光电检测系统构成为主线编写而成，依次讨论各种常用光源实验、光电探测器件实验、光纤传感和光纤通信实验、光调制实验、光谱测量实验。在实验设置上既体现经典的光电子技术实验，又体现创新型光电实验。

　　本书在体系结构设置上，结合光电子技术的理论背景知识和实际光电系统的构成单元，将体系分为 5 个核心模块，即光源模块、光电探测模块、光纤通信与传感模块、光电调制模块和光谱测量模块，既有系统性又可独立开展相关实验项目。本书在具体实验项目设置上，结合每个模块内容，尽量涵盖不同机理或技术的实验项目。如第 1 章内容，光源的分类方法较多，种类也多，在选择实验项目时精选实验项目且兼顾每一类光源。相干光源选择经典激光器，非相干光源选择应用非常广泛的 LED 光源。激光器选择气体激光和固体激光，同时又增加了近年研究比较热且具有潜在应用前景的光纤激光光源，精选近年研究比较热的可饱和吸收体调 Q 光纤激光器，气体激光器选择比较经典的氦氖激光器。本书在新技术、新内容设置上，结合西安石油大学理学院的物理学科的科研方向和专业特色，增加体现专业特色的新颖项目和科研新技术，如"光纤传感和光纤通信实验"，增加了光纤传感实验。特别是光纤光栅波长传感实验、光纤光栅光谱测量实验，是近年来我们的科研成果，经过科研到教学的转化，既能体现专业特色，又能体现教材的新技术、新内容，同时可以更好地促进科研，科研又会反哺教学，形成教学科研相长的良性循环。

　　本书是西安石油大学理学院应用物理实验室教师近年来教学实践的成果。参加编写的教师有：刘钦朋（绪论、第 1 章的实验 1～5、第 3 章的实验 18～25，第 5 章的实验 35，约 16.6 万字），李东明（第 4 章的实验 27、28、29、31、32，第 5 章的实验 33、34、36、37、38，约 10.5 万字），李晓莉（第 2 章的实验 6～17、第 3 章的实验 26，约 10.5 万字），贾振安（第 4 章的实验 30，约 1 万字）。本书在内容上注重相关专业的共性实验项目，其次，既保持光电技术实验的基本实验内容，又体现特色实验项目，尽量体现教材的普遍性、稳定性和新颖性。全书由刘钦朋、贾振安统稿。

　　编写一本体系合理、项目精炼、内容新颖、技术创新的光电子技术实验教材，需要全体实验教学教师的多年实践教学的摸索和积累。限于编者水平，书中难免存在不妥之处，恳请读者批评指正。

编　者
2020 年 8 月

【目 录】 >>>>

绪 论

光电子技术是由光子技术和电子技术相互融合而成的新技术,涉及光电显示、光电存储、光电探测与通信等领域,是光电信息产业的关键技术。光电子技术主要围绕光电信号的产生、传输、处理和接收,涵盖了新材料、新型微器件、微加工、微机电、封装和系统集成等一系列技术。光电子技术科学是光电信息产业的支柱与基础,涉及光电子学、光学、电子学、计算机技术等前沿学科理论,是多学科相互渗透、相互交叉而形成的高新技术学科。

光电子技术学科具有应用性强、交叉性强的特点。每一个光电子技术的应用都离不开大量的实验,光电子技术实验是培养光电子技术人才的必要环节。无论是光电子技术的发现,还是光电子技术的应用都离不开验证实验和应用开发实验。光电子技术实验能够加深学生对理论知识的理解巩固,同时又能培养学生的实践动手能力。

0.1 课程的目的和任务

光电子技术实验是对学生进行专业科学实验的实践能力的培养,在前期普通物理实验的基础上,结合专业特色和培养方向开设的专业实验,既体现专业共性的典型实验,又体现专业特色。光电子技术实验是光电信息科学与工程专业学生专业实验技能训练的一门专业实验课程,它是一门必修的实践操作专业实验课程,培养学生的实践能力和动手操作能力,为后续深造、技术开发、科学研究奠定实践基础。光电子技术实验的课程任务是:

(1)通过对光电子技术的实验验证及应用测量,培养学生的观察问题、分析问题和解决实际问题的能力,巩固对光电子技术基本理论知识的理解,提高专业知识和专业技能。

(2)使学生熟练掌握常用光电子器件及仪器的操作方法。

(3)使学生理解实验方案的设计思想,掌握仪器操作、处理数据、分析实验结果的能力。

(4)培养学生科学、严谨、实事求是的工作态度。

0.2 课程内容和教学环节

本书以光电系统构成为主线,依次讨论光电系统常用光源实验、光电探测器件实验、光纤传感与通信实验、光调制实验和光谱测量实验。全书共5章:绪论部分主要概述本课程的目的、任务、主要内容和教学环节。第1章是光电系统常见光源实验,从不同角度,以精炼的内容涵盖各种光电系统光源,包括相干光源和非相干光源。其中,相干光源介绍固体激光器、气体激光器和光纤激光器,非相干光源介绍光纤光源和LED光源,这五种光源在光电系统中具有广泛的应用。第2章是光电探测器件实验,主要包括光电导器件、结型器件、真空器件和红外探测器件。光电导器件主要为光敏电阻的特性测量实验,结型器件主要包括光电二极管、光电三极管、太阳能光伏实验、象限探测器实验、PSD位置探测实验、光电耦合实验,真空器件主要为光电倍增管实验,红外探测实验主要为光电报警及语音提示实验。第3章是光纤通信和光纤传感实验,光纤传感实验包括光纤技术基础实验、单模光纤色散测量实验、光纤无源器件测量实验、光纤强度传感综合实验、光纤光栅波长传感实验以及光纤相位传感原理实验，光纤通信实验主要为铒光纤放大器原理实验、数字信号光纤传输实验、模拟信号光纤传输实验。第 4 章是光调制实验，主要包括磁光调制实验、电光调制实验、声光调制实验、相位延迟实验、磁光共振实验和椭圆偏振实验。第 5 章为光谱测量实验，主要包括光源光谱综合测量实验、激光拉曼光谱测量实验、光纤光栅光谱测量实验、光栅单色光谱测量实验、开放式光栅摄谱仪实验和红外光分度计测量实验。

本书的读者主要为物理学、电子科学与技术等相关本科专业的学生。本书在内容上注重相关专业的共性实验项目，其次，既体现光电子技术实验的基本实验内容，又体现特色实验项目，尽量突出教材的普遍性、稳定性和新颖性。全书包含 38 个实验项目，根据课程特点和专业特色，可选择适当的学时、项目开展光电子技术实验。这些实验中既包含典型的光电子技术实验，又融合了部分科研成果，建议结合学时需要和专业理论课程内容，选配相关实验项目。

光电子技术实验的教学环节包括课前预习、实验操作和撰写实验报告三个环节。

课前认真预习实验教材和参考资料，掌握实验理论基础、实验设计思想、主要仪器操作方法、实验主要步骤和注意事项等，撰写预习报告。

实验操作要求学生进入实验室后，先认真观察实验仪器系统构成，了解仪器的操作方法、旋钮功能，并认真学习注意事项的内容，做到注意事项提前注意。实验过程中，要遵守实验室的规章制度，按照实验老师的提示和要求开展实验，并思考实验思想、设计方案、测量方法等问题。做到带着问题去实验，并大胆提出自己的想法，改进意见。实验完成后，将仪器复位归整后，经老师同意后方能离开实验室。

实验报告是对整个实验的总结和再思考。通过撰写实验报告，可以培养学生对于实验材料的撰写能力、总结能力和解决问题的能力。特别是实验结论的撰写能够体现学生对实验理解程度，体现学生的综合水平。实验报告要求实验目的明确、原理清楚、步骤清晰、图表正确，结论和结果评价能够正确反映实验效果。

第 1 章

光电系统常见光源实验

　　光电系统是使用电子学的方法对光学信息进行处理与控制的系统，它是一种用于接收来自目标反射或自身辐射的光辐射，通过变换、处理、控制等环节，获得所需要的信息，并进行必要处理的光电装置。它的基本功能就是将接收到的光信号转换为电信号，并实现测量、控制的目的。光源作为光电系统中重要的组成单元，对光电系统的可靠性和稳定性起着举足轻重的作用。

　　光电系统常见光源包括热辐射光源、气体放电光源、激光器和发光二极管。热辐射光源是由于内部原子、分子的热运动而产生辐射的光源，辐射光谱是连续光谱。理想的热辐射源是绝对黑体，一般为理想模型。常见的热辐射源有白炽灯与卤钨灯。气体放电光源的发光机理是金属离子或惰性气体在阴阳极构成的电场下加速度、碰撞产生辐射发光，具有发光效率高、电极牢固紧凑、寿命长和光谱可调等优点。激光器是基于谐振腔、增益物质和泵浦构成的特殊结构，实现受激辐射光放大的相干光，具有高亮度、高方向性、高单色性和高相干性。激光器根据工作物质分为气体激光器、固体激光器、染料激光器，根据腔的位置形式分为内腔式和外腔式激光器，根据腔的形式又分为半导体激光器和光纤激光器，其中光纤激光器又分为诸多种类。发光二极管简称为 LED，是一种常用的发光器件，通过电子与空穴复合释放能量发光，它在照明领域应用广泛。发光二极管可高效地将电能转化为光能，在诸多领域具有重要的应用，如照明领域、平板显示领域、医疗器件领域等。光源的特性参数一般包括辐射效率、发光效率、光谱功率、空间光强分布、光源的颜色和光源的色温等。

　　光电系统常见光源从时间相干性来划分，主要分为相干光源和非相干光源。非相干光源种类众多，应用广泛，其中典型的有发光二极管和光纤荧光光源；相干光源主要包括各种激光光源，其中典型的有氦氖激光器、半导体固体激光器和光纤激光器，在医疗、工业加工、军事领域具有重要的应用。光纤荧光光源和光纤激光器在光传感和光通信领域具有不可替代的地位。

　　本章针对光电系统常见光源，并结合光电子技术理论背景和实验教学实际情况，讨论光电检测系统中常见光源，主要内容包括固体激光器原理与技术实验、气体激光器原理与技术实验、光纤激光器原理与技术实验、光纤宽带荧光光源特性实验、发光二极管原理与特性实验。激光器实验针对激光形成机理、激光器结构、激光器的搭建方法等几个重点内容来开展实验，目的是巩固激光原理基本知识，锻炼实验操作能力。光纤光源实验主要针对宽带荧光光纤光源和光纤激光光源内容开展实验，加强对光纤技术及应用的深入理解，并培养学生的动手能力，既能巩固相关知识的基本理论，又能提高和拓宽光纤技术及其应用的知识面，同时也能激发学生的学习兴趣。

实验 1　固体激光器原理与技术实验

【实验背景】

　　半导体激光器又称激光二极管（Laser Diode，LD）。20 世纪 60 年代初期的半导体激光器是同质结型激光器，是一种只能以脉冲形式工作的半导体激光器。随着技术的不断发展，研究人员又提出异质结构半导体激光器。从 20 世纪 70 年代末开始，半导体激光器的研究集中在两个方向，一个是信息型激光器，以信息传递为目的，另一个是功率型激光器，以提高光功率为目的。以 LD 作为泵浦源的固态激光技术（Diode Pump Solid State Laser，DPSL）在这两大研究方向均有广泛的应用。固体激光半导体泵浦激光器与传统的固体激光器不同之处在于泵浦不同，传统固体激光器的泵浦是利用闪光灯来实现对激光晶体进行泵浦，而半导体泵浦激光器是以 LD 对激光晶体进行泵浦的固体激光器，具有效率高、寿命长、光束质量高、稳定性好和结构紧凑等优点，在光通信、大气研究、环境科学、激光雷达、医疗机械、光学图像处理、激光打印、激光加工、激光武器等高科技领域有广泛的应用前景。本实验主要讨论半导体泵浦固体激光器的工作原理、调 Q 技术与原理、倍频激光技术与原理，熟悉搭建谐振腔和调试输出激光的方法。

【实验目的】

　　（1）掌握半导体泵浦固体激光器的工作原理和调试方法。
　　（2）掌握固体激光器被动调 Q 的工作原理，测量调 Q 脉冲的参数。
　　（3）掌握固体激光器倍频原理和调试方法。

【实验原理】

1. 半导体泵浦源

　　由于 LD 技术的快速发展，LD 的功率和效率得以大幅度提高，也极大地促进了 DPSL 技术的发展。与传统闪光灯泵浦的固体激光器相比，DPSL 的效率大大提高，体积大大减小。由于泵浦源 LD 的光束发散角较大，为使其聚焦在增益介质上，必须对泵浦光束进行光束变换和耦合。泵浦耦合方式主要有端面泵浦和侧面泵浦两种。端面泵浦方式适用于中小功率固体激光器，具有体积小、结构简单、空间模式匹配好等优点。侧面泵浦方式适用于大功率激光器。端面泵浦耦合通常有直接耦合和间接耦合两种方式，如图 1-1 所示。图 1-1（a）为直接耦合，图 1-1（b）、（c）、（d）均为间接耦合，间接耦合可采用组合透镜、自聚焦透镜和光纤耦合等方式。直接耦合是将半导体激光器的发光面紧贴增益介质，使泵浦光束在尚未发散之前便被增益介质吸收，泵浦源和增益介质之间无光学系统。直接耦合方式的优点是结构紧凑，缺点是容易对 LD 造成损伤，且实现比较困难。间接耦合是先将半导体激光器输出的光束进行准直和整形，然后再进行端面泵浦。本实验采用端面间接耦合方式，先用光纤柱透镜对激光进行快轴准直、压缩发散角，然后利用组合透镜对泵浦光束进行整形变换，为了提高耦合效率，各透镜表面均镀有增透膜。本实验采用的间接耦合系统如图 1-2 所示。

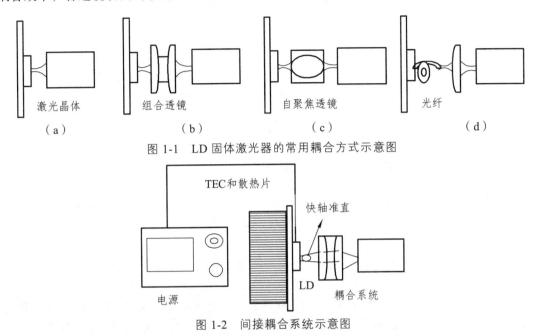

（a）激光晶体　（b）组合透镜　（c）自聚焦透镜　（d）光纤

图 1-1　LD 固体激光器的常用耦合方式示意图

图 1-2　间接耦合系统示意图

2. 激光晶体

激光晶体作为增益介质，是固体激光半导体泵浦器的工作物质，影响激光器的输出性能。要获得高效率的激光输出，选择合适的激光晶体尤为重要。目前作为增益介质用于产生连续波和脉冲激光的晶体达上百种，以钕离子（Nd^{3+}）作为激活粒子的钕激光器是使用最广泛的激光器。其中，掺钕钇铝石榴石（Nd：YAG）具有量子效率高、受激辐射截面大、光学质量好、热导率高、容易生长等优点，是一种较为理想激光晶体。掺钕钇铝石榴石晶体的吸收光谱在 807.5 nm 处有一个强吸收峰，如果选择波长与之匹配的 LD 作为泵浦源，就可获得高的输出功率和泵浦效率，可以实现光谱匹配。但是，LD 的输出激光波长受温度的影响，温度变化时，输出激光波长会产生漂移，输出功率也会发生变化。因此，为了获得稳定的波长，LD 电源需要具备温控功能，设置合适的温度，使 LD 工作时的波长与掺钕钇铝石榴石的吸收峰匹配。除此之外，选择激光晶体时还要考虑掺杂浓度、上能级寿命、热导率、发射截面、吸收截面、吸收带宽等多种因素。

3. 端面泵浦固体激光器的模式匹配技术

平凹腔容易形成稳定的输出模，同时具有较高的光光转换效率，但在设计时必须解决模式匹配问题，典型的平凹腔型结构如图 1-3 所示。激光晶体的一面镀泵浦光增透膜和输出激光全反膜，作为输入镜。凹面镜作为输出镜，具有确定的透过率。

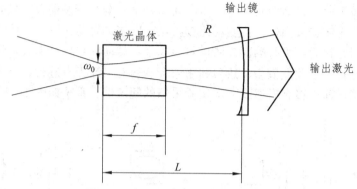

图 1-3　端面泵浦的激光谐振腔结构

根据激光原理可知，平凹腔的 g 参数分别表示为

$$g_1 = 1 - \frac{L}{R_1} = 1 \qquad g_2 = 1 - \frac{L}{R_2} \tag{1-1}$$

依据激光腔的稳定性条件知，$0 < g_1 g_2 < 1$ 时腔为稳定腔，故当 $L < R_2$ 时腔稳定，同时容易算出其束腰位置在晶体的输入平面上，该处的光斑尺寸为

$$\omega_0 = \sqrt{\frac{\left[L(R_2 - L) \right]^{\frac{1}{2}} \lambda}{\pi}} \tag{1-2}$$

实验中，R 为平面，$R_2 = 200$ mm，$L = 80$ mm，$\lambda = 1\,064$ nm，则由式（1-2）可以算出 $\omega_0 = 0.182$ μm，使泵浦光在激光晶体输入面上的光斑半径小于这个理论值，就可使泵浦光与基模相匹配，从而获得基模输出。

4. 半导体泵浦固体激光器的被动调 Q 技术

目前常用的调 Q 方法有电光调 Q、声光调 Q 和被动式可饱和吸收调 Q。电光调 Q 调制是基于泡克尔斯效应实现的，光经过偏振片后成为线偏振光，如果在电光晶体上外加 $\lambda/4$ 电压，由于泡克尔斯效应，使往返通过晶体的线偏振光的振动方向改变 $\pi/2$。如果电光晶体上未加电压，往返通过晶体的线偏振光的振动方向不变。所以当晶体上有电压时，光束不能在谐振腔中通过，谐振腔处于低 Q 状态。由于外界激励作用，上能级粒子数迅速增加。当晶体上的电压突然除去时，光束可自由通过谐振腔，此时谐振腔处于高 Q 值状态，从而产生激光巨脉冲。电光调 Q 的速率快，可以在 10^{-8} s 时间内完成一次开关，使激光的峰值功率达到千兆瓦量级。声光调 Q 技术是利用声光器件的布拉格衍射原理实现调 Q，当声光器件工作时产生很高的衍射损耗，腔内有很低的 Q 值，Q 开关处于关的状态，在某个特定时间，撤去超声，光速则顺利通过声光介质，此时 Q 开关处于开的状态。Cr^{4+}：YAG 是可饱和吸收调 Q 的一种材料，具有稳定性高、可靠性高、寿命长和抗损伤的优点。它是一种理想的被动 Q 开关材料，可获得小脉宽、大峰值的巨脉冲激光。当 Cr^{4+}：YAG 作为激光增益介质时，它的透过率会随着腔内的光强而改变。在激光振荡的初始阶段，Cr^{4+}：YAG 的初始透过率较低，随着泵浦作用增益介质的反转粒子数不断增加，当谐振腔增益等于谐振腔损耗时，反转粒子数达到最大值，此时可饱和吸收体的透过率仍为初始值。随着泵浦的进一步作用，腔内光子数不断增加，可饱和吸收体的透过率也逐渐变大，并最终达到饱和。此时，Cr^{4+}：YAG 的透过率突然增大，光子数密度迅速增加，激光振荡形成。腔内光子数密度达到最大值时，激光为最大输出，此后，由于反转粒子的减少，光子数密度也开始减小，则可饱和吸收体 Cr^{4+}：YAG 的透过率也开始降低。当光子数密度降到初始值时，Cr^{4+}：YAG 的透过率也恢复到初始值，调 Q 脉冲结束。

5. 半导体泵浦固体激光器的倍频技术

激光倍频技术也称为二次谐波技术，是最先在实验上发现的非线性光学效应。1961 年由 Franken 等人进行的红宝石激光倍频实验，是非线性光学实验和理论研究的开端。只有特定偏振方向的线偏振光，以某一特定角度入射晶体时，才能获得良好的倍频效果，即满足相位匹配条件实现基频光和倍频光的折射率相等，从而实现良好的倍频效果；而以其他角度入射时，则倍频效果很差，甚至不产生倍频。入射光以一定角度入射晶体，通过晶体的双折射，由折射率的变化来补偿正常色散而实现相位匹配，这称为角度相位匹配。角度相位匹配可分为两类。第一类是入射同一种线偏振光，负单轴晶体将两个 o 光光子转变为一个倍频的 e 光光子。第二类是入射光中同时含有 o 光和 e 光两种线偏振光，负单轴晶体将两个不同的光子变为倍频的 e 光光子，正单轴晶体变为一个倍频的 o 光光子。由于光波电磁场与非磁性透明电介质相互作用时，光波电场会出现极化现象，且光波电磁场比较强时，会产生非线性效应，因此，当强激光产生后，激光与晶体作用时会表现出高阶非线性效应。本实验中的倍频就是通过倍频晶体实现对 Nd：YAG 输出 1 064 nm 红外光倍频成 532 nm 绿光。KTP 晶体在 1 064 nm 光附近有高的有效非线性系数，导热性良好，非常适合用于 YAG 激光的倍频。倍频技术通常有腔内倍频和腔外倍频两种，腔内倍频是指将倍频晶体放置在激光谐振腔之内，适合于连续运转的固体激光器；腔外倍频是指将倍频晶体放置在激光谐振腔之外，适合于脉冲运转的固体激光器。

【实验系统与装置】

本实验仪器主要包括激光器实验箱、100M 数字示波器、高速光电探测器、激光晶体、倍频晶体、耦合棱镜、输出腔镜（透过率分别为 3% 和 8%）、五维调整架、防护眼镜、650 nm 指示激光器和红外显示卡片。

【实验内容与步骤】

本实验内容主要包括半导体泵浦光源的 I-P 曲线测量、1 064 nm 固体激光谐振腔搭建与调整、1 064 nm 固体激光模式观测及调整、1 064 nm 固体激光输出功率和转换效率测量、固体激光倍频效应观察和固体激光被动调 Q 测量。

1. 808 nm 半导体泵浦光源的 I-P 曲线测量

将 808 nm 半导体泵浦光源固定于谐振腔光路导轨座的右端，将功率计探头放置于其前端出光口处并靠近，调节其工作电流从零到最大，依次记录对应的电源电流示数 I 和功率计读取值 P，填入表 1-1，做出泵浦电流和功率的 I-P 曲线，并分析泵浦阈值。

表 1-1　泵浦电流与泵浦功率的关系数据记录表

泵浦电流/mA	泵浦功率/mW	泵浦电流/mA	泵浦功率/mW

2. 1 064 nm 固体激光谐振腔搭建与调整

（1）将 808 nm 半导体泵浦光源固定于谐振腔光路导轨座的右端，650 nm 指示激光器及调节架固定于导轨最左侧，调节二维平移旋钮，使 650 nm 指示激光束居中，调节二维俯仰旋钮，使 650 nm 指示激光束照射到右端泵浦光源的中心。

（2）将输入耦合镜组及调节架放置于半导体泵浦光源前，并慢慢靠近，调节二维平移旋钮，使指示激光束照射到耦合镜组的中心，再调节二维俯仰旋钮，使指示激光束经耦合镜组中心，并将反射回的红色光点移回到指示激光器出光口内。

（3）将激光晶体及调节架放置于耦合镜组前，调节激光晶体的前后位置，使 808 nm 泵浦光源的汇聚点能够落于激光晶体的前后中心，再调节晶体的二维平移旋钮，使 650 nm 指示激光束照射到晶体的中心，最后调节二维俯仰旋钮，使反射的指示激光点返回出光口内。

（4）将 1 064 nm 的激光输出镜及调节架放置于激光晶体前，输出镜的镀膜面朝向激光晶体，中间预留出 50 mm 左右的距离，以备后面实验安装其他器件。

（5）调节输出镜的二维俯仰旋钮，使其反射的 650 nm 指示激光束光点返回到指示激光出光口内。

（6）将半导体泵浦光源的电源旋钮调节到 800 mA，取出红外显示卡片放置到输出镜的前端并轻微晃动，检查是否可以看到 1 064 nm 的激光点，如果没有，微调输出镜的二维俯仰旋钮，使 650 nm 指示激光在其出光口附近微扫描，直至 1 064 nm 激光出光，关闭指示激光。

3. 1 064 nm 固体激光模式观测及调整

1 064 nm 激光出光后，在红外显示卡上仔细观察光斑形状，根据光斑分瓣形状及分斑方向讨论激光的模式。缓慢调整激光输出镜的俯仰旋钮，仔细观察模式的变化，松开激光输出镜最下端的导轨滑块的旋钮，调整输出镜沿导轨方向的位置，观察激光谐振腔长改变对激光模式的影响。更换不同透过率的输出镜对比分析激光模式的变化。

4. 1 064 nm 固体激光输出功率和转换效率测量

选择一种激光输出镜，固定腔长，调节出光，通过激光功率计来监测激光功率。按照功率计监测示数最大为目标，依次微调输出镜二维俯仰旋钮，激光晶体四维调整旋钮，耦合镜组四维调整旋钮，激光晶体沿导轨方向位置微调，以达到功率计示数最高，确保激光谐振腔处于相对最佳的输出状态。测量激光输出功率与泵浦光源的关系数据，填入表 1-2。

表 1-2　泵浦电流、泵浦功率与输出功率的关系数据记录表

输出镜透过率：		腔长：	mm
序号	泵浦电流/mA	泵浦功率/mW	输出功率/mW
1			
2			
3			
4			
5			
6			
7			
8			

5. 固体激光倍频效应观察研究

在调整好的 1 064 nm 固体激光谐振腔内插入倍频晶体及五维调整架，通过微调平移、俯仰、面内旋转调整架，观察出射 532 nm 绿光亮度的变化，直至最亮。

4. 固体激光被动调 Q 测量

（1）将倍频实验中的倍频晶体更换为被动调 Q 晶体，将半导体泵浦光源的电源旋钮调节到 1 mA 左右，微调晶体平移、俯仰四维旋钮，直至在激光输出镜前的红外显示卡片上看到 1 064 nm 的激光点。测量 1 064 nm 固体激光的调 Q 输出功率与泵浦光源、基础激光的关系数据，填入表 1-3。

表 1-3　泵浦电流、泵浦功率与输出功率、调 Q 输出功率的关系数据记录表

输出镜透过率：		腔长：		mm
序号	泵浦电流/mA	泵浦功率/mW	输出功率/mW	调 Q 输出功率/mW
1				
2				
3				
4				
5				
6				
7				
8				

（2）改变输出镜透过率和激光腔长，分析对测量结果的影响。

（3）将快速探测器固定于激光输出镜前，接收调 Q 输出光，从示波器读取调 Q 脉冲信号的脉宽及重频参数，填入表 1-4。

表 1-4　泵浦电流与调 Q 输出信号功率、脉宽以及重频的关系数据记录表

输出镜透过率：				腔长：				mm
物理量	1	2	3	4	5	6	7	8
泵浦电流/mA								
泵浦功率/mW								
输出功率/mW								
调 Q 输出功率/mW								
调 Q 脉宽/ns								
调 Q 重频/kHz								

【实验注意事项】

（1）实验完成后，应及时盖上仪器罩，以免光学镜面以及半导体泵浦沾染灰尘。

（2）输入耦合棱镜和激光晶体调整好以后不要随意变动，以免影响实验使用。

（3）实验过程中，避免激光泵浦长时间大电流工作，降低对泵浦管寿命和功率的影响。

（4）准直好光路后需用遮挡物挡住准直器，避免准直器被输出的红外激光打坏。

（5）防止红外卡片将激光反射到眼睛中。

（6）实验过程必须带上激光防护镜操作。

【问题思考和拓展】

（1）什么是半导体泵浦固体激光器中的光谱匹配和模式匹配？

（2）可饱和吸收调 Q 中的激光脉宽、重复频率随泵浦功率如何变化？请分析原因。

（3）把倍频晶体放在激光谐振腔内对提高倍频效率有何好处？

（4）查阅相关资料，作为可饱和吸收体的材料有哪些？产生的激光各有什么特点？

【参考文献】

[1]　戴锋，黄国君. 一种新型半导体激光器[J]. 激光杂志，2005，26（1）：26-27.

[2]　董孝义. 光波电子学[M]. 天津：南开大学出版社，1987.

[3]　沈小燕. 半导体激光器调 Q 技术研究[D]. 天津：天津大学，2010.

实验 2　气体激光器原理与技术实验

【实验背景】

早在1917年爱因斯坦就预言了受激辐射的存在,但一直未能在实验中观察到实验现象,原因是在热平衡条件下,物质的受激吸收淹没了受激辐射。直到1960年,第一台红宝石激光器诞生,从此激光技术得到了长足的发展。激光器由光学谐振腔、工作物质、泵浦系统构成,输出的激光束在横截面上的光强分布函数满足高斯函数,所以也称作高斯光束。气体激光器与固体激光器的显著区别是工作物质为气体或掺杂气体,气体激光器分为原子气体激光器、离子气体激光器、分子气体激光器和准分子激光器。它们工作在很宽的波长范围,从紫外到远红外,既可以连续方式工作,也可以脉冲方式工作。常见的气体激光器有CO_2激光器、氩离子激光器和氦氖激光器。相对固体激光器,气体激光器结构简单、造价低廉、操作方便。由于上述优点,气体激光器在工农业、医学、精密测量、全息技术等领域具有广泛的应用。本实验主要讨论氦氖激光器的构成、工作原理、调试方法以及气体激光器的主要参数的测量。

【实验目的】

（1）理解氦氖激光器的工作原理,掌握其搭建方法。
（2）掌握激光传播特性参数的测量方法。
（3）了解 F-P 扫描干涉仪的原理及调节方法。
（4）理解激光模式的概念、纵模正交偏振理论、模式竞争理论和偏振测量方法。

【实验原理】

1. 氦氖激光器的结构与原理

氦氖（He-Ne）激光器由光学谐振腔（输出镜与全反镜）、工作物质（密封在玻璃管里的氦气和氖气）、泵浦系统（激光电源）构成,根据腔镜的封装位置分为外腔式氦氖激光器和内腔式氦氖激光器。内腔式氦氖激光器的腔镜封装在激光管两端,而外腔式氦氖激光器的激光管、输出镜及全反镜是安装在调节支架上的。内腔式气体激光器结构如图 2-1 所示,在激光管的阴极、阳极上串接着镇流电阻,防止激光管在放电时出现闪烁现象。激光器激励系统采用开关电路的直流电源,具有体积小、质量小、可靠性高等优点,可长时间运行。

输出镜与全反镜构成氦氖激光器的谐振腔,谐振腔的长度满足驻波条件,输出镜与全反镜能满足腔的稳定条件。腔的损耗必须小于介质的增益,增益介质是在毛细管内的氦、氖气体，该混合气体的气压和比例是一定的。当电流激励氦、氖混合气体时，与某些谱线对应的上下能级的粒子数发生反转，使介质具有增益，介质增益与毛细管长度、内径粗细、两种气体的比例、混合气体的气压以及放电电流等因素有关。调节腔镜的支架能调节输出镜与全反镜之间平行度，使激光器工作时处于输出镜与全反镜相互平行且与放电管垂直的状态。满足以上条件时，产生激光振荡，输出激光。

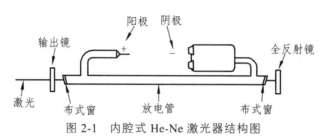

图 2-1　内腔式 He-Ne 激光器结构图

2. 激光器模的形成机理

激光器由增益介质、谐振腔和激励能源三部分构成。如果用某种激励方式，将介质的某一对能级间形成粒子数反转分布，由于自发辐射和受激辐射的作用，将有一定频率的光波产生，在腔内传播，并被增益介质逐渐增强，实现放大。理论上光波不是单一频率的，因为能级都具有一定的宽度，且粒子在谐振腔内运动受多种因素的影响，光波具有一定的带宽。实际激光器输出的光谱宽度是由自然增宽、碰撞增宽和多普勒增宽三种效应的叠加而形成的。不同类型的激光器，工作条件不同，影响激光输出的主要因素也不尽一样。仅有单程放大，不足以产生激光，还需要谐振腔对它进行光学反馈，使光在多次往返传播增益后形成相对稳定连续的振荡，才有可能产生激光输出。光程差满足波长的整数倍时，光才能获得极大增强，其他不满足该条件的波长则相互抵消。因此，形成连续振荡的条件为

$$2nL = q\lambda_q \tag{2-1}$$

式（2-1）中 n 为折射率，L 为腔长，q 为纵模序数，每一个 q 对应纵向一种稳定的电磁场分布 λ_q，称为一个纵模。q 是正整数，是一个比较大的数，不需要知道它的具体数值，关心的是有几个不同的 q 值满足上式，即激光器有几个不同的纵模。由式（2-1）可知，腔内的纵模是以驻波形式存在的，q 值反映的是驻波波腹的数目，纵模频率 v_q 可表示为

$$v_q = q\frac{c}{2nL} \tag{2-2}$$

同样，我们不关心它的具体值，关注的是相邻两个纵模的频率间隔，可表示为

$$\Delta v_{q=1} = \frac{c}{2nL} \tag{2-3}$$

从式（2-3）中看出，相邻纵模频率间隔和激光器的腔长成反比，说明谐振腔越长，$\Delta v_\text{纵}$越小，满足振荡条件的纵模个数越多，谐振腔越短，$\Delta v_\text{纵}$越大，在同样的增宽曲线范围内，纵模个数就越少。因而，缩短腔长是获得单纵模运行激光器的一个思路。根据以上分析，可知相邻纵模频率间隔相等，且对应同一横模的一组纵模，它们强度的顶点构成了多普勒线型的轮廓线。

根据激光器的工作原理可知，光波在腔内往返振荡时，不仅有增益，同时还存在多种损耗。增益使光不断增强，各种损耗使光能减弱，如介质的吸收损耗、散射损耗、镜面透射损耗和放电毛细管的衍射损耗等都会使光减弱。要产生激光输出，不仅要满足谐振条件，而且还要满足增益大于各种损耗的总和。如图2-2所示，增益线宽内虽有五个纵模满足谐振条件，但只有三个增益大于损耗的纵模有激光输出。对于纵模的观测，由于q值很大，相邻纵模频率差异很小，眼睛不能分辨，必须借助检测仪器才能观测到。

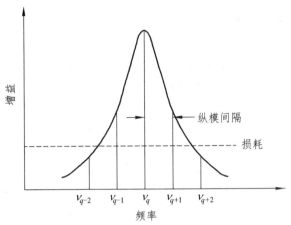

图 2-2 激光增益与纵模频率关系示意图

根据前面的分析知谐振腔对光多次反馈，在纵向形成不同的场分布，那么对横向的影响如何呢？光每经过放电毛细管反馈一次，就相当于一次衍射，经过多次反复衍射，就在横向的同一波腹处形成一个或多个稳定的干涉光斑，即在横向也形成不同的场分布。每一个衍射光斑对应一种稳定的横向电磁场分布，称为一个横模。我们在实验中看到的复杂光斑就是这些横向基本光斑的叠加，图2-3是几种常见的基本横模光斑图样。

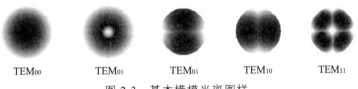

图 2-3 基本横模光斑图样

所以，纵模是对纵向方向的观测结果，横模是对横向方向的观测结果。一个模由三个量子数来表示，通常写作TEM_{mnq}，q是纵模标记，m和n是横模标记，m是沿x轴场强为零的节点数，n是沿y轴场强为零的节点数。不同的纵模对应不同的频率，那么同一纵模序数内的不同横模又如何呢？同样，不同横模也对应不同的频率，横模序数越大，频率越高。一般不关心具体横模频率，关心的是具有几个不同的横模及不同横模间的频率差，可表示为

$$\Delta v_{\Delta q=1} = \frac{c}{2nL}\left\{\frac{1}{\pi}\arccos\left[\left(1-\frac{L}{R_1}\right)\left(1-\frac{L}{R_2}\right)\right]^{1/2}\right\} \tag{2-4}$$

式（2-4）中，$\Delta q = \Delta m + \Delta n$，$\Delta m$、$\Delta n$分别表示$x$，$y$方向上横模的模序数差，$R_1$、$R_2$为谐振腔的两个反射镜的曲率半径，则相邻横模频率间隔为

$$\Delta \nu_{\Delta m + \Delta n = 1} = \Delta \nu_{\Delta q = 1} \left\{ \frac{1}{\pi} \arccos \left[\left(1 - \frac{L}{R_1} \right) \left(1 - \frac{L}{R_2} \right) \right]^{1/2} \right\} \qquad (2\text{-}5)$$

从式（2-5）和式（2-3）可知，相邻的横模频率间隔与纵模频率间隔的比值是一个分数，这个比值由腔的长度和曲率半径决定。腔的长度与曲率半径的比值越大，分数值越大。当腔的长度等于曲率半径时，为共焦腔，分数值达到极大，即相邻两个横模的横模间隔是纵模间隔的1/2，横模序数相差为2的谱线频率正好与纵模序数相差为1的谱线频率简并。

前面我们已经知道横模个数与增益有关，同时还与放电毛细管的半径、内部损耗等因素有关。一般来说，放电管半径越大，可能出现的横模个数越多。横模序数越高的，衍射损耗越大，形成振荡越困难。但激光器输出光中横模的强弱决由多种因素共同决定的，不能仅从光的强弱来判断横模阶数的高低，光最强的谱线不一定是基横模，而应根据高阶横模具有高频率来确定。

横模频率间隔的测量同纵模间隔一样，需借助展现的频谱图进行相关计算，但阶数 m 和 n 的数值仅从频谱图上是不能确定的，频谱图上能看到有几个不同的（$m+n$）值，也可以测出它们间的差值 Δq，然而不同的 m 或 n 可对应相同的（$m+n$）值，相同的（$m+n$）在频谱图上又处在相同的位置，因此要确定 m 和 n 各是多少，还需结合激光输出的光斑图形加以判断才行。当我们对光斑进行观察时，看到的光斑实际是图 2-3 中一个或几个单一态图形的组合的迭加图。当只有一个横模时，很易辨认，如果横模个数比较多，或基横模很强，掩盖了其他横模，或某高阶模太弱，都会给分辨带来一定的难度。依据频谱图，可以得到横模的个数和相对强度大小，进而缩小取值范围，最终准确确定 m 和 n 值。

3. 高斯光束的基本性质

Maxwell 方程是描述电磁场的宏观规律有效手段，利用标量场近似条件，稳态传输光频电磁场可以用赫姆霍兹方程描述，高斯光束是赫姆霍兹方程在缓变振幅近似下的一个特解，它可以准确处理高斯光束在腔内、外的传输变换问题。假设振幅是缓变的，通过求解赫姆霍兹方程可以得到高斯光束的一般表达式：

$$A(r, z) = \frac{A_0 \omega_0}{\omega(z)} e^{-\frac{r^2}{\omega^2(z)}} \cdot e^{-i \left[\frac{kr^2}{2R(z)} - \psi \right]} \qquad (2\text{-}6)$$

式（2-6）中，A_0 为振幅常数，ω_0 为场振幅减小到最大值的 $1/e$ 的 r 值，称为腰斑，它是高斯光束光斑半径的最小值，$\omega(z)$、$R(z)$、ψ 分别表示了高斯光束的光斑半径、等相面曲率半径和相位因子，是描述高斯光束的三个重要参数，其表达式分别为

$$\omega(z) = \omega_0 \sqrt{1 + \left(\frac{z}{z_0} \right)^2} \qquad (2\text{-}7)$$

$$R(z) = z_0 \left(\frac{z}{z_0} + \frac{z_0}{z} \right) \qquad (2\text{-}8)$$

$$\psi = \arctan \frac{z}{z_0} \qquad (2\text{-}9)$$

式（2-9）中，$z_0 = \pi\omega_0^2/\lambda$，称为瑞利长度或共焦参数。高斯光束在 $z = \text{const}$ 的面内，场振幅以高斯函数的形式从中心向外平滑的减小，因而光斑半径 $\omega(z)$ 随坐标 z 满足双曲线函数：

$$\frac{\omega^2(z)}{\omega_0^2} - \frac{z}{z_0} = 1 \qquad (2\text{-}10)$$

图 2-4 为半径 $\omega(z)$ 扩展示意图。在式（2-10）中，令相位部分等于常数，并略去 $\psi(z)$ 项，可以得到高斯光束的等相面方程：

$$\frac{r^2}{2R(z)} + z = \text{const} \qquad (2\text{-}11)$$

因而，可以认为高斯光束的等相面为球面。

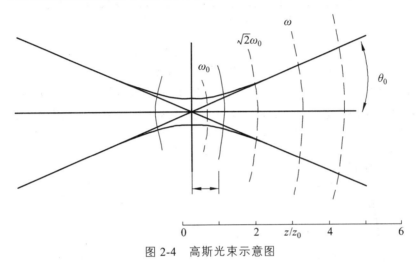

图 2-4 高斯光束示意图

根据瑞利长度的物理意义可知：当 $|z| = z_0$ 时，$\omega(z_0) = \sqrt{2}\omega_0$，在实际应用中通常取 $(-z_0, z_0)$ 为高斯光束的准直范围。所以，瑞利长度越长，高斯光束的准直范围越大，反之亦然。高斯光束远场发散角 θ_0 的一般定义为当 $z \to \infty$ 时，高斯光束振幅减小到中心最大值 $1/e$ 处与 z 轴的交角，定义式为

$$\theta_0 = \lim_{z \to \infty} \frac{\omega(z)}{z} = \frac{\lambda}{\pi\omega_0} \qquad (2\text{-}12)$$

4. 共焦球面扫描干涉仪结构与工作原理

共焦球面扫描干涉仪是一种分辨率很高的分光仪器，是分析激光特性的必要设备，实验中所有纵模、横模展现成频谱图来进行观测的，可以将彼此频率差异在几百兆赫兹甚至几十兆赫兹的信号分开。共焦球面扫描干涉仪是一个无源谐振腔，由两块球形凹面反射镜构成共焦腔，即两块镜的曲率半径和腔长相等，反射镜镀有高反射膜，两块镜中的一块是固定不变的，另一块固定在可随外加电压而变化的压电陶瓷上。如图 2-5 所示，① 为由低膨胀系数制成的间隔圈，用以保持两球形凹面反射镜 R_1 和 R_2 总是处在共焦状态。② 为压电陶瓷环，其特性是若在环的内外壁上加一定数值的电压，环的长度将随之发生变化，而且长度的变化量

与外加电压的幅度呈线性关系。由于长度的变化量很小,仅为波长数量级,它不足以改变腔的共焦状态,但是当线性关系不好时,会给测量带来一定的误差。

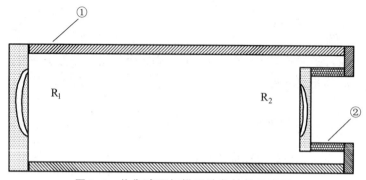

图 2-5　共焦球面扫描干涉仪结构示意图

当一束激光以近光轴方向射入干涉仪后,在共焦腔中径四次反射呈 X 形路径,光程近似为 4L,如图 2-6 所示,光在腔内每走一个周期都会有部分光从镜面透射出去。如在 A′、B′ 两点,形成一束束透射光 1,2,3…和 1′,2′,3′…,这时我们在压电陶瓷上加一线性扫描电压,当外加电压使谐振腔长变化到某一长度 L_a,正好使相邻两次透射光束的光程差是入射光中模的波长为 λ_a 的这条谱线的整数倍,即

$$4L_a = k\lambda_a \tag{2-13}$$

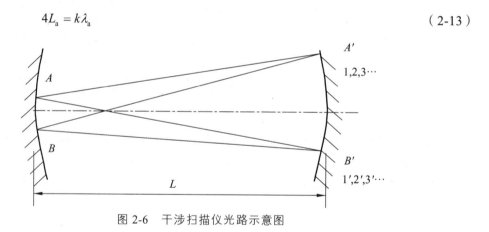

图 2-6　干涉扫描仪光路示意图

式(2-13)中,k 为扫描干涉仪的干涉序数,是一个整数,模 λ_a 将产生相干极大透射,而其他波长的模则相互抵消。同理,外加电压又可使腔的长度变化到 L_b,使模 λ_b 符合谐振条件,极大透射,而 λ_a 等其他模又相互抵消。因此,透射极大的波长值和腔长值有一一对应关系。只要有一定幅度的电压来改变腔长,就可以使激光器全部不同波长的模依次产生相干极大透过,形成扫描。若入射光波长范围超过某一限定时,外加电压虽可使腔的长度线性变化,但一个确定的腔长有可能使几个不同波长的模同时产生相干极大,造成重序。当腔的长度变化到可使 λ_b 极大时,λ_a 会再次出现极大,有

$$4L_d = k\lambda_d = (k+1)\lambda_a \tag{2-14}$$

即 k 序中的 λ_d 和 $k+1$ 序中的 λ_a 同时满足极大条件,两种不同的模被同时扫出,叠加在一起,

因此扫描干涉仪本身存在一个不重序的波长范围限制。所以，自由光谱范围是指扫描干涉仪所能扫出的不重序的最大波长差或频率差，用 $\Delta\lambda_{SR}$ 或者 $\Delta\nu_{SR}$ 表示。假如上式（2-14）中 L_d 为重序的起点，则干涉仪的自由光谱范围值为

$$\lambda_d - \lambda_a = \frac{\lambda_d \lambda_a}{4L} \tag{2-15}$$

由于 λ_d 与 λ_a 间相差很小，$\lambda_d = \lambda_a \approx \lambda$，自由光谱范围用波长和频率分别表示为

$$\Delta\lambda_{SR} = \frac{\lambda^2}{4L} \tag{2-16}$$

$$\Delta\nu_{SR} = \frac{c}{4L} \tag{2-17}$$

在模式分析实验中，为避免出现式（2-12）中的重序现象，故选用扫描干涉仪时，必须首先知道它的 $\Delta\nu_{SR}$ 和需要分析的激光器的频率范围 $\Delta\nu$，并使 $\Delta\nu_{SR} > \Delta\nu$，才能保证在频谱面上不重序，即腔的长度和模对应的波长或频率是一一对应关系。自由光谱范围还可用腔的长度变化量来描述，即腔的长度变化量为 $\lambda/4$ 时所对应的扫描范围。因为光路在共焦腔内呈 X形，四倍路程的光程差正好等于 λ，干涉序数改变 1。当满足 $\Delta\nu_{SR} > \Delta\nu$ 后，如果外加电压足够大，可使腔的长度的变化量是 $\lambda/4$ 的 i 倍时，那么将会扫描出 i 个干涉序，激光器将周期性地重复出现在干涉序 k，$k+1$，…，$k+i$ 中。

精细常数 F 是用来表征扫描干涉仪分辨本领的参数，定义为自由光谱范围与最小分辨率极限宽度之比，即在自由光谱范围内能分辨的最多的谱线数目，F 的理论表达式为

$$F = \frac{\pi R}{1-R} \tag{2-18}$$

式（2-18）中，R 为凹面镜的反射率，F 只与镜片的反射率有关，实际上 F 还与共焦腔的调整精度、镜片加工精度、干涉仪的入射和出射光孔的大小、使用时的准直精度等因素有关，因此精细常数的实际值一般由实验来测定，根据精细常数含义，F 可表达为

$$F = \frac{\Delta\lambda_{SR}}{\delta\lambda} \tag{2-19}$$

显然，$\Delta\lambda$ 就是干涉仪所能分辨出的最小波长差，可用仪器的半宽度 $\Delta\lambda$ 代替，是一个模的半值宽度，从展开的频谱图中就可以测定出精细常数 F 的值。

【实验系统与装置】

本实验仪器主要包括半外腔 He-Ne 激光器、导轨、滑块若干、共焦球面扫描干涉仪、CCD采集分析系统、调节支座若干、激光功率指示计、平凹透镜、平凸透镜、柱面镜及镜架、透镜/反射镜架。

【实验内容与步骤】

本实验主要包括激光器的调整、He-Ne 激光器模式分析、He-Ne 激光器发散角测量、外腔 He-Ne 激光器偏振态验证四部分内容。

1. 激光器的调整

（1）打开激光器电源，运行稳定后看有无激光输出，如没有激光输出说明输出镜与全反镜平行度偏离较大，在反复调整直至有激光输出。

（2）用白炽灯照十字叉丝板，在放电管处在工作状态时，用眼睛在十字叉丝板背后通过小孔观察放电管，可看到放电管内的亮白点，校准观察角度，使亮白点与出光孔同心。

（3）保持十字叉丝板固定，调节谐振腔镜架螺纹使十字叉丝中心与亮白点出光孔同心，便有激光输出。

2. He-Ne 激光器模式测量

（1）点燃激光器，待出光稳定，调整扫描干涉仪光路，将光电探测放大器的接收孔对准从共焦腔后出射孔的光点。

（2）改变锯齿波输出电压的峰值，确定示波器上的干涉序个数，根据干涉序个数和频谱的周期性，确定哪些模属于同一个 k 序。

（3）根据自由光谱范围的定义，确定它所对应两条谱线频率间隔 $\Delta \nu_{SR}$，测出与 $\Delta \nu_{SR}$ 相对应的标尺长度，计算出两者比值。

（4）在同一干涉序 k 内观测，依据纵模定义对照频谱特征，确定纵模的个数，并推测出纵模频率间隔，$\Delta \nu_{\Delta q=1}$ 与理论值比较，检查辨认和测量的值是否正确。

（5）根据横模的频谱特征，辨认在同一 q 纵模序内有几个不同的横模，并测出不同的横模频率间隔 $\Delta \nu_{\Delta m+\Delta n=1}$，与理论值比较。

（6）确定横模频率增加的方向，并进一步确定纵模序内的高阶横模和低阶横模，并确定它们间的强度关系。

（7）从激光器输出的反方向观察光斑形状，确定每个横模的模序 m 和 n 值，根据定义，测量扫描干涉序的精细常数 F。

3. He-Ne 激光器发散角测量

（1）调整并确定激光束的出射方向。

（2）在光源前方 L_1 处垂直入射 CCD 靶面，通过软件测量出相应位置光斑直径 D_1。

（3）在后方 L_2 处用同样方法测出光斑直径 D_2。

（4）利用公式 $2\theta = (D_2 - D_1)/(L_2 - L_1)$ 近似计算出全发散角 2θ。

4. 外腔 He-Ne 激光器偏振态验证

（1）调整半外腔 He-Ne 激光器稳定出光。

（2）将偏振片垂直放入光路中，再放置激光功率指示计。

（3）旋转偏振片，观察功率指示计的示数变化，验证激光输出光的偏振态。

【实验注意事项】

（1）不要用手触摸光学镜面，该电源负载为压电陶瓷类的高阻元件，不适用低阻负载。

（2）偏压调节操作应缓慢，使电压缓慢加载到压电陶瓷上，否则容易破坏压电陶瓷。

（3）信号输出切勿短路，否则损坏电路。

【问题思考和拓展】

（1）在扩束测量实验中，为什么在束腰的位置附近放置扩束镜片？
（2）简述激光器的构成和气体激光器的工作原理。
（3）气体激光器的设计思路什么？给出关键技术指标参数。

【参考文献】

[1] 周炳琨，高以智，陈倜嵘，等. 激光原理[M]. 北京：国防工业出版社，2009.
[2] 郭永康. 光学教程[M]. 成都：四川大学出版社，1992.
[3] 吕百达. 强激光的传输与控制[M]. 北京：国防工业出版社，1999.

实验 3　光纤激光器原理与技术实验

【实验背景】

自 20 世纪 60 年代光纤激光器的诞生，光纤激光器经历了五十余年的发展，在光纤通信、光纤传感、工业领域以及国防领域具有广泛的应用前景。光纤激光器以掺杂光纤为增益介质，结合光学器件和泵浦激励实现激光输出，与传统的固体和气体激光器相比，具有如下优点：（1）在光纤内部腔内损耗低，容易实现较大的总增益，泵浦阈值低、能量转换效率高；（2）由于光纤本身的尺度结构特点，不需要复杂的冷却系统；（3）光纤本身作为一种波导，模式容易控制，相对传统的激光器较容易实现高质量的激光。激光器的研究引起国内外学者的广泛关注和重视，随着激光器的快速发展，目前在 10 W ~ 10 kW 功率范围内的激光器已实现工业应用，在高速大容量通信、光纤传感、激光武器等领域具有重要的应用前景和潜在的经济价值。本实验介绍光纤激光器的基本原理、结构、搭建方法、调试方法以及主要特性参数的测量。

【实验目的】

（1）熟悉光纤激光器的结构和特点。
（2）掌握光纤器激光产生的机理。
（3）掌握光纤激光器的搭建方法和激光特性测试方法。

【实验原理】

光纤激光器的构成与传统的激光器一样，由谐振腔、增益物质和激励泵浦构成，只不过谐振腔是在光纤波导内，增益物质为掺杂光纤，泵浦源为半导体激光器，一般功率比较高。增益介质为各种不同掺杂的光纤或非线性光纤，谐振腔的构成形式比较多，结合光纤无源器件，可以由光学反馈或光纤反射型器件构成线性腔和环形腔，也可以由光纤反射型器件构成。泵浦光经光纤光学系统耦合进入增益光纤，增益光纤在吸收泵浦光后在腔内形成粒子数反转，形成激光输出，或者非线性增益产生的自发辐射光经受激放大，结合谐振腔的选模形成稳定激光输出。图 3-1 为典型的激光器结构示意图。

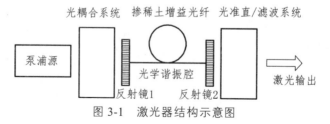

图 3-1　激光器结构示意图

光纤激光器的结构分类方法比较多，可以依据增益介质、谐振腔的结构、光纤的结构、输出激光类型和输出激光波长分类。（1）依据增益介质可分为不同稀土离子掺杂光纤激光器，在稀土元素中常用的掺杂离子有 Nd^{3+}、Yb^{3+}、Er^{3+}、Tm^{3+} 和 Ho 等，掺杂离子不同输出的激光波长也不相同；（2）依据采非线性效应激光器可分为光纤受激布里渊散射型和受激拉曼散射型波长可调谐的激光；（3）依据谐振腔结构不同可以分为 F-P 腔、环形腔、环路反射器光纤谐振腔、"8"字形腔、分布反射（DBR）光纤激光器和分布反馈（DFB）光纤激光器等；（4）依据光纤结构可分为单包层光纤激光器、双包层光纤激光器、光子晶体光纤激光器和特种光纤激光器；（5）依据输出激光是否连续可分为连续光纤激光器和脉冲光纤激光器；（6）依据输出激光波长分为 S 波段（1 460～1 530 nm）激光器、C 波段（1 530～1 565 nm）激光器和 L 波段（1 565～1 610 nm）激光器。

1. 激光工作物质

由光纤光学理论可知光纤光导纤维的中间部分为折射率较大的纤芯，纤芯以外的部分是较低折射率的包层，包层的外面还有一层起保护作用的涂覆层。单模光纤的包层直径是125 μm，其纤芯直径为 8～12 μm，光纤具有传输容量大、低损耗、不受电磁场干扰等优点。光纤激光器通常是以掺稀土元素光纤作为增益介质。掺 Er^{3+} 光纤激光器的输出波长对应1.5 μm 光纤通信的主要窗口，是目前应用最广泛和技术最成熟的光纤激光器之一。掺 Yb^{3+} 光纤激光器的吸收带在 800～1 000 nm，相对较宽，激射带为 1030～1 150 nm。该激光器具有量子效率高、增益带宽大以及无激发态吸收和无浓度猝灭等优点，可以采用波长位于915 nm 或 980 nm 附近的多模大功率半导体激光器泵浦，在 1.06 μm 波段获得斜效率 80% 以上的激光输出，并在宽达 100 nm 以上的范围内连续调谐。

2. 激光谐振腔

与一般的激光器一样，光纤激光器的谐振腔的种类主要有线形腔结构和环形腔结构，由于光纤波导自身的特点，这两类谐振腔又包括多种构成方式，每种构成方式都有独特的特性。

线形腔是指谐振腔为直线结构的 F-P，又简称 F-P 腔，根据构成 F-P 腔的两个光学面所采用的反馈元件的不同，它又可以分为多种类型，常见的有反射镜型 F-P 腔、光纤光栅型腔和光纤环形镜型腔等。反射镜型 F-P 腔如图 3-2（a）所示，通过在掺杂增益光纤的两端配置二向色反射镜来构成谐振腔。其中位于泵浦注入端的二向色反射镜，对泵浦光高透射而对激光高反射；位于输出端的二向色反射镜，对泵浦光高反射，而对激光有适当的透过率。采用二向色反射镜作为腔镜在技术上容易实现，但是谐振腔的调整精度要求比较高，且精确选择激光器的输出波长比较困难，激光器的单色性较差，使得该类型激光器的实用性受到一定限制。光纤光栅型 F-P 腔如图 3-2（b），在掺稀土光纤两端熔接或直接刻写光纤光栅作为反馈元件。光纤光栅是透过紫外光诱导在光纤纤芯内形成折射率周期性变化结构的反射型波长光纤器件，具有非常好的波长选择性，且反射率可控，它对腔内激光相当于高反射镜或部分反射镜，而对于泵浦光则基本上是完全透明的。这种结构的腔克服了腔镜与光纤之间的耦合损耗，实现了激光器的全光纤集成，而且可以在掺稀土光纤增益谱内的任意波长处获得窄线宽的激光输出，且可望借助光纤光栅的可调谐性实现激光波长的调谐，是一种具有潜在发展前景的器件。

（a）反射镜型 F-P 腔　　　　（b）光纤光栅型 F-P 腔

图 3-2　线形腔光纤激光器结构示意图

环形腔也是光纤激光器中经常采用的一种谐振腔结构形式。环形腔通常为行波腔，可以避免激光增益的"空间烧孔"效应，有利于获得单色性很好的激光输出，也有助于激光的稳定性。在环形腔里可以不用反射镜，借助波分复用耦合器和稀土掺杂光纤构成一个环形结构。为防止光纤器件的端面反射对产生激光的影响，保证激光的单向运行，通常在环形腔内串入一个隔离器，结构如图 3-3 所示。此外，如果光纤为非保偏光纤，还需引入偏振控制器来消除偏振模竞争。

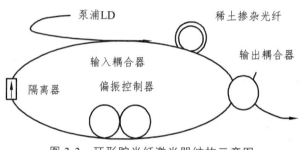

图 3-3　环形腔光纤激光器结构示意图

目前光纤激光器的种类比较多，根据具体的应用需求，谐振腔结构和输出激光的特性也不尽相同。但由于收到泵浦耦合和其他接入损耗的影响，结构复杂的光纤激光器的输出功率很难提高，在高功率光纤激光器中使用最多的还是基于 F-P 型的激光器。

3. 光纤激光器的泵浦

光纤激光器的泵浦源通常为带有输出尾纤的温控大功率半导体激光器或半导体激光器阵列。泵浦源与掺稀土光纤之间的耦合方式可以分为两大类：端面泵浦和侧面泵浦。光纤激光器最简单的泵浦耦合方式为端面泵浦，它包括两类情况：一种是用于反射镜型 F-P 腔，泵浦光经聚焦后通过二色镜直接入射到掺稀土光纤端面；另一种是用于泵浦光纤光栅型的光纤激光器，把半导体激光器的输出尾纤与掺稀土光纤的入射端面直接熔接起来，这种端面泵浦方式结构简单紧凑、稳定性好，实现了激光器的全光纤化。侧面泵浦是通过 V 形槽、棱镜或"树杈形"多模光纤等结构使泵浦光从掺稀土增益光纤的侧面耦合进入，它既适用于线形腔结构也可用于环形腔结构。这种泵浦耦合方式避免了在注入端加波长选择光元件，从而可以使掺杂光纤直接和其他光纤熔接，并且可以在掺稀土光纤的全长度上进行多点泵浦。

依据增益光纤中泵浦光的传输方向相对于激光的输出方向，通常将泵浦源的基本配置方式分为三类：前向泵浦（泵浦光和激光输出同向）、后向泵浦（泵浦光和激光输出反向）和双向泵浦（前向泵浦与后向泵浦结合）。前向泵浦可使泵浦光注入端与激光输出端相分离，因此在端面泵浦耦合结构中最为方便。但光纤中的光功率分布及增益分布都很不均匀，在大功率泵浦的情况下容易造成注入端的光纤熔融。后向泵浦容易获得较高的激光输出，增益分布也较为平坦，但同前向抽运一样存在抽运光分布不均的问题。两端泵浦耦合结构复杂一些，但可以大大降低注入端的功率密度，并且光纤内的功率密度及增益分布都较为均匀，因此适合于泵浦高功率光纤激光器。

4. 掺镱双包层光纤激光器

在早期的光纤激光器中，泵浦光需要直接注入直径通常只有 $5 \sim 8\ \mu m$ 的掺稀土光纤芯内，如图 3-4（a）所示，由于受纤芯尺寸和数值孔径的制约，泵浦光耦合进增益区的效率很低。20 世纪 80 年代后期，国外研究机构陆续研制出了一种双包层光纤，如图 3-4（b）所示，它在原光纤内包层外面增加了一个具有更低折射率的外包层，形成了双包层结构。在这种双包层结构的光纤中，泵浦光不是直接进入到纤芯中，而是先进入包围纤芯的内包层中。内包层的作用一方面是限制振荡激光在纤芯中传播，保证输出激光的光束质量高；另一方面是构成泵浦光的传播通道，在整个光纤长度上传输的过程中，泵浦光从多模的内包层耦合到单模的纤芯中，从而延长了泵浦长度以使泵浦光被充分吸收。同时内包层的直径（一般大于 $100\ \mu m$）和数值孔径均远大于纤芯，使得聚焦后的泵浦光可以高效地耦合进内包层。而普通单模光纤激光器要获得单模输出，泵浦光也必须是单模的，但单模泵浦源功率一般很低。双包层光纤可使光纤激光器的斜率效率达到 80% 以上，输出功率提高了 $5 \sim 6$ 个量级。

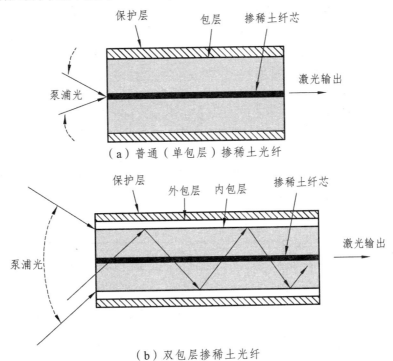

（a）普通（单包层）掺稀土光纤

（b）双包层掺稀土光纤

图 3-4　双包层掺稀土光纤与普通掺稀土光纤结构比较示意图

内包层的形状和与纤芯的配置方式是双包层光纤设计的关键技术之一，圆形同心结构的双包层光纤制作最为简单，但研究表明，泵浦光在这种光纤中会产生大量的螺旋光，它们传播时不经过纤芯，不能被吸收利用。为了消除螺旋光提高泵浦效率，人们研制出各种具有不同内包层形状的双包层光纤，如离心圆形、矩形、D形正六角形、正八角形、花形和椭圆等，几种典型双包层光纤的横截面结构如图3-5所示。

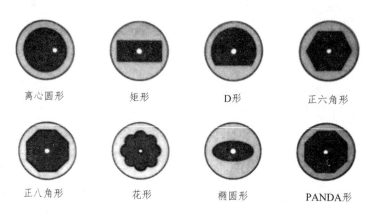

离心圆形　　　矩形　　　D形　　　正六角形

正八角形　　　花形　　　椭圆形　　　PANDA形

图 3-5　双包层掺稀土光纤的内包层截面形状示意图

与其他稀土离子相比，Yb^{3+} 能级结构较简单，与激光跃迁相关的能级只有两个多重态能级 $^2F_{5/2}$ 和 $^2F_{7/2}$。由于 Yb^{3+} 的能级结构中没有其他上能级存在，因此在泵浦光波长和激光波长处都不存在激发态吸收。同时，两能级间隔比较大，有利于消除多声子非辐射弛豫和浓度猝灭效应，因此掺 Yb^{3+} 玻璃基质的激光辐射一般具有很高的量子效率。

在室温条件下，由于光纤基质的作用 $^2F_{5/2}$ 分裂为 2 个斯塔克子能级，$^2F_{7/2}$ 分裂为 3 个斯塔克子能级，Yb^{3+} 激光跃迁就发生在这些斯塔克子能级之间。激光跃迁过程和泵浦源的波长有关，当泵浦光位于短波长区（如 915 nm）时，存在三种可能的激光跃迁过程，如图 3-6（a）所示。过程 I 对应的跃迁为 d→c，发射的中心波长为 1 075 nm；过程 II 对应的跃迁为 d→b，发射中心波长为 1 031 nm；过程 III 对应的跃迁为 d→a，发射中心波长为 976 nm。其中过程 III 的激光下能级为基态，因此为三能级系统；过程 I 和 II 的激光下能级（b 或 c）均为斯塔克分裂产生的、处于基态子能级之上的子能级，具有四能级系统的特点，但是由于子能级 b 或 c 距离基态很近，在泵浦不充分的情况下，能级 b 或 c 上仍可能存留较多的粒子，因此严格说来它们应属于"准四能级"系统。

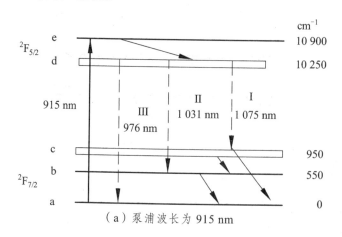

（a）泵浦波长为 915 nm

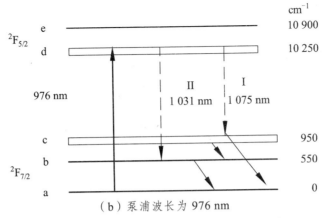

（b）泵浦波长为 976 nm

图 3-6　室温下石英光纤中 Yb³⁺ 激光跃迁机制示意图

当泵浦光波长为 976 nm 时，存在两种可能的激光跃迁过程，如图 3-6（b）所示。过程Ⅰ对应的跃迁为 d→c，发射的中心波长为 1 075 nm；过程Ⅱ对应的跃迁为 d→b，发射中心波长为 1 031 nm。这两个过程的下能级也都是斯塔克分裂产生的，且为处于基态之上的子能级。虽然在室温下能级 d 不能分辨出两个清晰的子能级，但它仍然是由斯塔克子能级构成的多重态展宽的能级，因此过程Ⅰ和Ⅱ的激光跃迁也具有准四能级系统的特点。

根据上面的分析知，斯塔克分裂的宽度由光纤基质的材料、杂质成分、Yb³⁺掺杂的浓度、光纤的均匀程度以及光纤制造工艺等多个因素决定，且光谱特性由能级结构决定。因此，不同厂家、不同批号的石英光纤中 Yb³⁺ 离子的 ²F₅/₂ 和 ²F₇/₂ 能级斯塔克分裂形成的各子能级之间的宽度也各不相同。Yb³⁺ 离子在 915 nm 和 976 nm 有两个吸收峰，其中 915 nm 处的吸收峰约为 50 nm，但是吸收截面较小；976 nm 处的吸收峰很窄，但是其吸收截面很大，约是前者的 4 倍。发射截面曲线中在 976 nm 和 1 030 nm 处各有一个发射峰，其中 976 nm 处发射峰与吸收曲线的吸收峰基本重合，显示了明显的二能级特点；峰值位于 1 030 nm 的发射截面较小，但是覆盖很宽的光谱范围，这是掺 Yb³⁺ 光纤激光器能够实现宽达 100 nm 以上波长调谐的内因。

根据掺镱光纤的吸收谱可知，掺镱光纤激光器最适宜的泵浦波长分别为 915 nm 和 976 nm。其中第一个泵浦波长位于一个较宽的吸收带内，它吸收系数较低，适合于采用大线宽的泵浦源，而且对泵浦光的波长特性要求不严格；第二个泵浦波长位于 976 nm 吸收峰的中心，它具有较高的吸收系数，但由于这个吸收峰很窄，因此要求泵浦源输出波长的线宽小于 4 nm，并且对泵浦波长的稳定性也有较高要求。

【实验系统与装置】

本实验系统装置如图 3-7 所示。本实验系统主要包括带温控半导体激光器系统（976 nm，5 W）、（1 + 1）× 1 多模泵浦耦合器、SMA905 型光纤连接器、掺镱双包层光纤、高反射镜（1 030 ~ 1 100 波段反射率大于 99%）、光纤准直镜、高速脉冲探测器（响应波长 400 ~ 1 100 nm，10 ns 响应速度）、示波器、台式激光功率计（量程 0 ~ 2 W，分辨率 0.1 mW）、半导体红光激光器（650 nm，5 mW）、多维精密调整架、红外激光观测片、激光防护镜等。

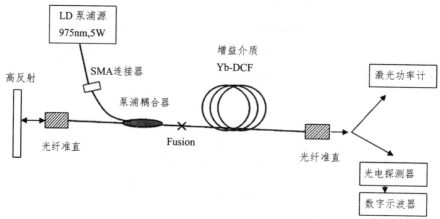

图 3-7 掺镱双包层光纤激光器实验系统结构示意图

【实验内容与步骤】

本实验内容主要包括半导体激光器泵源 $P-I$ 特性曲线测量实验、前向泵浦光纤激光器搭建与调试实验、光纤激光器输出功率特性曲线测量实验、光纤激光器自调 Q 与自锁模实验。

1. 光纤激光器搭建与调试

（1）将半导体激光器尾纤输出端（SMA905 光纤接头）连接到带 SMA 法兰的专用调整架上，通过调节调整架的高度和左右位置，使探测器与半导体激光器输出端对准。

（2）打开激光功率计的电源开关，准备测量。

（3）打开半导体激光器控温系统电源开关，调节温度设定旋钮至 − 10，打开半导体激光器电源，拨动"Laser Enable"开关使"Active"灯亮起，激光器进入发射状态。

（4）缓慢调节前面板上的"Adjust"电流调节旋钮，增大半导体激光器的驱动电流 I，从激光功率计读取对应的输出功率 P，将读取的 I、P 值依次填入表 3-1 中的前两列。

（5）由表 3-1 数据作出半导体激光器的 $P-I$ 曲线，通过 $P-I$ 曲线的线性部分作直线与横坐标相交，交点处的电流值，即为半导体激光器的阈值电流 I_{th}。

（6）实验完成后，先将电流调节旋钮逆时针旋到最小，其次拨动"Laser Enable"开关使"Active"灯熄灭，使系统充分冷却 15 min 后，最后关闭电源。

2. 前向泵浦光纤激光器搭建与调试实验

（1）依照实验系统图 3-7，将半导体激光器与增益光纤通过泵浦耦合器连接起来，泵浦耦合器信号注入端和掺镱双包层光纤输出端的光纤准直镜分别固定在四维光学调整架上。

（2）将带有光学调整架的高反射镜置于泵浦耦合器信号注入端一侧，保持二者相距大于 10 cm，使镜面中心尽量与光纤准直镜主光轴重合，镜面与主光轴垂直，在反射镜与准直镜之间加入一面带有小孔的白屏。

（3）将红光半导体激光器输出窗口对准掺镱双包层光纤输出端的光纤准直镜，打开电源发出红色激光，仔细调节红光半导体激光器与光纤准直镜的相对位置，使红色激光进入掺镱双包层光纤，并从另一端的光纤准直镜出射，在上述白屏上形成一个直径约 2～3 mm 清晰的红色光点。

（4）调节白屏的位置，使红色光点恰好从屏上的小孔通过，照射到屏后的反射镜上，这时在反射镜一侧的屏上会看到一个红色的反光点，调节反射镜的位置和倾角，使反光点恰好从小孔返回。

（5）拿掉白屏，移去红光半导体激光器，将功率计探测器对准光纤准直器，打开泵浦激光器，逐渐增大驱动电流直到从功率计观察激光器有一定的输出功率为止。

（6）用屏遮挡一下反射镜和准直镜之间的光路，如果发现功率变小，则说明反射镜起到了反馈作用，如果功率无明显变化，则说明反射镜没起作用，需要重复以上（2）～（6）中的有关操作步骤。

（7）当从（6）确定反射镜起到反馈作用后，适当增大泵浦激光器电流，使输出功率在 50 mW 以上，仔细调节反射镜及光纤准直镜，使输出激光功率达到最大为止，固定好有关活动调节螺丝，完成整个调节工作。

3. 光纤激光器输出功率特性曲线测量实验

（1）在光纤激光器搭建与调试实验基础上，利用激光功率计测量不同泵浦水平下的激光输出功率 P_{out}，填入表 3-1 中。

（2）利用表 3-1 中数据作出激光器输出功率 P_{out} 与泵浦光功率 P 的对应关系曲线。

（3）分析 P_{out}-P 关系曲线，求出光纤激光器的阈值泵浦功率、斜效率和光-光转换效率。

4. 光纤激光器自调 Q 与自锁模实验

（1）逆时针旋转"Adjust"旋钮使电流调至最小（0 A），然后关闭"Laser Enable"开关，使 LD 系统处于待机状态。

（2）移走光纤激光器输出端的功率计，放入由光电探测器和示波器组成的高速脉冲探测系统，记录不同泵浦电流下的光纤激光器输出波形。

（3）在一定的泵浦范围内将观察到微秒级宽度的小脉冲序列，即出现"自调 Q"。自调 Q 脉冲的强度、宽度和间隔存在较大的随机性、自发性，但总的趋势是随着泵浦电流增大，自脉冲间隔变小，脉冲数目增加，当泵浦电流足够大时，自调 Q 将减弱，乃至消失。

（4）通过调节示波器量程，使上述"自调 Q"脉冲在显示屏上展开，能够观察到在每个"自调 Q"脉冲包络内都存在一系列时间间隔 Δt 相等的更短脉冲，测出 Δt。

表 3-1 P-I 特性与光纤激光器输出特性实验数据记录表

I/mA	P/mW	P_{out}/mW	I/mA	P/mW	P_{out}/mW

【实验注意事项】

（1）不要用手直接触摸光学镜面。

（2）不要用眼睛直视输出激光，必须佩戴防护眼镜。

（3）实验完毕要把光纤及光纤器件的保护帽复位。

（4）不要让激光器大电流高功率长期工作，以免影响泵浦源的寿命。

（5）实验过程中，避免大曲率半径弯曲光纤，以免损坏光纤或增大光纤损耗。

【问题思考和拓展】

（1）与传统的固体激光器相比，光纤激光器有何特点？

（2）双包层光纤光激光器与单包层光纤激光器相比，有哪些优点？

（3）选择半导体激光器作为光纤激光器的泵浦源应注意哪些问题？

（4）光纤激光器为何会出现自调 Q 和自锁模？

（5）本实验系统有哪些需要改进之处？如何改进？

【参考文献】

[1] 周炳琨，高以智，陈倜嵘，等. 激光原理[M]. 北京：国防工业出版社，2009.

[2] 郭永康. 光学教程[M]. 成都：四川大学出版社，1992.

[3] 吕百达. 激光光学：激光束的传输变换和光束质量控制[M]. 成都：四川大学出版社，1992.

[4] 杨石泉，赵春柳，蒙红云，等. 工作在 L-波段的可调谐环形腔掺铒光纤激光[J]. 中国激光，2002，29（8）：677-679.

实验 4 光纤宽带荧光光源特性实验

【实验背景】

超荧光光源就是利用放大自发辐射以及无谐振腔的掺杂光纤光源，在光纤中加入不同的离子可以实现多波段的超荧光光谱。由于铒离子 Er^{3+} 的发光频带刚好与玻璃光纤的低损耗窗口重合，因此在光纤通信、光纤光源、有源光学器件等领域具有广泛的应用。宽带荧光光纤光源是光纤传感系统的重要组成部分，掺铒放大自发辐射具有很好的温度稳定性，其荧光谱宽可达数十纳米，从 C 波段（1 520 ~ 1 570 nm）延伸到 L 波段（1 570 ~ 1 620 nm），可以减少系统的相干噪声、光纤瑞利散射引起的位相噪声以及光克尔效应引起的位相漂移。与发光二极管和超辐射发光二极管相比，稀土掺杂光纤宽带荧光光源具有输出光谱稳定、受环境影响小、易与单模光纤传感系统耦合等优点。目前，国内外对掺铒超荧光光源的研究，主要集中在中心波长稳定、带宽较大的超荧光光源、光谱平坦的高功率光源的研究。本实验主要研究宽带荧光光纤光源的机理、结构、搭建方法和主要特性测试方法。

【实验目的】

（1）理解光纤宽带荧光光源的机理。
（2）掌握光纤宽带荧光光源的构成和搭建方法。
（3）掌握光纤宽带荧光光源的主要特性参数及测试方法。

【实验原理】

超荧光是介于激光与荧光之间的一种激发状态，即放大的自发辐射放大自发辐射，利用泵浦光泵浦容易失去电子的离子，常用的有铒离子（Er^{3+}）、镱离子（Yb^{3+}）、铥离子（Tm^{3+}）等。初始状态时，离子大多数处于基态能级，少数离子处在激发态能级离子数正常分布，系统中高能级离子向低能级的跃迁，自发辐射释放带有能量的光子。当外界释放给离子能量时，通常用泵浦激光器进行泵浦，掺杂这些离子的光纤被泵浦，泵浦功率提高，上能级粒子数逐渐增多，自发辐射加强，粒子相互作用。当泵浦功率达到一定值时，自发辐射的光子受激放大急剧增加，由于集居反转粒子数量未达到震荡阈值，故激光振荡还没有形成。但与自发辐射的情况不同，由于铒离子斯塔克能级分裂具有一定的频率宽度，并且在光源的结构中没有像激光器一样的谐振腔，所以输出的超荧光不规则分布，具有一定的谱宽，但比荧光光谱窄。

当掺铒光纤被抽运时，随着抽运光功率的变化，掺铒光纤可处于三种不同的状态：（1）当抽运功率较低时，$n_2 < n_1$，粒子数正常分布，掺杂光纤中只存在自发辐射荧光，其中 n_1 为基态能级粒子数，n_2 为激发态能级粒子数；（2）随着抽运功率的增强，n_2 逐渐增加，自发辐射的粒子数逐渐增加，它们之间的相互作用也逐渐加强。当 $n_2 > n_1$ 以后，粒子数呈反转分布，在极强的相互作用下，粒子发光的"个性化"特征逐渐向相关一致的"共性"转化，单个粒子独立的自发辐射逐渐变为多个粒子协调一致的受激辐射，这种由于掺杂光纤对自发辐射的放大所产生的辐射称为"放大的自发辐射"。当抽运光足够强，在掺杂光纤中特定方向上的"放大的自发辐射"将大大加强，这种加强了的辐射称为超荧光。光纤宽带荧光光源是基于光纤中放大的自发辐射过程，因而具有输出功率高、温度稳定性好、有一定的相干性和较宽的光谱线宽等诸多优点。

可用等效的三能级系统来描述其物理过程，如图 4-1 所示。从铒离子能级中分析可得，掺铒光纤中 C 波段与 L 波段的放大自发辐射的形成原理一样，都是由能级 $^4I_{13/2} \rightarrow ^4I_{15/2}$ 的跃迁产生的。C 波段放大自发辐射是由 $^4I_{13/2}$ 和 $^4I_{15/2}$ 主能级的斯塔克分裂能级的高能级之间跃迁产生，与 C 波段放大自发辐射不同的是，L 波段的放大自发辐射是由 $^4I_{13/2}$ 和 $^4I_{15/2}$ 主能级的斯塔克分裂能级的低能级之间的跃迁产生的。图 4-2 是 L 波段放大自发辐射形成的原理示意图，铒离子吸收 980 nm 或 1 480 nm 等波长抽运光后首先在铒光纤的近端产生 C 波段的放大自发辐射，产生的 C 波段的放大自发辐射作为二次抽运源被后端铒光纤中离子再次吸收，从而形成 L 波段的放大自发辐射谱。由于 L 波段放大自发辐射用到的是铒离子增益带的尾部，其发射和吸收系数都是 C 波段 $\frac{1}{4} \sim \frac{1}{3}$。因此，为了获得较大功率的 L 波段放大自发辐射，需要较长的掺铒光纤，带来很多不利的影响，同时出现各种非线性现象。因此，用于 L 波段的掺铒光纤通常是选用高掺杂、低损耗的铒光纤。图 4-3 表示粒子由密度较大的上能级向粒子数密度较小的下能级跃迁的过程，左边的跃迁是自发的称为自发辐射过程，与此同时产生光子，该光子沿增益光纤向前运动，在运动过程与另一个粒子相遇，从而诱发受激辐射。这样就会产生一个与原来光子具有相同的传播方向、相同频率和相同相位的全同光子，因此自发辐射就被放大，此过程就是放大的自发辐射过程。

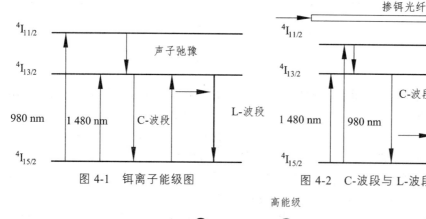

图 4-1　铒离子能级图

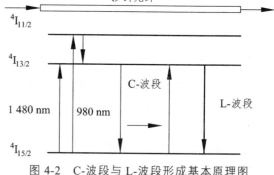

图 4-2　C-波段与 L-波段形成基本原理图

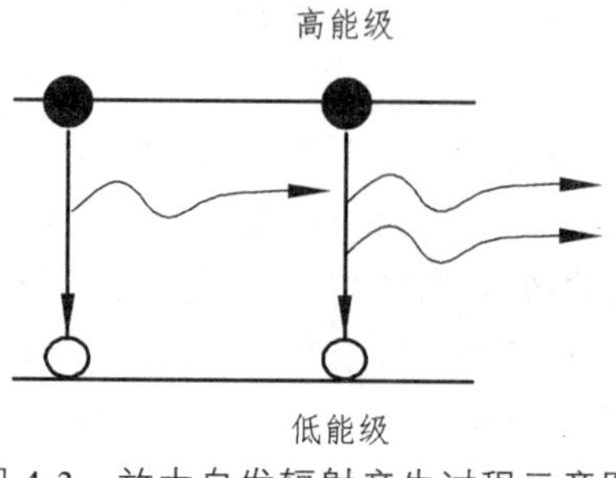

图 4-3　放大自发辐射产生过程示意图

超荧光是介于激光与荧光之间的一种过渡状态，是放大的自发辐射，当泵浦速率达到一定值时，自发辐射的光子受激放大而雪崩式地倍增，但由于集居反转数尚未达到振荡阈值，故激光振荡没有形成，但又与自发辐射不同，超荧光的状态分布不再是均匀的，谱线宽度比荧光光谱宽度窄。根据泵浦光和超荧光传播方向的异同以及光纤两端是否存在反射，超荧光光纤光源具分为单程前向、单程后向、双程前向和双程后向四种常见的结构。

【实验系统与装置】

本实验仪器主要包括 980 nm 激光二极管模块、低浓度掺铒光纤 21 m、高浓度掺铒光纤 31 m、波分复用耦合器、隔离器、环形镜和光谱仪，实验系统装置示意图如图 4-4 所示。

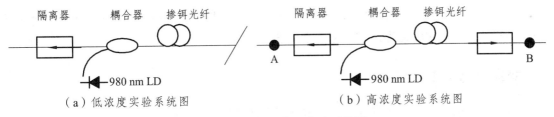

（a）低浓度实验系统图　　　　　　　（b）高浓度实验系统图

图 4-4　掺铒光纤光源实验系统图

【实验内容与步骤】

本实验内容主要包括测量单程后向结构低浓度掺杂光纤的 *P-I* 特性和输出光谱的带宽和平坦度，测量单程后向结构高浓度掺杂光纤的 *P-I* 特性和输出光谱的带宽和平坦度。

（1）打开光谱仪和泵浦电源，预热 5 min。

（2）依据实验系统装置图 4-4（a），将低浓度掺铒光纤 21 m 接入光路，并连好光路。

（3）将输出信号接入光功率，调整泵浦电流逐渐增大，记录电流和功率计的读数，填入表 4-1，绘出 *P-I* 特性曲线。

表 4-1　单程后向结构低浓度掺杂光纤的 *P-I* 特性数据记录表

泵浦电流/mA	输出功率/mW	泵浦电流/mA	输出功率/mW

（4）取下光功率计，将输出信号接入光谱仪，设定扫描波长范围和采样点数，观察输出光谱的特征，并测量输出光谱的带宽和平坦度。

（5）依据实验系统装置图 4-4（b），将低浓度掺铒光纤 31 m 接入光路，并连好光路。

（6）将输出信号接入光功率，调整泵浦电流逐渐增大，记录电流和功率计的读数，填入

表 4-2，绘出相应的 *P-I* 特性曲线。

表 4-2　单程后向结构高浓度掺杂光纤的 P-I 特性数据记录表

泵浦电流/mA	输出功率/mW	泵浦电流/mA	输出功率/mW

（7）取下光功率计，将输出信号接入光谱仪，设定扫描波长范围和采样点数，观察输出光谱的特征，并测量输出光谱的带宽和平坦度。

【实验注意事项】

（1）泵浦电流不要长期过大，否则会导致寿命降低。

（2）在用手触摸泵浦二极管前注意消除静电，以防损坏泵浦二极管。

（3）保持光纤接口整洁，否则影响光源的输出功率。

（4）实验完毕，盖上光纤端面保护帽，以免影响下次实验。

【问题思考和拓展】

（1）简述光纤宽带荧光光源的工作原理。

（2）说明光纤宽带荧光光源和光纤 EDFA 的异同。

（3）查阅相关资料，给出光纤光源的主要技术指标。

（4）前向和后向光纤宽带荧光光源的区别是什么？

【参考文献】

[1]　黄文财，王秀琳，明海. 高功率宽带掺铒光纤超荧光光源研究[J]. 量子电子学报，2005，22（1）：95-97.

[2]　YAMADA M，KANAMORI T，TERUNUMA Y. Fluoride-basedd erbium doped fiber amplifier with inherently flat gain spectrum[J]. IEEE Photon Technol Lett, 1996, 8(7): 882-884.

[3]　WANG J P，WU Y，LOU C Y，et al. Study on supercontinuum flattening with fiber Bragg grating filters[J]. Journal of Optoelectronics. Laser, 2003, 14（8）：803-805（in Chinese）.

实验 5　发光二极管原理与特性实验

【实验背景】

　　发光二极管（Light Emitting Diode，LED）是通过电子与空穴复合释放能量而发光的非相干光源，在照明、平板显示、医疗器件等领域具有广泛的用途。发光二极管最早诞生于 1962 年，早期只有低光度的红光二极管，随着制造工艺的进步，目前在可见光、红外线及紫外线均可实现，光度也得到大大提高。随着 LED 在照明领域的应用拓展，对 LED 的性能要求也越来越高，随之也出现了一些急需解决的技术问题。与白炽灯、荧光灯等传统照明光源的发光机理不同，LED 属于电致发光器件，其热量不能及时辐射出去，导致器件温度升高，最终影响器件的波长不稳定、器件整体性能不稳定以及器件寿命短，因此实验研究 LED 的综合特性对 LED 的封装设计、实际应用具有重要的意义。本实验主要为基本特性研究，主要内容包括 LED 的伏安特性、电光转换特性、输出光空间分布特性。

【实验目的】

　　（1）理解 LED 的发光原理及其特性参数。
　　（2）测量 LED 的伏安特性、电光转换特性和输出光空间分布特性。
　　（3）测量 LED 的电光转换特性和输出光空间分布特性。

【实验原理】

1. 发光二极管发光原理

　　发光二极管的核心是 PN 结，由 P 型和 N 型半导体组成，如图 5-1 所示。P 型半导体中空穴的数量远远大于自由电子的数量，空穴为"多子"，电子为"少子"；N 型半导体中空穴为"少子"，电子为"多子"。当两种半导体结合在一起形成 PN 结时，N 区的电子向 P 区扩散，P 区的空穴向 N 区扩散，在 PN 结附近形成空间电荷区与势垒电场。该场会使载流子向扩散的反方向做漂移运动，最终扩散与漂移达到平衡，使流过 PN 结的净电流为零。在空间电荷区内，P 区的空穴被来自 N 区的电子复合，N 区的电子被来自 P 区

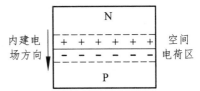

图 5-1　半导体 PN 结示意图

的空穴复合，使该区内几乎没有能导电的载流子，所以又称为结区或耗尽层。
　　当加上与势垒电场方向相反的正向偏压时，即 P 型半导体接电源正极，N 型半导体接电源负极，在外电场作用下，结区变窄，P 区的空穴和 N 区的电子就向对方扩散运动，从

而在 PN 结附近产生电子与空穴的复合，并以热能或光能的形式释放能量。采用适当的材料，使复合能量以发射光子的形式释放，就构成发光二极管。发光二极管发射光谱的中心波长，由组成 PN 结的半导体材料的禁带宽度所决定，不同的材料及不同的掺杂比例，发射波长不同。光谱线宽度一般有几十纳米，利用不同发光颜色的二极管结合光谱合成技术可实现白光 LED。

2. LED 的特性

LED 的特性主要包括伏安特性、电光转换特性、输出光空间分布特性，下面我们分别讨论。伏安特性是指在 LED 两端加电压时，电流与电压的关系，如图 5-2 所示。在 LED 两端加正向电压，当电压较小，不足以克服势垒电场时，通过 LED 的电流很小。当正向电压超过死区电压 U_{th} 后，电流随电压迅速增长。正向工作电流指 LED 正常发光时的正向电流值，根据不同 LED 的结构和输出功率的大小，其值在几十毫安到几安之间。正向工作电压指 LED 正常发光时加在二极管两端的电压。允许功耗是指加于 LED 的正向电压与电流乘积的最大值，超过此值，LED 会因过热而损坏。LED 的伏安特性与一般二极管相似，伏安特性测量原理如图 5-3 所示。

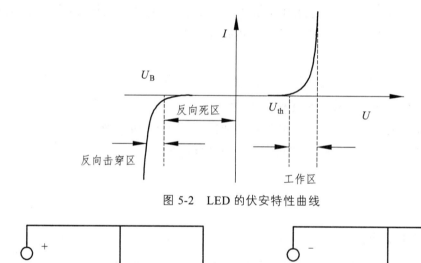

图 5-2　LED 的伏安特性曲线

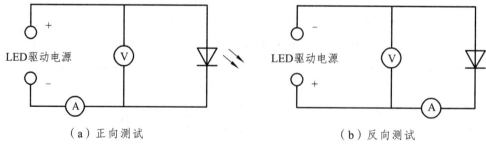

（a）正向测试　　　　　　　　　　　（b）反向测试

图 5-3　LED 伏安特性测试原理图

LED 的电光转换特性是指发光二极管发出的光在某截面处的照度与驱动电流的关系，理论上照度值与驱动电流近似呈线性关系，这是因为驱动电流与注入 PN 结的电荷数成正比，在复合发光的量子效率一定的情况下，输出光通量与注入电荷数成正比，其照度正比于光通量，电光转换特性测量原理如图 5-4 所示。

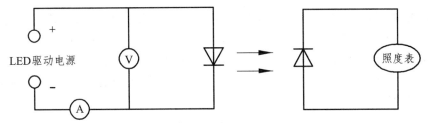

图 5-4　LED 电光转换特性测试原理图

　　光强空间分布是指从光源发出的光在空间上的分布,反映的是 LED 器件的发光强度的空间分布特性,也称为配光曲线。空间分布特性测量方法是采用一个光度探测器,可选择 LED 光源不动,光度探测器围绕它旋转扫描,也可选择光度探测器不动,LED 光源围绕一个固定中心点旋转,就可以得到不同角度的光强大小,一般测试点设置在 50～60 个,因此一条配光曲线就需要较长时间,如果测量三维空间的光强分布,则测试点更多。实际应用时,一般采用相对大小与角度描述空间光强的分布特性。光源的发光强度不能直接测出,都是通过先测量光源在一定距离下的光照度,然后再根据距离平方反比定律计算得出。通常,光源发光强度的测量方法主要有目视光度法和物理光度法两种。目视光度法以人眼作为接收器判断被比较光源和标准光源的光度量是否相同,因而带有较大的主观性,导致存在主观测量误差;而物理光度法是以带有视函数光探测器的仪器进行客观的检测,排除了人眼的主观因素,所以物理光度法也称客观光度法。由于发光二极管的芯片结构及封装方式不同,输出光的空间分布也不一样。一般以发射强度是以最大值为基准,此时方向角定义为零度,发射强度定义为 100%。当方向角改变时,发射强度(或照度)相应改变。发射强度降为峰值的一半时,对应的角度称为方向半值角。发光二极管出光窗口附有透镜,可使其指向性更好,方向半值角比较小,可用于光电检测、射灯等要求出射光束能量集中的应用环境;不加透镜的发光二极管,方向半值角较大,可用于普通照明及大屏幕显示等要求视角宽广的应用环境。

【实验系统与装置】

　　本实验仪器主要包括 LED 综合特性实验仪,主要由激励电源、LED 特性测试仪、热特性温控仪、温控测试台、实验装置和 LED 样件盒等组成。

【实验内容与步骤】

　　本实验内容主要包括测量伏安特性与电光转换特性和 LED 输出光空间分布特性测试。

1. 测量伏安特性与电光转换特性

　　将 LED 样品紧固在 LED 发射器上,发射器方向指示线对齐 0°。将照度检测探头移至距 LED 灯 10 cm 处,调节探头的高度和角度,使其正对 LED 发射器。先测量 LED 样品的反向特性,再测量 LED 样品的正向特性。

　　(1)点击测试仪上的方向按钮,点亮"反向"指示灯,激励电源输出模式选为"稳压",电源输出选择 0～36 V 挡,"稳压,36 V 挡"状态指示灯亮,点击测试仪上的"测试"按钮,点亮测试状态指示灯。

（2）将激励电源上"输出调节"旋钮顺时针旋转，间隔 1 V 左右，并记录 -1 ~ -4 V 各电压下的反向电流值，数据记录完毕后，点击"复位"按钮，电流归零，反向特性实验结束。

（3）点击测试仪上的方向按钮，点亮"正向"指示灯，电源输出选为"稳压"，电源输出选择 0 ~ 4 V 挡，顺时针旋转"输出调节"旋钮，调节电压至正向前三组设定值附近，记录对应的电流和照度值。

（4）点击"复位"按钮，电流归零，若样品为高亮型 LED，将激励电源输出模式切换为"稳流，40 mA 挡"，若为功率型 LED，选择"稳流，350 mA 挡"，顺时针旋转"输出调节"旋钮，给定电流值，记录相应电压、照度值。

（5）数据记录完毕后，点击"复位"按钮，电流归零，点击"测试"按钮，更换样品，重复以上测试步骤，并画出伏安特性与电光转换特性曲线。

2. LED 输出光空间分布特性测试

（1）将 LED 样品紧固在发射器上，在"稳流"模式下调节驱动电流至设定电流。

（2）松开 LED 光发射器底部的锁紧螺钉，缓慢旋转发射器，观察照度的变化，以照度最大处对应的角度为基准 0°，并记录基准 0° 与刻线 0° 的差值。

（3）对高亮型 LED，每隔 2° 测量一次照度的变化，记录实验数据；对功率型 LED，每隔 10° 测量一次照度的变化，并记录实验数据。

（4）数据记录完毕后，点击"复位"按钮，电流归零，点击"测试"按钮，测试状态指示灯灭，否则更换样品时可能出现短暂报警。

（5）更换样品，重复以上测试步骤。

（6）根据测量结果画出 4 只高亮型 LED、4 只功率型 LED 的输出光空间分布特性曲线。

【实验注意事项】

（1）严禁在反向测试时使用电流源作为 LED 的驱动电源。

（2）严禁在正向电流较大时使用稳压源作为 LED 的驱动电源。

（3）实验之前，请确认短时间内周围环境温度不会出现较大波动。

【问题思考和拓展】

（1）简述 PN 结的结电场形成过程和发光二极管的发光原理。

（2）发光二极管的特性有哪些？

（3）温度会影响发光二极管的哪些特性？

【参考文献】

[1] 张志伟. 光电检测技术[M]. 北京：清华大学出版社，2018.

[2] 朱宏军. 交流发光二极管结温测试方法研究[D]. 厦门：厦门大学，2018.

[3] 温怀疆，牟同升. 脉冲法测量 LED 结温热容的研究[J]. 光电工程，2010，7，53-59.

第2章

光电探测器件实验

光电探测器件是光辐射探测器件中的一大类，它利用各种光电效应，使入射辐射强度转化成电学信息或电能，它对光辐射的波长无选择性。各种光电探测器件的原理特性不同，在动态特性方面（即频率响应与时间响应），光电倍增管和光电二极管的动态特性较好，尤其是 PIN 管和雪崩管；在光电特性（即线性）方面，光电倍增管、光电二极管和光电池的光电特性较好；在灵敏度方面，光电倍增管、雪崩光电二极管、光敏电阻和光电三极管的灵敏度较好。值得指出的是，灵敏度高不一定就是输出电流大，输出电流较大的器件有大面积光电池、光敏电阻、雪崩光电二极管和光电三极管。在外加偏置电压方面，光电二极管、光电三极管的偏置电压较低，光电池不需外加偏置。在暗电流方面，光电倍增管和光电二极管的暗电流较小，光电池不加偏置时无暗电流，加反向偏置后，光电池的暗电流也比光电倍增管和光电二极管的暗电流大。

光电探测器件的选择要注意以下几点：首先，光电探测器件的光电转换特性必须和入射辐射能量相匹配，器件的感光面和照射光匹配好，光源必须照到器件的有效位置，如果光照位置发生变化，则光电灵敏度将发生变化。要使入射通量的变化中心处于检测器件光电特性的线性范围内，以确保获得良好的线性输出。对于微弱的光信号，器件必须有合适的灵敏度，以确保一定的信噪比和输出足够强的电信号。其次，光电探测器还必须和光信号的调制形式、信号频率及波形相匹配，以保证得到没有频率失真的输出波形和良好的时间响应，这种情况主要是选择响应时间短或上限频率高的器件。再次，光电探测器必须和输入电路在电特性上很好地匹配，以保证有足够大的转换系数、线性范围、信噪比及快速的动态响应等。最后，为使器件能长期稳定可靠地工作，还要注意选择器件的规格和使用的环境条件，并且要使器件在额定条件下使用。

目前，光电探测器件在国民经济和军事的各个领域都有广泛用途。光电探测器件在可见光或近红外波段主要用于射线测量和探测、工业自动控制、光度计量等。光电探测器件在红外波段主要用于导弹制导、红外热成像、红外遥感等方面。光电探测器件还可以做摄像管靶面，为了避免光生载流子扩散引起图像模糊，连续薄膜靶面都用高阻多晶材料，其他材料可采取镶嵌靶面的方法，整个靶面由约 10 万个单独探测器组成。

本章结合各种光电探测器件的理论背景和实验教学实际，主要内容包括光敏电阻特性实验、光敏二极管特性实验、光敏三极管特性实验、太阳能光伏特性实验、光伏发电及应用实验、PSD 位置传感器实验、象限探测定向实验、光电倍增管原理实验、光显示及其应用实验、光电耦合器原理实验、热释电探测特性实验、光电报警及语音实验。本章针对光电探测器件形成的机理、结构、特性及应用这几个重点内容来开展实验，目的是让学生巩固光电探测器件基本知识，锻炼实验操作能力，加强对光电探测器件的深入理解，拓宽在光电探测器件技术及其应用方面的知识面。

实验6　光敏电阻的特性实验

【实验背景】

光敏电阻又叫光感电阻，是利用半导体的光电导效应制成的一种电阻值随入射光的强弱而改变的电阻器。一般情况下入射光增强，电阻减小，入射光减弱，电阻增大。通常光敏电阻制成薄片结构，以增大它的接收面。当它受到光的照射时，半导体片内就激发出电子-空穴对参与导电，使电路中电流增强。光敏电阻的主要参数有亮电阻、暗电阻、光电特性、光谱特性、频率特性和温度特性。在光敏电阻两端的金属电极之间加上电压，其中便有电流通过，受到适当波长的光线照射时，电流就会随光强的增加而变大，从而实现光电转换。它没有极性，属于纯电阻器件，使用时可加直流或者交流。光敏电阻属半导体光敏器件，除具有灵敏度高、反应速度快、光谱特性等特点外，它在高温潮湿的恶劣环境下，还能保持高度的稳定性和可靠性。它可广泛应用于照相机、验钞机、石英钟、光声控开关、路灯自动开关、光控玩具、光控灯饰、灯具等光自动开关控制领域。本实验主要讨论光敏电阻的光照特性、伏安特性和光谱特性的测量。

【实验目的】

（1）掌握光敏电阻的工作原理、光照特性、伏安特性和光谱特性。
（2）掌握光敏电阻的光照特性、伏安特性和光谱特性的测量方法。
（3）了解光敏电阻的应用。

【实验原理】

光敏电阻是用光电导体制成的光电器件，基于半导体光电效应工作。在光照作用下，电子吸收光子的能量从键合状态过渡到自由状态，引起电导率的变化，这种现象称为光电导效应。光电导效应是指由光照引起半导体电导率增加的现象，光照越强，器件自身的电阻越小。光敏电阻无极性，其工作特性与入射光强、波长和外加电压有关。光敏电阻只是一个电阻器件，使用时既可以加直流电压，也可以加交流电压。半导体的导电能力取决于半导体导带内载流子数目的多少。当无光照时，此时光敏电阻值为暗电阻，阻值会变很大，电路中电流很小。当光敏电阻受到一定波长范围的光照时，此时光敏电阻值为亮电阻，阻值会急剧减少，因此电路中电流迅速增加。

用于制造光敏电阻的材料主要是金属的硫化物、硒化物和碲化物等半导体。通常采用涂敷、喷涂、烧结等方法，在绝缘衬底上制作很薄的光敏电阻体和梳状欧姆电极，然后接出引线，封装在具有透光镜的密封壳体内，以免受潮影响它的灵敏度。在全黑环境里，它的电阻值很高，当受到光照时，只要光子能量大于半导体材料的价带宽度，则价带中的电子吸收一个光子的能量后可跃迁到导带，并在价带中产生一个带正电荷的空穴，这种由光照产生的电子-空穴对增加了半导体材料中载流子的数目，使其电阻率变小，从而造成光敏电阻值下降，光照越强，阻值越低。入射光消失后，由光子激发产生的电子-空穴对将逐渐复合，光敏电阻的阻值也逐渐恢复原值。

光敏电阻的暗电阻越大，亮电阻越小，则性能越好。也就是说暗电流要小，光电流要大，才能使光敏电阻的灵敏度高。实际上，大多数光敏电阻的暗电阻往往超过 1 MΩ，甚至高达 100 MΩ，而亮电阻即使在正常白昼条件下也可降到 1 kΩ 以下，由此可见光敏电阻的灵敏度是相当高的。光敏电阻的暗阻和亮阻间阻值之比约为 1 500∶1，暗阻值越大越好，使用时给它施加直流或交流偏压。

光照特性、伏安特性和光谱特性是光敏电阻的基本特性。光照特性是描述光电流和光照强度之间的关系，不同材料的光照特性是不同的，绝大多数光敏电阻的光照特性是非线性的。伏安特性是指在一定的光照度下，光电流随外加电压的变化而变化。光谱特性也叫光谱响应，是指光敏电阻对不同波长的光，光敏电阻对入射光的光谱具有选择作用，即光敏电阻对不同波长的入射光有不同的灵敏度。光敏电阻可用于各种自动控制电路、光电计数、光电跟踪、光控电灯、照相机的自动曝光及彩色电视机的亮度自动控制电路等场合。

光敏电阻的优点：光敏电阻的光电效应和电极无关，可以使用直流电源；光敏电阻的性能和半导体材料、入射光波长有关；光敏电阻采用环氧树脂胶封装，可靠性好、体积小、灵敏度高、反应速度快、光谱特性好。

光敏电阻的缺点：光敏电阻在强光照射下光电转换线性较差；光电弛豫过程较长，光电导的弛豫现象是指光照后半导体的光电导随光照时间逐渐上升，经一段时间达到定态值，光照停止后，光电导逐渐下降；光敏电阻的频率响应很低；光敏电阻受温度影响较大，响应速度慢，在毫秒到秒之间，延迟时间受入射光的光照度影响。

【实验系统与装置】

本实验系统的主要仪器有光电探测原理综合实验仪、白光源、恒流源、光敏电阻、光照度计、光电探测器、遮光筒、LED 连接线和光电探测连接线等。

【实验内容与步骤】

本实验内容主要包括亮电阻和暗电阻测量、光照特性测量、伏安特性测量和光谱特性测量。

1. 亮电阻和暗电阻测量

（1）图 6-1 是光敏电阻实验原理图，按图连线，实验中使用 LED 白光源和照度计测量，首先保证机箱电源关闭，将主机箱的恒流源调节旋钮逆时针方向缓慢调到底，用 LED 连接线将白光源与恒流源相连，将照度计和白光源对准旋好。

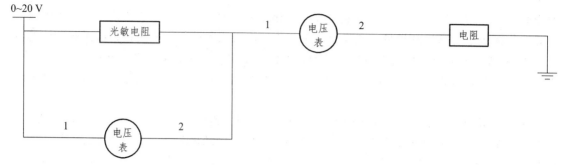

图 6-1　光敏电阻实验原理图

（2）打开照度计，打开主机箱电源，顺时针方向调节恒流源幅度旋钮，使照度计显示 1 000 lx 左右，也可根据实际情况选择，照度计确定好后，关闭电源。

（3）撤下照度计连线及探头，换上光敏电阻，用光电探测连接线，BNC 头连接光敏电阻。红头连接 0 ~ 20 V 直流电源 + 端，另一黑头连接电流表 – 端。可根据实际情况选择串联一电阻，或者不串联。光敏电阻与光源之间用遮光筒连接，打开电源，调节 0 ~ 20 V 电源幅度调节旋钮，待电压表的读数稳定后，读取亮电流 I_1 和电压值 U_1。

（4）将恒流电源的调节旋钮逆时针方向慢慢旋到底后，调节 0 ~ 20 V 电源幅度调节旋钮，观察电压表的读数稳定后，读取暗电流 I_2 和电压表的值 U_2。根据式（6-1）和式（6-2），计算亮阻 R_1 和暗阻 R_2。

$$R_1 = U_1 / I_1 \qquad\qquad (6\text{-}1)$$

$$R_2 = U_2 / I_2 \qquad\qquad (6\text{-}2)$$

（5）在不同的照度下光敏电阻有不同的亮阻，在不同的测量电压下光敏电阻也有不同的亮阻和暗阻，根据实验需要，测量其他照度或电压下的亮阻和暗阻。

2. 光照特性测量

在一定的测量电压下，光敏电阻的光电流随光照强度变化而变化，它们之间的关系是非线性的。调节恒流电源得到不同的光照度，测量方法同以上实验，测量数据填入表 6-1，并作出光电流与光照度曲线图。

表 6-1　光照特性实验数据记录表

光照度/lx	1 000	2 000	3 000	4 000	5 000	6 000
电流 $I/\mu A$						

3. 伏安特性测量

在一定的光照强度下，光电流随外加电压的变化而变化，测量时根据表 6-2 中给定的光照度值改变电压值，测量流过光敏电阻的电流值，测量数据填入表 6-2，并作出不同照度下的伏安特性曲线。

表 6-2 伏安特性实验数据记录表

1 000 lx		1 500 lx		2 000 lx	
电压/V	电流/μA	电压/V	电流/μA	电压/V	电流/μA
2		2		2	
4		4		4	
6		6		6	
8		8		8	
10		10		10	

4. 光谱特性测量

光敏电阻对不同波长的光接收的光灵敏度是不一样的，这就是光敏电阻的光谱特性。实验时线路接法同图 6-1 所示。更换不同的光源，每次更换光源时要重新调节照度，可得到对应各种颜色的光。根据光敏电阻在某一固定工作电压、同一照度、不同波长时测量流过光敏电阻的电流值，测量数据填入表 6-3，并作出光谱特性曲线。

表 6-3 光谱特性实验数据记录表

颜色/nm	红/650	橙/610	黄/570	绿/530	蓝/450	紫/400	白
光电流/μA							

【实验注意事项】

（1）实验前熟悉实验箱各部分功能及拨位开关的含义。

（2）连线之前保证电源关闭。

（3）电压表并联，电流表串联，电压表和电流表选择合适的量程。

（4）光源照射时光器件温度很高，请勿用手触摸。

【问题思考和拓展】

（1）为什么测光敏电阻亮阻和暗阻要经过 10 s 后再读数？

（2）如何控制光源照射到光敏电阻上的光强的大小？

（3）举例说明光敏电阻的主要应用。

【参考文献】

[1] 王彦华，刘希璐. 光敏电阻器原理及检测方法[J]. 装备制造技术，2012，2（12）：110-113.

[2] 秉时. 光敏电阻的种类、原理及工作特性[J]. 红外，2003，7（11）：48-49.

[3] 丁镇生. 传感器及传感技术应用[M]. 北京：电子工业出版社，2000.

实验 7 光电二极管特性实验

【实验背景】

　　光电二极管也叫光敏二极管，是一种能够将光根据使用方式的不同转换成电流或者电压信号的光探测器，它的核心部分是 PN 结。它和普通二极管相比，PN 结面积较大，电极面积较小，而且 PN 结的结深很浅，一般小于 1 μm。管芯常使用一个具有光敏特征的 PN 结，对光的变化非常敏感，具有单向导电性，而且光强不同的时候会改变电学特性。因此，可以利用光照强弱来改变电路中的电流。光电二极管是电子电路中广泛采用的光敏器件，例如播放器、烟雾探测器、照相机的测光器和红外线遥控设备等，它们能够根据接收光照度来输出相应的模拟电信号或者在数字电路的不同状态间切换。在科学研究和工业中，光电二极管常用来精确测量光强。在医疗应用设备中，光电二极管也有着广泛的应用，例如 X 射线计算机断层成像和脉搏探测器等。本实验主要讨论光电二极管的工作原理，测量光照特性、伏安特性和光谱响应特性。

【实验目的】

　　（1）掌握光电二极管的工作原理。
　　（2）掌握光电二极管光照特性、伏安特性和光谱特性的测量方法。
　　（3）了解光电二极管的应用。

【实验原理】

　　光电二极管与半导体二极管在结构上是类似的，其管芯是一个具有光敏特征的 PN 结，具有单向导电性，因此工作时需加上反向电压。无光照时，有很小的饱和反向漏电流，即暗电流，此时光电二极管截止。有光照时，饱和反向漏电流将大大增加，形成光电流，它随入射光强度的变化而变化。当光线照射 PN 结时，可以使 PN 结中产生电子-空穴对，使少数载流子的密度增加，这些载流子在反向电压下漂移，使反向电流增加。光电二极管是一种光伏探测器，主要利用 PN 结的光伏效应。对光伏探测器来说，总的伏安特性可表达为

$$I = I_D - I_\phi = I_{SO}[\exp(eU/k_BT) - 1] - I_\phi \qquad (7\text{-}1)$$

式（7-1）中 I 为流过探测器总电流，I_{SO} 为二极管反向电流，e 为电子电荷，U 为探测器两端电压，k_B 为玻耳兹曼常数，T 为器件绝对温度。

　　当入射光子在本征半导体的 PN 结及其附近产生电子-空穴对时，光生载流子受势垒区电场作用，电子漂移到 N 区，空穴漂移到 P 区。电子和空穴分别在 N 区和 P 区积累，两端产生电

动势，这称为光生伏特效应，简称光伏效应，光电二极管就是基于这一原理。如果在外电路中把 P-N 短接，就产生反向的短路电流，光照时反向电流会增加，在小照度范围内光电流和照度呈线性关系。即当入射光的强度发生变化，通过光电二极管的电流随之变化，于是光电二极管的两端电压也会发生变化。光照时导通无光照时截止，并且光电流和照度呈线性关系。

【实验系统与装置】

本实验系统的主要仪器有光电探测原理综合实验仪、普通光源、光电二极管、光照度探头、LED 连接线和连接线。

【实验内容与步骤】

本实验内容主要包括光电二极管的光照特性测量、伏安特性测量和光谱特性测量。

1. 光照特性测量

测量光电流 I 和光照强度之间的关系，亮电流测试的线路如图 7-1 连接。

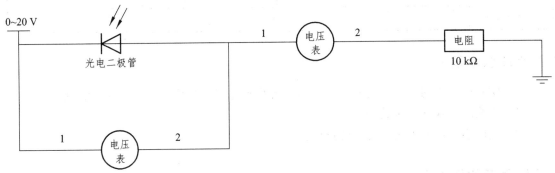

图 7-1　光电二极管实验原理图

打开主机箱电源，顺时针方向慢慢调节光源电压，使主机箱上照度计读数为 500 lx。撤下照度计探头，换上光电二极管，测量照度 500 lx、电压 10 V 时的亮电流。重复以上实验步骤，测量不同照度下光电二极管的电流值，把测量值填入表 7-1，并作出光照特性曲线。

表 7-1　光电二极管光照特性实验数据记录表

光照度/lx	500	1 000	1 500	2 000	2 500	3 000
$I/\mu A$						

2. 伏安特性测量

在一定的光照强度下，光电流随外加电压的变化而变化，这就是光电二极管的伏安特性。根据表 7-2 中给定的光照度值，调节 0 ~ 20 V 电压，测量不同电压时流过光电二极管的电流，记录数据填入表 7-2，并作出不同照度下的伏安特性曲线。

表 7-2　光电二极管伏安特性实验数据记录表

1 000 lx		2 000 lx		3 000 lx	
电压/V	电流/µA	电压/V	电流/µA	电压/V	电流/µA
1		1		1	
2		2		2	
3		3		3	
4		4		4	
5		5		5	

3. 光谱特性测量

光谱特性测量用七种颜色光源，调节光电二极管的工作电压到 10 V。在相同照度 500 lx 下，更换不同颜色的光源，测量光电流值填入表 7-3，并作出光谱特性曲线。

表 7-3　光电二极管光谱特性实验数据记录表

颜色/nm	红/650	橙/610	黄/570	绿/530	蓝/450	紫/400	白
光电流/µA							

【实验注意事项】

（1）实验前仔细阅读实验仪器说明，熟悉实验箱各部分的功能及拨位开关的意义。

（2）连线之前保证电源关闭。

（3）电压表和电流表选择合适的量程。

【问题思考和拓展】

（1）光电二极管的种类有哪些？

（2）根据实验数据，解释在不同的偏压作用下，光电二极管的光照度与光生电流之间的关系是什么？

（3）比较光电二极管和普通二极管工作原理的异同。

（4）设想如何利用光电二极管的特性实现开关控制功能？

【参考文献】

[1]　余虹. 大学物理[M]. 2 版. 北京：科学出版社，2008.

[2]　余虹，秦颖，等. 大学物理实验[M]. 北京：科学出版社，2014.

[3]　王正清. 光电探测技术[M]. 北京：电子工业出版社，1994.

[4]　乔维. 光电二极管特性研究[J]. 中国科技信息，2014（13）：13-15.

实验 8　光电三极管特性实验

【实验背景】

　　光电三极管也叫光敏三极管，它作为光电开关已经广泛应用于光电自动控制，它和普通三极管相似，具有电流放大作用，但它的集电极电流既受基极电路的电流控制，又受光辐射的控制。光电三极管是一种晶体管，它有三个电极，通常基极不引出，但一些光电三极管的基极需要引出，用于温度补偿和附加控制等作用。当光照强弱变化时，电极之间的电阻会随之变化。光电三极管可以根据光照的强度控制集电极电流的大小，从而使光电三极管处于不同的工作状态，光电三极管仅引出集电极和发射极，基极作为光接收窗口。不同材料制成的光电三极管具有不同的光谱特性，与光电二极管相比，它具有光电流放大作用，所以具有高的灵敏度。本实验主要讨论光电三极管光照特性、伏安特性和光谱特性的测量。

【实验目的】

　　（1）掌握光电三极管的工作原理及其响应特性。
　　（2）掌握光电三极管光照特性、伏安特性和光谱特性的测量方法。
　　（3）了解光电三极管的应用。

【实验原理】

　　光电三极管可以等效为一个光电二极管与一个晶体管基极和集电极并联，集电极-基极产生的电流，输入到三极管的基极再放大。集电极起双重作用，把光信号变成电信号，然后光电流再放大起一般三极管的集电结作用。一般光电三极管只引出 E、C 两个电极，体积小，光电特性是非线性的。光电三极管的使用电路和等效电路如图 8-1 所示。总之，光电三极管工作分为光电转换和光电流放大这两个过程。光电三极管最大特点是输出电流大，达到毫安级，但它的响应速度比光电二极管慢得多，温度效应也比光电二极管大得多。

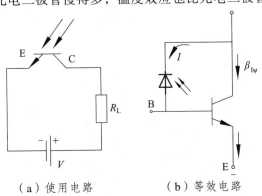

（a）使用电路　　　　（b）等效电路

图 8-1　光电三极管的使用电路和等效电路

在光电二极管的基础上，为了获得内增益，就利用晶体三极管的电流放大作用，用锗 Ge 或硅 Si 单晶体制造 NPN 或 PNP 型光电三极管，大部分选择用 Si。光电三极管的电流受外部光照控制，是一种半导体光电器件。因为具有电流放大作用，光电三极管比光电二极管灵敏得多，在集电极可以输出很大的光电流。

光电三极管结构如图 8-2 所示。光电三极管有塑封、金属封装、陶瓷、树脂等多种封装结构，其中金属封装结构的顶部为玻璃镜窗口。光电三极管的引脚分为两脚和三脚型，一般两个管脚的光电三极管，管脚分别为集电极和发射极，而光窗口则为基极。在无光照射时，光电三极管处于截止状态，无电信号输出。当光照射基极时，光电三极管处于导通状态，首先通过光电二极管实现光电转换，再经由三极管实现光电流的放大，从发射极或集电极输出放大后的电信号。根据封装方式，光电三极管可以分为罐封闭型和树脂封入型，而这两种类型又分为透镜形式及窗口形式。依据晶方构造，光电三极管分为普通晶体管型和达林顿晶体管型。

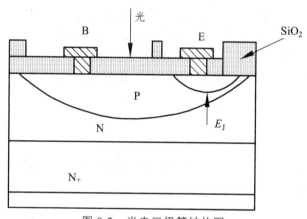

图 8-2　光电三极管结构图

光电三极管的特性有光照特性、伏安特性、温度特性、频率特性。光电三极管的光照特性是指在正常偏压下的集电极电流与入射光照度之间的关系，如图 8-3 所示，呈现出非线性，这是由于光电三极管中的晶体管的电流放大倍数不是常数，照度值随着光电流的增大而增大。光电三极管有电流放大作用，它的灵敏度比光电二极管高，输出电流也比光电二极管大，多为毫安级。

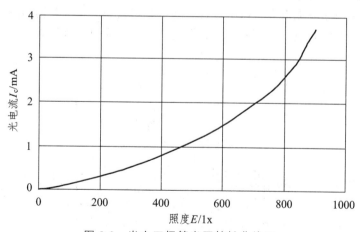

图 8-3　光电三极管光照特性曲线图

光电三极管的伏安特性是指必须有偏压，而且光电三极管的发射结处于正向偏置，集电极结处于反向偏压才能工作，随着电压升高，输出电流均逐渐达到饱和，如图 8-4 为光电三极管伏安特性曲线。光电三极管对不同波长的光，接收灵敏度是不一样的，它有一个峰值响应波长。当入射光的波长大于峰值响应波长时，相对灵敏度要下降。光子能量太小，不足以激发电子空穴对。当入射光的波长小于峰值响应波长时，相对灵敏度也要下降，这是由于光子在半导体表面附近就被吸收，并且在表面激发的电子空穴对不能到达 PN 结，使相对灵敏度下降。

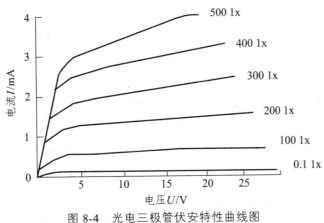

图 8-4　光电三极管伏安特性曲线图

光电三极管受温度的影响比光电二极管大得多，这是由于光电三极管有放大作用。随着温度升高，暗电流增加很快，使输出信噪比变差，这样不利于弱光的检测。实际应用中，应考虑到温度对光电器件输出的影响，必要时还需要采取适当的温度补偿措施。影响光电三极管频率响应的因素除与光电二极管那些因素相同外，还受基区渡越时间、发射结电容、输出电路负载电阻的限制，因此它的频率特性比光电二极管差。

【实验系统与装置】

本实验系统的主要仪器有光电探测原理综合实验仪、普通光源、光电三极管探头、光照度探头、LED 连接线、连接线等。

【实验内容与步骤】

本实验内容主要包括光电三极管的光照特性测量、伏安特性测量和光谱特性测量。

1. 光照特性测量

实验系统连线图如图 8-5 所示。打开主机箱电源，缓慢调节恒流源，使主机箱上照度计的读数为 500 lx。撤下照度计探头，换上光电三极管，调节工作电压到 10 V，读取此时的电流表值。重复以上实验步骤，工作电压值不变，测量不同照度下的亮电流值，填入表 8-1，并作出光照特性曲线。

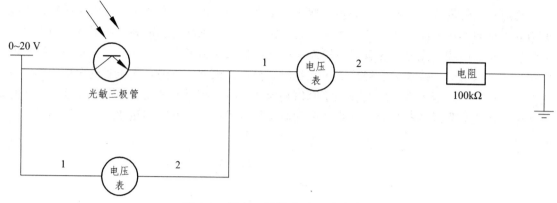

图 8-5 光电三极管实验系统连线图

表 8-1 光照特性实验数据记录表

光照度/lx	500	1 000	1 500	2 000	2 500	3 000	...
$I_光$/mA							

2. 伏安特性测量

光电三极管把光信号变成电信号，在一定的光照强度下，光电流随外加电压的变化而变化。按图 8-5 接线，主机箱的电流表的量程注意选择合适量程，从 μA 到 mA 挡。测量时给定的光照度为 800 lx，根据表 8-2 中的电压值，测量流过光电三极管的电流，测量数据填入表 8-2，并作出伏安特性曲线。

表 8-2 伏安特性实验数据记录表

电压/V	1	2	3	4	5
电流/mA					

3. 光谱特性测量

光电三极管光谱特性的测量方法是在相同照度 800 lx 下，更换不同颜色的光源，测量光电流值填入表 8-3，并作出光谱特性曲线。

表 8-3 光谱特性实验数据记录表

颜色/nm	红/650	橙/610	黄/570	绿/530	蓝/450	紫/400	白
光电流/mA							

【实验注意事项】

（1）实验前仔细阅读实验仪器说明，弄清实验箱各部分功能和拨位开关含义。
（2）连线之前保证电源关闭。
（3）电压表和电流表选择合适的量程。
（4）光源照射时光器件温度均很高，请勿用手触摸，以免烫伤。

【问题思考和拓展】

（1）为什么光电三极管在正向偏置没有光电效应？它必须在哪种偏置状态？

（2）试比较光敏电阻、光电二极管、光电三极管的性能差异，并分析在什么情况下应该选用哪种器件最为合适。

（3）试分别使用光敏电阻、光电二极管、光电三极管设计一个适合 TTL 电平输出的光电开关电路，并叙述其工作原理。

【参考文献】

[1] 秉时. 光敏电阻的种类、原理及工作特性[J]. 红外，2003，5（4）：23-25.

[2] 李永霞. 传感器检测技术与仪表[M]. 北京：中国铁道出版社，2016.

[3] 汪贵华. 光电子器件[M]. 北京：国防工业出版社，2013.

实验 9 太阳能光伏特性实验

【实验背景】

太阳是一座聚合反应器，发射功率为 3.8×10^{26} W，中心温度约为 2×10^7 K，太阳辐射的光谱波长为 10 pm ~ 10 km，其中 99% 的能量集中在 0.276 ~ 4.96 μm。地球一年接收的太阳的总能量为 1.8×10^8 kW·h，仅为太阳辐射总能量的二十亿分之一，除光能、热能外，风能、水能、生物能及矿物燃料均来自太阳能。对于某个地理位置而言，太阳对地表面的辐照取决于地球绕太阳的公转与自转、大气层的吸收与反射、气象条件等。太阳能光伏器件是指利用光伏半导体材料的光伏效应而将太阳能转化为直流电能的器件，光伏系统的核心是太阳能电池板，用来光电转换的半导体材料主要有单晶硅、多晶硅、非晶硅及碲化镉等。近年来各国都在积极推动可再生能源的应用，光伏产业的发展十分迅速，目前太阳能光伏在全世界上百个国家投入使用。本实验主要讨论太阳能电池板的结构、光电特性、输出特性、光谱响应的测量。

【实验目的】

（1）掌握太阳能与太阳辐射的基本概念。
（2）熟悉太阳能电池板的结构和工作原理，测定太阳能电池的光电特性以及输出特性。
（3）掌握检不同材料的太阳能电池组件性能的测量方法。
（4）学习太阳能光谱响应的含义，掌握检不同材料太阳能电池光谱响应的测量方法。

【实验原理】

以硅太阳能电池为例，结构示意图如图 9-1 所示，硅太阳能电池是以硅半导体材料制成

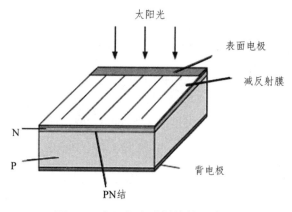

图 9-1 太阳能电池板结构示意图

的大面积 PN 结经串联、并联构成，在 N 型材料层面上制作金属栅线为面接触电极，背面也制作金属膜作为接触电极，这样就形成太阳能电池板。为了减小光的反射损失，一般在表面覆盖一层减反射膜。太阳能电池利用半导体 PN 结的光伏效应发电，太阳能电池的基本结构就是一个大面积平面 PN 结，图 9-2 为 PN 结示意图。

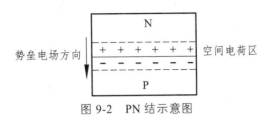

图 9-2　PN 结示意图

P 型半导体中有相当数量的空穴，几乎没有自由电子；N 型半导体中有相当数量的自由电子，几乎没空穴。当两种半导体结合在一起形成 PN 结时，N 区的电子带负电向 P 区扩散，P 区的空穴带正电向 N 区扩散，在 PN 结附近形成空间电荷区与势垒电场。势垒电场会使载流子向扩散的反方向做漂移运动，最终扩散与漂移达到平衡，使流过 PN 结的净电流为零。在空间电荷区内，P 区的空穴被来自 N 区的电子复合，N 区的电子被来自 P 区的空穴复合，使该区内几乎没有能导电的载流子，又称为结区或耗尽区。

当光电池受光照射时，部分电子被激发而产生电子-空穴对，在结区激发的电子和空穴分别被势垒电场推向 N 区和 P 区，使 N 区有过量的电子而带负电，P 区有过量的空穴而带正电，PN 结两端形成电压，这就是光伏效应，若将 PN 结两端接入外电路，就可向负载输出电能。用光照射到半导体 PN 结上时，半导体 PN 结吸收光能后，两端产生电动势，这种现象称为光生伏特效应。由于 PN 结耗尽区存在着较强的内建静电场，因而产生在耗尽区中的电子和空穴，在内建静电场的作用下，各向相反方向运动，离开耗尽区，结果使 P 区电势升高，N 区电势降低，PN 结两端形成光生电动势，这就是 PN 结的光生伏特效应。

太阳能电池工作原理基于光伏效应，当光照射到太阳能电池板时，太阳能电池能够吸收光的能量，并将所吸收的光子的能量转化为电能。在没有光照时，可将太阳能电池视为一个二极管，其正向偏压 U 与通过的电流 I 的关系为

$$I = I_0(e^{\frac{qU}{nKT}} - 1) \tag{9-1}$$

式（9-1）中 I_0 为二极管的反向饱和电流，n 为 PN 结特性参数，$n = 1$ 时称为理想系数，K 为波尔兹曼常数，q 为电子的电荷量，T 为热力学温度，可令 $\beta = q/(nKT)$。

负载电阻为零时测得的最大电流 I_{SC} 称为短路电流，负载断开时测得的最大电压 U_{OC} 称为开路电压，输出电压与输出电流的最大乘积值称为最大输出功率 P_{max}。开路电压 U_{OC} 就是将太阳能电池置于标准光源照射下，断开情况下太阳能电池两端的电压值，测量开路电压的方法是用电压表并联接在电池的两端。太阳能电池的内阻 r 也是电池的一个重要的参数，此内阻会随着光照的强度变化而变化。

当太阳能电池接上负载 R 时，所得到的负载 U-I 特性曲线如图 9-3 所示，负载 R 可从零至无穷大，当负载为 R_m 时，太阳能电池的输出功率最大，它对应的最大功率为 P_m，表示为

$$P_m = I_m \times U_m \tag{9-2}$$

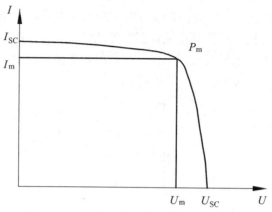

图 9-3　太阳能电池的伏安特性曲线

式（9-2）中 I_m 和 U_m 分别为最佳工作电流和最佳工作电压。

U_{OC} 与 I_{SC} 的乘积与最大输出功率 P_m 之比就是填充因子 FF，表示为

$$FF = \frac{P_m}{U_{OC}I_{SC}} = \frac{U_mI_m}{U_{OC}I_{SC}} \tag{9-3}$$

式（9-3）中 FF 为太阳能电池的重要特性参数，FF 越大则电池的光电转换效率越高，FF 取决于入射光强、材料禁带宽度、理想系数、串联电阻和并联电阻等参数，一般的硅光电池 FF 值在 $0.75 \sim 0.8$。

太阳能电池的转换效率 η 定义为太阳能电池的最大输出功率与照射到太阳能电池的总辐射能 P_{in} 之比，即

$$\eta = \frac{P_m}{P_{in}} \times 100\% \tag{9-4}$$

理论分析及实验表明，在不同的光照条件下，如图 9-4 所示，短路电流随入射光功率线性增长，而开路电压在入射光功率增加时只略微增加。

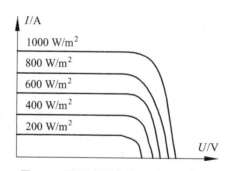

图 9-4　不同光照条件下的 I-U 曲线

光谱响应是表示不同波长的光子产生电子-空穴对的能力。定量地说，太阳电池的光谱响应就是当某一波长的光照射在电池表面上时，每一光子平均所能收集到的载流子数。太阳电池的光谱响应可分为绝对光谱响应和相对光谱响应。各种波长的单位辐射光能或对应的光子入射到太阳电池上，将产生不同的短路电流，按波长的分布求得其对应的短路电流变化曲线

称为太阳电池的绝对光谱响应，将绝对光谱响应归一化就是该太阳电池的相对光谱响应。

【实验系统与装置】

本实验系统的主要仪器有太阳能电池实验箱、电池板、卤素灯、光照度计、旋转台、导轨和连接线。

【实验内容与步骤】

本实验内容主要包括太阳能电池的短路电流测量、开路电压测量、最佳输出和转换效率的测量、光谱响应测量。

1. 测量短路电流

将光源固定在导轨的左侧边缘位置，使光均匀照亮电池板，取下电池板，把照度计固定在转台上，并调节其位置与高度，使光垂直等高照射在照度计上，使照度计上的示数相对最大。旋转光源亮度旋钮，卤素灯电压每隔 0.5 V 记录一次照度计的读数和当前的电压值，测量时机箱盖需保持在关闭状态。

测量短路电流的等效电路如图 9-5 所示，选择单晶硅电池板，将电池板放置在转台上，调整角度，使其垂直面对光源并固定，将变挡开关旋到"短路"挡并旋转"电流调零"挡将电流调零。在上一步所选择的卤素灯电压节点处，测量短路电流并记录，并根据测量数据画出短路电流随光强的变化曲线。更换多晶硅和非晶硅的电池分别测量记录，并将三种电池做比较。

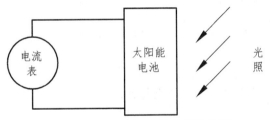

图 9-5　测量短路电流的等效电路图

2. 测量开路电压

该实验内容的等效电路如图 9-6 所示，光路与测量短路电流时一致，将变挡开关旋至"开路"挡，并旋转"电压调零"旋钮将电压调零，在上一步"测量短路电流"中选择的电压节点处，测量开路电压并记录。根据测得的数据描绘开路电压随光强的变化曲线。

图 9-6　测量开路电压的等效电路图

更换多晶硅和非晶硅的电池分别测量并记录实验数据，测量开路电压与短路电流时光路相同，在测量短路电流时，记录完数据后可以直接将变挡开关旋至"开路"挡，并记录相同条件下的开路电压。测量时将机箱盖保持在关闭状态。

3. 测量最佳输出和转换效率

按照图 9-5 搭建光路，调节白光光源的亮度接近最大，并摆放在导轨最左侧，将照度计固定在转台上测量此时白光的照度值并记录。

关闭白光光源，将变挡开关旋至"0～1 kΩ"挡，将电压与电流均调零。取下照度计，把太阳能电池板固定在旋转台上，然后改变负载电阻的阻值，测量阻值时，需要先将变挡开关旋至"短路"或"开路"挡，之后用万用表通过预留的端子测量电阻的阻值。通过旋转"可变负载"旋钮改变阻值的大小，找到希望测量的阻值后，将变挡开关旋至"0～1 kΩ"挡，记录不同电阻的电流和电压值，填入表 9-1。

表 9-1　最佳输出和转换效率的实验数据记录表

负载电阻/Ω					
电流/mA					
电压/V					

描绘电流电压的变化曲线，找出曲线中的最佳输出功率点（ I_m、U_m），计算最佳输出功率 P_m 和对应的最佳负载电阻阻值 R。

照度计计算转换效率公式为

$$\eta = \frac{P_m}{P_{in}} \times 100\% = \frac{U_m I_m}{P_{in}} \times 100\% = \frac{U_m I_m}{L_w \times a} \times 100\% \quad (9-5)$$

式（9-5）中 η 为转换效率，P_m、U_m、I_m 分别为最佳负载时的功率、电压和电流，P_{in} 为太阳能电池板接收的光功率，L_w 为照度计在太阳能电池板处接收光的照度，$a = 3.09 \times 10^{-2}$ mW/lx 为光照度与光功率转换系数。

4. 测量光谱响应

（1）将红色 LED 光源固定在导轨上，靠近旋转台放置，将光源亮度旋转至最大。将照度计放置在旋转台上，调节其位置和高度，让光垂直等高照射在电池板上，当照度计上的示数相对最大时，测量并记录照度值。

（2）取下照度计，将单晶硅电池板固定在旋转台上，测量电池板产生的短路电流 I_{SC} 并记录。

（3）更换绿光和蓝光分别重复以上操作，记录相应的短路电流和照度值，并根据光谱响应度公式（9-6），计算单晶硅电池板分别对三个颜色的相对光谱响应度。

$$\beta = \frac{I_{SC}}{P_{in}} = \frac{I_{SC}}{L \times a} \quad (9-6)$$

式（9-6）中 β 为光谱响应度，I_{SC} 为短路电流，P_{in} 为光电池接收光功率，L 为照度计在太阳能电池板处接收的光照度，a 为不同光的光照度与光功率的相对转换系数，其中绿光为 1，红光为 2，蓝光为 134。

（4）更换多晶硅和非晶硅电池板分别测量，测量值填入表 9-2。根据式（9-6），分别计算红光对绿光的相对光谱响应和绿光对蓝光的相对光谱响应值，再根据计算结果分析单晶硅太阳能电池板的红光光谱响应度、绿光光谱响应度、蓝光光谱响应度之间的关系。

表 9-2　单晶硅太阳能电池实验数据记录表

	红光	绿光	蓝光
光照度/lx			
短路电流 I/mA			

【实验注意事项】

（1）在打开和关闭设备电源之前，请确保卤素灯电压已调至最低。

（2）在使用照度计和万用表时，请严格按照说明书操作。

（3）在关闭设备机箱盖时，请用力托住手扣并缓慢将箱盖放下。

（4）在实验过程中，避免光源直接照射眼睛。

【问题思考和拓展】

（1）太阳能电池是由什么材料做出的？它的工作原理是什么？

（2）暗条件下的太阳能电池相当于电池还是负载？为什么？

（3）解释太阳能电池在使用时能否短路？

（4）如何求得太阳能电池的最大输出功率？分析最大输出功率与它的最佳匹配电阻有什么关系？

【参考文献】

[1] 袁镇，贺立龙. 太阳能电池的基本特性[J]. 现代电子技术，2007，3（6）：163-165.

[2] 苗建勋，李水泉，石发旺，等. 太阳能电池基本特性研究[J]. 大学物理实验，1996（4）：23-25.

[3] 杨金焕，于化丛，葛亮. 太阳能光伏发电应用技术[M]. 北京：电子工业出版社，2008.

[4] 王长贵，王期成. 太阳能光伏发电应用技术[M]. 北京：化学工业出版社，2009.

实验 10　光伏发电及应用实验

【实验背景】

　　光伏发电就是指利用半导体界面的光生伏特效应将光能直接转变为电能的一种技术。太阳能是人类取之不尽用之不竭的可再生能源，具有清洁性、安全性、广泛性、寿命长和免维护性及资源充足等优点，在长期的能源战略中具有重要地位。太阳的光辐射每年到达地球的辐射能相当于 49 000 亿吨标准煤的燃烧能，是目前人类耗能的几万倍。太阳能不但数量巨大，用之不竭，而且是不会产生环境污染的绿色能源，所以大力推广太阳能的应用是世界性的趋势。太阳能发电技术主要包括太阳能电池技术、光伏阵列最大功率跟踪技术、聚光光伏技术和孤岛效应检测技术，实际应用主要包括独立光伏发电系统、混合光伏发电系统、并网光伏发电系统、光伏建筑一体化和光伏发电与 LED 照明相结合。本实验主要讨论光伏发电系统的组成、最大功率跟踪器自动调节与手动调节的比较实验、太阳能路灯控制实验。

【实验目的】

　　（1）学习光伏发电系统的组成及工作原理。
　　（2）掌握最大功率跟踪器自动调节与手动调节的比较实验。
　　（3）掌握太阳能路灯控制实验方法。
　　（4）了解光伏发电系统的工程应用。

【实验原理】

　　光伏发电系统主要由太阳电池组件、最大功率跟踪器、控制器和逆变器等组成。太阳能电池经过串联后进行封装保护可形成大面积的太阳电池组件，再配合上功率控制器等部件就形成光伏发电装置。

1. 太阳能电池及组件

　　太阳能电池可分为硅太阳能电池、化合物太阳能电池、聚合物太阳能电池、有机太阳能电池等。硅是地壳中分布最广的元素，含量高达 25.8%，单晶硅、多晶硅、非晶硅为目前最常用的太阳电池材料。

　　以单晶硅太阳电池为例，简要介绍太阳电池及组件的制备。太阳能电池采用单晶硅做原料，用提拉法生产直径 150 mm 或 200 mm 的硅单晶圆棒，再切成边长 125 mm 或 156 mm 的带圆角准方形硅单晶锭，最后切割成厚度几百微米的准方形硅单晶片。硅片经清洗、制绒等表面处理后，用扩散的方法制作 PN 结，再经过制作电极、腐蚀周边、蒸镀减反射膜等工序，最后制成的电池片。电池光照面的上电极通常制成栅线状，各栅线相互连接，这有利于对光生电流的收集，并使电池有较大的受光面积。栅状电极通常用银或铝做浆料，用丝网印刷的方法印制，再经烧结形成，下电极布满电池的背面以减小电池的内阻。单片太阳电池开路电压约为 0.6 V，工作电压接近 0.5 V，输出功率约为 1 W。

太阳能电池片需经串并联，并封装成组件后，才可实际应用。单片电池不能满足一般用电设备的电压和功率的要求，需要若干电池进行串联或并联，然而电池片薄而易碎，易腐蚀，需要通过封装解决这些问题。太阳能电池常见的组件结构由钢化玻璃、橡塑发泡材料 EVA、太阳能电池片、聚氟乙烯复合膜 TPT 组成，钢化玻璃既支撑太阳电池片，又能让光线通过。TPT 是一种复合材料，具有耐腐蚀，抗老化能力及良好的绝缘性能，EVA 是乙烯-醋酸乙烯共聚物制成的橡塑发泡材料，是一种特殊的胶膜，具有很高的透光性，在高温下融化，可以将玻璃、电池片、TPT 密封黏结在一起。封装好的组件再装上铝边框，就构成可用于实际的太阳电池组件。实验室用的小功率太阳能电池，常常将太阳电池片切成若干小片，串联后表面用胶密封。

2. 最大功率跟踪器

最大功率跟踪器（Maximum Power Point Tracking，MPPT）是一个重要的功能模块，它是指若取反馈信号控制驱动脉冲，进而控制直流电压变换电路的输出电压，使电源始终最大限度输出能量，此时的功能模块就是 MPPT。MPPT 里面的直流电压变换电路相当于交流电路中的变压器，通过调节晶闸管驱动脉冲的占空比，可以驱动脉冲高电平持续时间与脉冲周期的比值，可以调节负载端电压。当电源电压与负载电压不匹配时，通过直流电压变换电路调节负载电压，使负载能正常工作。通过改变负载电压，改变了等效负载电阻，当等效负载电阻与电源内阻相等时，电源能最大限度输出能量。国内外对太阳能电池的最大功率跟踪提出过多种方法，如定电压跟踪法，扰动观察法，功率回授法和增量电导法等，本实验采用扰动观察法。

3. 控制器

控制器又称充放电控制器，起着管理光伏系统能量，保护蓄电池及整个光伏系统正常工作的作用。当太阳能电池方阵输出功率大于负载额定功率或负载不工作时，太阳能电池通过控制器向储能装置充电。当太阳能电池方阵输出功率小于负载额定功率或太阳能电池不工作时，储能装置通过控制器向负载供电。因为蓄电池过度充电和过度放电都将大大缩短蓄电池的使用寿命，所以使用控制器起到过充过放的保护功能。

4. 蓄电池

光伏系统最常用的储能装置为蓄电池，蓄电池是提供和存储电能的电化学装置，光伏系统使用的蓄电池多为铅酸蓄电池。蓄电池放电时，化学能转换成电能，正极的氧化铅和负极的铅都转变为硫酸铅，蓄电池充电时，电能转换为化学能，硫酸铅在正负极又恢复为氧化铅和铅。

如图 10-1（a）为蓄电池充电特性曲线，OA 段电压快速上升，AB 段电压缓慢上升，且延续较长时间，BC 段为充电末期，达到 C 点应立即停止充电。蓄电池充电电流过大，会导致蓄电池的温度过高和活性物质脱落，影响蓄电池的寿命。在充电后期，电化学反应速率降低，若维持较大的充电电流，会使水发生电解，正极析出氧气，负极析出氢气。理想的充电模式是，开始时以蓄电池允许的最大充电电流充电，随电池电压升高逐渐减小充电电流，达到最大充电电压时立即停止充电。图 10-1（b）为蓄电池放电特性曲线，*OA* 段电压下降较快，*AB* 段电压缓慢下降，且延续较长时间，*C* 点后电压急速下降，此时应立即停止放电。蓄电池的放电时间一般规定为 20 小时，放电电流过大或过度放电会严重影响电池寿命。

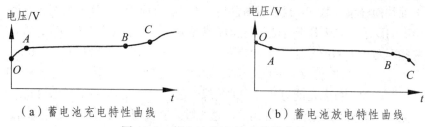

（a）蓄电池充电特性曲线　　　　　（b）蓄电池放电特性曲线

图 10-1　蓄电池的充放电特性曲线

蓄电池具有储能密度高的优点，但它的缺点也很明显，如充放电时间长，一般为数小时，充放电寿命很短，约 1 000 次，除此之外它的功率密度很低。

5. 逆变器

根据升压原理的不同，逆变器可分为低频、高频和无变压器；根据输出波形的不同，可分为方波逆变器、阶梯波逆变器和正弦波逆变器；根据使用条件的不同，可分为离网逆变器与并网逆变器。

逆变电路一般需要升压来满足 220 V 常用交流负载的用电需求。低频逆变器首先把直流电逆变成 50 Hz 低压交流电，再通过低频变压器升压成 220 V 的交流电来供负载使用。它的优点是电路结构简单，缺点是体积大、价格高、效率较低。高频逆变器将低压直流电逆变为高频低压交流电，经过高频变压器升压后，再经整流滤波电路得到高压直流电，最后通过逆变电路得到 220 V 低频交流电供负载使用。高频逆变器体积小、质量小、效率高，是目前使用量最大的逆变器类型。无变压逆变器通过串联太阳电池组或 DC-DC 电路得到高压直流电，再通过逆变电路得到 220 V 低频交流电供负载使用。

方波逆变器只需简单的开关电路即能实现，结构简单，成本低，但它有效率较低、谐波成分大、使用负载受限制等缺点。在太阳能系统中，方波逆变器已经很少应用。阶梯波逆变器普遍采用脉宽调制方式生成阶梯波输出，它能满足大部分用电设备的需求，但它存在约 20% 的谐波失真，在运行精密设备时会出现问题，也会对通信设备造成高频干扰。正弦波逆变器的优点是输出波形好，失真度很低，能满足所有交流负载的应用，它的缺点是线路相对复杂，价格较贵，在太阳能发电并网应用时，必须使用正弦波逆变器。

离网逆变器不与电力电网连在一起的，太阳能电池组件将发的电力储存在蓄电池内，再经过离网逆变器将蓄电池内的直流电转换成交流 220 V 给负载应用供电。并网逆变器就是将太阳能电池板输出的直流电直接逆变成高压馈入电网，而不必经过蓄电池储存。并网逆变器必须要考虑与电网的连接安全，要考虑与电网同相位、同频率，抗孤岛等特殊情况的应变能力，不能对电网造成污染，如谐波问题等。为防止孤岛效应的发生，在电网断开时，并网逆变器检测到电网断开信号，会立即停止工作，并网逆变器不再对输出端的交流负载供电。

6. 电子负载

电子负载是利用电子元件吸收电能并将其消耗的一种负载，里面的电子元件采用功率场效应管、绝缘栅双极型晶体管等功率半导体器件。由于采用功率半导体器件替代电阻等作为电能消耗的载体，使得负载的调节和控制易于实现，能达到很高的调节精度和稳定性，还具有可靠性高、寿命长等特点。电子负载有恒流、恒压、恒阻、恒功率等工作模式，本实验选择配置的电子负载为恒压模式。在恒压工作模式时，将负载电压调节到某设定值后即保持不变，负载电流由电源输出决定。

7. 光伏发电系统

光伏发电系统分为离网运行和并网运行两种发电方式。并网运行是将太阳能发电输送到大电网中，由电网统一调配后再输送给用户，此时太阳能电站输出的直流电经并网逆变器转换成与电网同电压、同频率、同相位的交流电，大型太阳能电站大都采用并网运行方式。离网运行是太阳能系统与用户组成独立的供电网络，由于光照的时间性，为解决无光照时的供电，必需配有储能装置，或能与其他电源切换互补，中小型太阳能电站大多采用离网运行方式。离网型太阳能电源系统如图 10-2 所示。

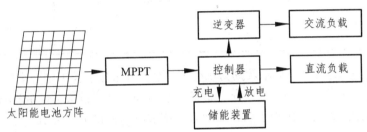

图 10-2　离网型太阳能系统框图

【实验系统与装置】

本实验系统的主要仪器有光伏发电原理应用实验平台、最大输出功率跟踪器 MPPT、蓄电池、逆变器、电阻、白炽灯、节能灯和连接线。

【实验内容与步骤】

本实验内容主要包括 MPPT 手动调节与自动调节的比较实验、离网逆变器交流负载实验。

1. MPPT 手动调节与自动调节的比较实验

按图 10-3 完成连线，负载由 MPPT 负载盒中的三个 20 Ω 电阻并联。MPPT 开机默认为

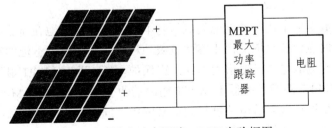

图 10-3　最大功率跟踪 MPPT 实验框图

自动模式，先将模式切换到手动模式，将功率点调节到最低输入电压 12 V 后，从最低点开始测量，每升高 0.5 V 记录下输入电压值、输入电流值和输入功率，找到输入功率最大时，就完成了手动寻找最大功率点的操作。

表 10-1　手动寻找最大功率点过程的实验数据记录表

序号	输入电压/V	输入电流/A	输入功率/W	序号	输入电压/V	输入电流/A	输入功率/W
1				9			
2				10			
3				11			
4				12			
5				13			
6				14			
7				15			
8				16			

将模式切换到自动模式，显示数据为跳变值，输入电压显示为围绕一个中心点左右跳动，输入功率大小为"小→大→小"在变化，这样的显示为正常，读数的时候读取电压跳变的中心值，功率显示的最大值。比较手动调节和自动调节测出的最大功率点。

表 10-2　不同模式的最大功率点实验数据记录表

实验条件	最佳工作电压 U_m/V	最佳工作电流 I_m/A	最大输出功率 P_m/W
手动调节			
自动调节			

2. 离网逆变器交流负载的阻性、容性、感性实验

按图 10-4 连接电路，其中交流负载为 25 W 白炽灯，关闭感性和容性负载开关，打开阻性负载开关，测量蓄电池端的电压电流值以及负载端的电压电流值，把测量值记入表 10-3 中，在表 10-4 中记录交流负载的波形以及相位差。关闭阻性负载开关，取下 25 W 白炽灯，替换为 5 W 节能灯，打开阻性负载开关，测量蓄电池端的电压电流值以及负载端的电压电流值，把测量值记入表 10-3 中。关闭阻性负载开关，打开感性负载或容性负载开关，观察其波形及相位差，把测量值记入表 10-4 中。

由于控制器负载端的电压与蓄电池端电压基本一致，而蓄电池在充放电时电压会变化，所以读取实验数据时应快速读取。由于容性负载功耗很小，太阳能电池的能量绝大部分都存入蓄电池中，导致蓄电池电压迅速增大达到过充保护电压，此时 MPPT 显示的最大输入功率不断变化，原因是 MPPT 跟踪频率低于 MPPT 输出端的变化频率，导致 MPPT 不断重新跟踪。可以先用大功率的阻性负载对蓄电池进行放电来解决该问题，再开始实验。分析不同功率的负载情况下，蓄电池对电池板输出能量的补充或存储功能。

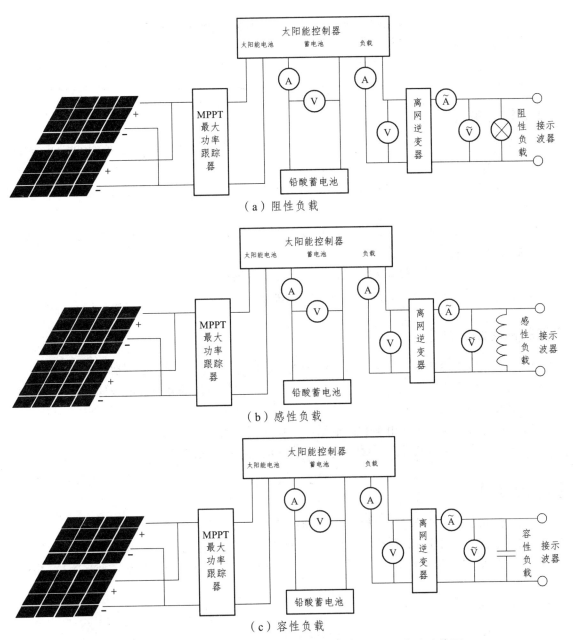

图 10-4　离网逆变器交流负载（阻性、容性、感性）实验连接图

表 10-3　不同功率的交流负载实验数据记录表

交流负载	蓄电池端			负载端		
	电压/V	电流/A	功率/W	电压/V	电流/A	功率/W
5 W 节能灯						
25 W 白炽灯						

表 10-4 离网逆变器交流负载实验数据记录表

交流负载类型	阻性负载	感性负载	容性负载
交流电压电流相位差/V			

【实验注意事项】

（1）连接电路时，应断开太阳能电池输出端，电路连接完成，检查线路无误后，再连接太阳能电池输出端口。

（2）不能将光源与太阳能电池之间的距离移得太近，以免光源发出的高温烤坏电池板，电池板工作温度应低于 50 ℃。

（3）严禁将太阳能电池直接接 8 W/12 V 直流灯，应该先接 MPPT 再接 8 W/12 V 直流灯。

（4）高压区域操作时注意安全。

（5）各种表头使用时注意其测量范围，以免造成损坏。

（6）严禁将两个逆变器相连，否则将烧坏逆变器。

【问题思考和拓展】

（1）太阳能电池串联时，如果其中一个太阳能电池的光照强度较低，那么输出的电压和电流如何变化？太阳能电池并联时，如果其中一个太阳能电池的光照强度较低，那么输出的电压和电流如何变化？

（2）哪种类型光太阳能电池板的输出功率最大？为什么？

（3）根据实验，查阅相关文献，提高光伏发电效率的方法有哪些？

【参考文献】

[1] 曾光宇，张志伟. 光电检测技术[M]. 北京：清华大学出版社，2003.

[2] 赵争鸣，刘建政，孙晓瑛. 太阳能光伏发电及其应用[M]. 北京：科学出版社，2005.

[3] 张兴，曹仁贤. 太阳能光伏并网发电及其逆变控制[M]. 北京：机械工业出版社，2011.

实验 11 PSD 位置传感器实验

【实验背景】

半导体光电位置传感器件（Position Sensitive Detector，PSD），是一种对其感光面上入射光点位置敏感的半导体，即当光点在器件感光面的不同位置时，就对应有一个不同的输出电信号。它所测量的不是一般距离的变化量，而是通过检测确定是否达到某一位置，检测方式有接触式和接近式两种。PSD 主要采用硅、锗等半导体材料，利用蒸发金属薄膜工艺、离子注入技术、外延生长工艺以及热扩散技术制成，它是一种具有均匀电阻薄层表面的平面型 PIN 光电二极管，它是建立在横向光电效应基础上的。目前 PSD 位置传感器广泛应用于电机领域，它组成无刷直流电动机系统的三大部分之一。位置传感器的使用可以降低电机运行的噪音、提高电机的寿命与性能，同时达到降低耗能的效果。本实验主要讨论 PSD 光电位置传感器的原理，并掌握 PSD 光电位置传感器特性的测量方法。

【实验目的】

（1）掌握 PSD 光电位置传感器的原理。
（2）掌握 PSD 光电位置传感器特性的测量方法。
（3）了解 PSD 光电位置传感器的应用。

【实验原理】

图 11-1 所示为 PSD 的工作原理图，其中图 11-1（a）为 PIN 型的 PSD 截面结构示意图，表面层 P 为感光面，在其两边各有一个信号输出电极，底层的公共电极是用于加反偏电压。当光点入射到 PSD 表面时，由于横向电势的存在，会产生光生电流 I_0，光生电流就流向两个输出电极，从而在两个输出电极上分别得到光电流 I_1 和 I_2，显然 $I_0 = I_1 + I_2$，I_1 和 I_2 的分流关系取决于入射光点到两个输出电极间的等效电阻。假设 PSD 表面分流层的阻挡是均匀的，则 PSD 可简化为图 11-1（b）所示的电位器模型，其中 R_1、R_2 为入射光点位置到两个输出电极间的等效电阻，显然 R_1、R_2 正比于光点到两个输出电极间的距离。

因为

$$I_0 = I_1 + I_2 \tag{11-1}$$

$$I_1 / I_2 = R_2 / R_1 = (L - X)/(L + X) \tag{11-2}$$

所以

$$X = [(I_2 - I_1)/I_0] \times L \tag{11-3}$$

式（11-3）中 X 为入射光点与 PSD 中间零位点距离，当入射光恒定时，I_0 恒定，则 X 与

$I_2 - I_1$ 成线性关系，与入射光点强度无关，这样通过适当的处理电路，就可以获得光点位置的输出信号。

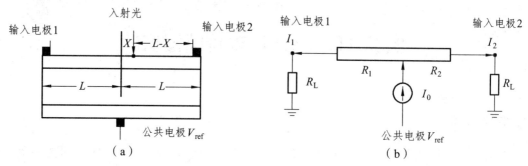

图 11-1 PSD 工作原理图

【实验系统与装置】

本实验系统的主要仪器有光电特性实验仪、电压表、直流稳压电源、PSD 传感器位移装置、PSD 传感器实验模板和连接线等。

【实验内容与步骤】

（1）按图 11-2 接线，图中的红、黑、黄、白、黄插孔在 PSD 传感器装置座底部侧面上，其中红、黑为激光电源输入端，黄、白、黄为 PSD 传感器输出端接入 PSD 传感器实验模板电路中，并将实验模板中的 V_{o1} 与 V_{i1} 接，V_{o2} 与 V_{i2} 接、V_{o4} 与 V_{i5} 接，V_{o6} 与 V_{i6} 接。

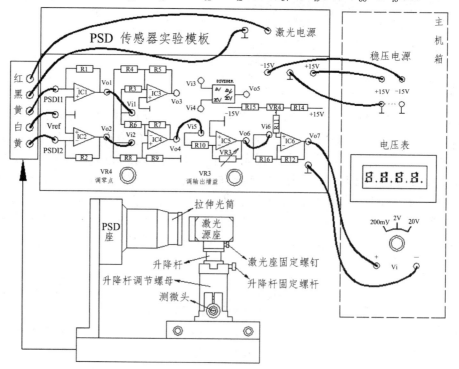

图 11-2 PSD 位置传感器实验接线示意图

（2）检查接线无误后打开主机箱电源，拉伸光筒靠近激光源座，尽量不要让自然光照射。调节测微头，使激光光点在 PSD 上移动，找到使电压表显示绝对值为最大值的这一点，再调节实验模板上的增益电压 V_{R3}，使电压表显示绝对值为 4 V。

（3）将实验模板上的激光电源引线拔出，调节实验模板上的零点电压 V_{R4}，使电压表显示为 0 V。将实验模板上的激光电源引线插上，稍待片刻，调节实验模板上的 V_{R3}，使电压表显示绝对值为 4 V。再将实验模板上的激光电源引线拔出，稍待片刻，调节实验模板上 V_{R4}，使电压表显示为 0 V。这个过程至少反复调节 3 次以上。

（4）反向调节测微头，使光点照向 PSD 另一端位，测微头每调节 0.2 mm 记录电压表显示的数据填入表 11-1，至少取 30 个点。把测量数据填入表 11-1，并作出实验 X-V 曲线。

表 11-1　位移值与输出电压的实验数据记录表

位移量 X/mm				......			
输出电压/V							

【实验注意事项】

（1）激光器输出光不得对准人眼，以免造成伤害。

（2）激光器为静电敏感元件，不要用手接触激光器引脚以及引脚连接的任何测试点和线路，以免损坏激光器。

（3）不得随意扳动面板上的元器件，以免造成电路损坏。

【问题思考和拓展】

（1）分析二维 PSD 的工作原理。

（2）入射光点大小对测量有什么影响？

（3）简述 PSD 光电位置敏感器特性的测量方法。

【参考文献】

[1] 孟立凡，蓝金辉. 传感器原理与应用[M]. 北京：电子工业出版社，2008.

[2] 周秀云. 光电探测技术与应用[M]. 北京：电子工业出版社，2014.

[3] 曾超，李锋，徐向东. 光电位置传感器 PSD 特性及其应用[J]. 光学仪器，2002，24（8）：30-33.

[4] 张广军. PSD 器件及其在精密测量中的应用[J]. 北京航空航天大学学报，1997，20（3）：259-263.

[5] 袁峰，施平，蒋祖军，等. 位敏传感器 PSD 应用系统的设计[J]. 哈尔滨科学技术大学学报，1994，18（1）：4-7.

实验 12 　象限探测器定向实验

【实验背景】

光电定向作为光电子检测技术的重要组成部分，是指用光学系统来测定目标的方位，在实际应用中具有精度高、价格低、便于自动控制和操作方便等特点，因此在光电准直、光电自动跟踪、光电制导和光电测距等各个技术领域具有广泛应用。光电定向方式有扫描式、调制盘式和四象限式，前两种用于连续信号工作方式，后一种用于脉冲信号工作方式。四象限探测器是根据电子和差式原理，可以直观、快速观测定位跟踪目标方位的光电定向装置。本实验根据光学雷达和光学制导的原理而设计的，采用 650 nm 激光器作为光源，用四象限探测器作为光电探测接收器观测红外可见光辐射的位置和强度变化。

【实验目的】

（1）掌握四象限探测器的工作原理及其特性。
（2）掌握用四象限探测器观测红外可见光辐射的位置和强度变化的测量方法。
（3）了解四象限探测器定向的应用。

【实验原理】

四象限探测器定向系统主要由激光发射部分、信号探测部分、信号处理部分、二维电动导轨及控制部分组成，可通过计算机显示输出，控制激光器运动。

1. 激光发射单元

光发射电路主要由激光器驱动器、650 nm 激光器、光功率自动控制电路等部分组成，其中激光器驱动器的频率及占空比可调，该系统结构框图如图 12-1。

2. 接收部分

接收部分主要由四象限探测器组成，四象限光电探测器是把四个性能完全相同的光电二极管按照直角坐标要求排列而成的光电探测器件，目标光信号经光学系统后在四象限光电探测器上成像，如图 12-2。将四象限光电探测器置于光学系统焦平面上或稍离开焦平面。当目标成像不在光轴上时，四个象限上探测器输出的光电流信号幅度不相同，比较四个光电信号的幅度大小就可以知道目标成像在哪个象限上，也就知道了目标方位。

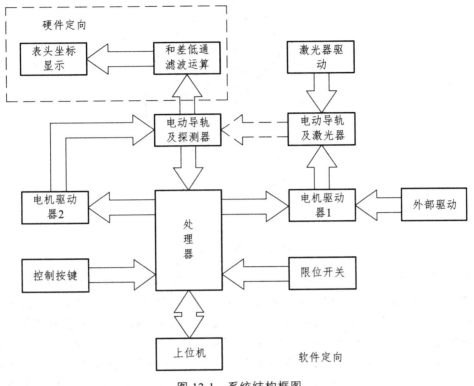

图 12-1　系统结构框图

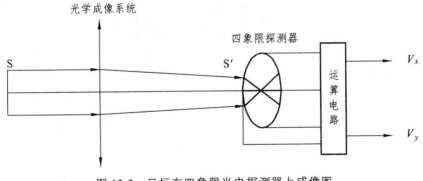

图 12-2　目标在四象限光电探测器上成像图

3. 单脉冲定向原理

利用单脉冲光信号确定目标方向的原理有四种，分别为和差式、对差式、和差比幅式和对数相减式。

（1）和差式定向方式是参考单脉冲雷达原理提出来，如图 12-3 中光学系统与四象限探测器组成测量目标方位的直角坐标系，四象限探测器与直角坐标系 x, y 坐标轴重合，目标近似圆形的光斑，成像在四象限探测器上。

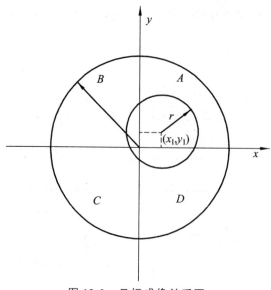

图 12-3　目标成像关系图

当目标圆形光斑中心与探测器中心重合时，四个光电二极管接收到相同的光功率，输出相同大小的电流信号，表示目标方位坐标为 $x=0$、$y=0$。当目标圆形光斑中心偏离探测器中心，如图 12-3，四个光电二极管输出不同大小电流信号，通过对输出电流信号进行处理可以得到光斑中心偏差量 x_1、y_1。若光斑半径为 r，光斑中心坐标为 x_1、y_1，为分析方便，认为光斑得到均匀辐射功率，总功率为 P。在各象限探测器上得到扇形光斑面积是光斑总面积的一部分。若设各象限上的光斑总面积占总光斑面积的百分比为 A、B、C、D，扇形面积公式可表述为

$$(A-B)-(C-D)=\frac{2x_1}{\pi r}\sqrt{1-\frac{x_1{}^2}{r^2}}+\frac{2}{\pi}\sin^{-1}\left(\frac{x_1}{r}\right) \tag{12-1}$$

当 $\dfrac{x_1}{r}\ll 1$ 时，满足如下关系

$$A-B-C+D\approx\frac{4x_1}{\pi r} \tag{12-2}$$

即

$$x_1=\frac{\pi r}{4}\left(A-B-C+D\right) \tag{12-3}$$

同理可得

$$y_1=\frac{\pi r}{4}\left(A+B-C-D\right) \tag{12-4}$$

可见，只要能测出 A、B、C、D 和 r 的值就可以求得目标的直角坐标。但是在实际系统中可以测得的量是各象限的功率信号，若光电二极管的材料是均匀的，则各象限的光功率和光斑面积成正比，四个探测器的输出信号也与各象限上的光斑面积成正比。根据图 12-4，可

得输出偏差信号大小为

$$V_{x_1} = KP(A - B - C + D) \qquad (12\text{-}5)$$

$$V_{y_1} = KP(A + B - C - D) \qquad (12\text{-}6)$$

对应于

$$x_1 = \beta(A - B - C + D) \qquad (12\text{-}7)$$

$$y_1 = \beta(A + B - C - D) \qquad (12\text{-}8)$$

式（12-7）和（12-8）中 $\beta = \left(\dfrac{\pi r}{4}\right) KP$，$\beta$ 为常数，与系统参数有关。

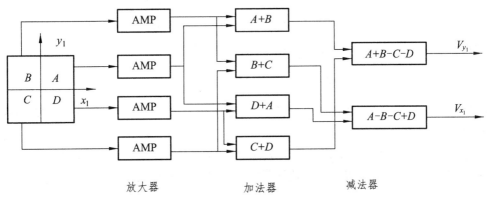

图 12-4　和差定向原理框图

（2）对差式定向方式是将图 12-4 的坐标系顺时针旋转 45°，于是得

$$x_2 = x_1 \cos 45° + y_1 \sin 45° = \sqrt{2}\beta(A - C) \qquad (12\text{-}9)$$

$$y_2 = -x_1 \cos 45° + y_1 \sin 45° = \sqrt{2}\beta(B - D) \qquad (12\text{-}10)$$

上述两种情况中输出的坐标信号均与系数 β 有关，而 β 又与接收到的目标辐射功率有关。它是随目标距离远近而变化的，系统输出电压 V_{X1}、V_{y1} 并不能够代表目标的真正坐标。

（3）表示和差比幅式定向方式为

$$x_3 = \frac{\beta(A - B - C + D)}{\beta(A + B + C + D)} = \frac{A - B - C + D}{A + B + C + D} \qquad (12\text{-}11)$$

$$y_3 = \frac{\beta(A + B - C - D)}{\beta(A + B + C + D)} = \frac{A + B - C - D}{A + B + C + D} \qquad (12\text{-}12)$$

上面两式中不存在 k 系数，与系统接收到的目标辐射功率的大小无关，所以定向精度很高。

（4）对数相减式定向方式是在目标变化很大的情况下可以采用，坐标信号为

$$x_4 = \lg \beta(A - B) - \lg \beta(C - D) = \lg(A - B) - \lg(C - D) \qquad (12\text{-}13)$$

$$y_4 = \lg \beta(A - D) - \lg \beta(C - B) = \lg(A - D) - \lg(C - B) \qquad (12\text{-}14)$$

可见坐标信号中也不存在系数 β，同样可以消除接收到的功率变化影响。当定向误差很小时，可以得到如下近似关系为

$$x_4 \approx A - B - C + D \qquad (12\text{-}15)$$

$$y_4 \approx A + B - C - D \qquad (12\text{-}16)$$

上式就是和差式关系。因此当定向误差很小时，对数相减式实际上就是和差式。采用对数放大器和相减电路可实现对数相减式。

4. 信号处理及显示原理

硬件定向通过硬件电路实现和差式定向原理，通过电阻求和网络和运算放大器实现的减法电路，将目标位置信号转换成对应的相对坐标值大小的电压信号，最后通过直流电压表头对电压进行显示。其他三种定向方式的硬件需要自行设计完成。

软件定向通过模数转换将各象限输出的模拟电压信号变换为数字信号，处理器将转换后的数字信号通过串口上传至 PC 端上位机软件，通过软件实现四种方式的定向计算，并实时显示目标方位和各象限光电信号值的大小。

5. 四象限探测器跟踪原理

四象限探测器探测得到的四路信号经过转换输入到处理器，当四路信号的和差值在很小的阈值范围之内，系统就认为定向完成。跟踪启动后，激光光斑朝任意方向运动都会打破四象限输出的平衡，此时通过处理器控制探测器朝数值较大的方向运动，就会使得四象限的输出重新达到平衡。依此往复运动，直到各路信号和差值减小到设定阈值内，就可以达到跟踪的目的。

【实验系统与装置】

本实验系统的主要仪器有四象限探测器及光电定向实验装置、激光器、探测器、二维电动平移台、7 芯航空插座连接线、4 芯航空插座连接线 30 cm、4 芯航空插座连接线 50 cm、串口连接线、电源线、200 M 双踪示波器和电脑，实验系统的面板如图 12-5 所示。

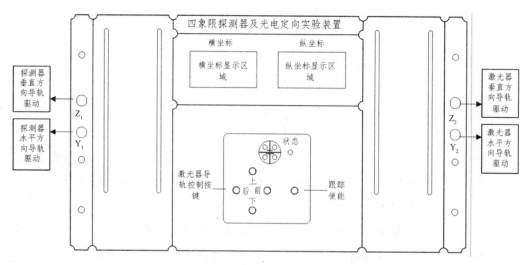

图 12-5　四象限探测器及光电定向实验装置图

【实验内容与步骤】

本实验内容主要包括系统组装调试、四象限探测器输出脉冲信号放大实验、四象限探测器输出脉冲信号展宽实验和硬件定向实验。

1. 系统组装调试

实验测试点说明如表 12-1。将激光器固定在二维电动平移台上，激光器电源线接入驱动输出接口，将探测器和面板上探测器输入端通过 7 芯航空插座连接线连接。分别将竖直方向两个导轨上的电机通过较长的 4 芯航空插座线接 Z_1、Z_2 并锁紧，再分别将水平方向两个导轨上的电机通过较短的 4 芯航空插座线接入 Y_1、Y_2 并锁紧。实验中要注意航空插座接插部分均有卡槽对应，插入后锁紧螺母即可。

表 12-1　实验测试点

缩写	定　义	缩写	定　义
MC	激光器脉冲驱动信号	GND	地
X_1	第一象限输出放大信号	I + II	电阻求和网络输出信号
X_2	第二象限输出放大信号	III + IV	电阻求和网络输出信号
X_3	第三象限输出放大信号	I + IV	电阻求和网络输出信号
X_4	第四象限输出放大信号	II + III	电阻求和网络输出信号
ZK_1	第一象限展宽后信号	A_1	减法电路负输入
ZK_2	第二象限展宽后信号	B_1	减法电路正输入
ZK_3	第三象限展宽后信号	A_2	减法电路负输入
ZK_4	第四象限展宽后信号	B_2	减法电路正输入
Al_1	电阻求和网络输入信号	F_X	减法电路输出
Al_2	电阻求和网络输入信号	F_Y	减法电路输出
Al_3	电阻求和网络输入信号	U_x	滤波输出
Al_4	电阻求和网络输入信号	U_y	滤波输出

打开电源，调整激光器使它和四象限探测器高度在同一水平线上，激光光点位置落在四象限探测器中心上，调节激光器与探测器之间的距离，使落在探测器上的光斑直径约 1 ~ 2 mm。调节激光器运动，使激光器光斑分别落在四个象限，可以观察到面板上对应四个象限光强（I、II、III、IV）的指示灯分别发光，即对应象限探测到的光强是最强的，对应象限指示发光二极管发光。

2. 四象限探测器输出脉冲信号放大实验

按实验内容 1 的步骤连接好线路，使激光光斑落在四象限探测器上。用示波器测量 MC 输出端信号和探测器放大输出信号 X_1、X_2、X_3、X_4。调节脉冲驱动电路频率调节电位器，同时观察探测器放大信号变化，使其放大输出效果最好。用按键控制激光器运动使各象限光强最强，根据光强指示灯测量对应象限的探测器输出放大信号，把频率、脉冲和幅度的测量数据填入表12-2，并根据测量数据作出波形图。

表12-2　输出脉冲信号放大实验数据记录表

放大输出信号	频率/Hz	幅度/V	波形
X_1			
X_2			
X_3			
X_4			

3. 四象限探测器输出脉冲信号展宽实验（采样保持）

按实验内容1的步骤连接好线路，使激光光斑落在四象限探测器上，用示波器对应测量信号测试区的探测器放大输出信号 X_1、X_2、X_3、X_4 和经过峰值保持电路处理之后的展宽信号 ZK_1、ZK_2、ZK_3、ZK_4。

调节脉冲驱动电路频率调节电位器，观察探测器放大信号变化，使其放大输出效果最好。用按键控制激光器运动使各象限光强最强，根据光强指示灯测量对应象限的探测器输出展宽信号，记录下频率、脉冲和幅度的测量数据填入表12-3，并根据测量数据作出波形图。

表12-3　输出脉冲信号展宽实验数据记录表

展宽信号	频率/Hz	幅度/V	波形
ZK_1			
ZK_2			
ZK_3			
ZK_4			

4. 硬件定向实验

按实验内容1的步骤连接好线路，使激光光斑落在四象限探测器上。将探测器放大输出的信号 X_1、X_2、X_3、X_4 和 Al_1、Al_2、Al_3、Al_4 对应用导线连接。打开电源，测量电阻，记录网络输出端 Ⅰ+Ⅱ、Ⅲ+Ⅳ、Ⅰ+Ⅳ、Ⅱ+Ⅲ 的输出信号波形，把频率、脉冲和幅度的测量值填入表12-4。根据测量数据作出波形图，分析与输入电压的关系。

表12-4　电阻求和网络输出信号的实验数据记录表

网络输出端	频率/Hz	幅度/V	波形
Ⅰ + Ⅱ			
Ⅲ + Ⅳ			
Ⅰ + Ⅳ			
Ⅱ + Ⅲ			

用运放组成减法电路，Ⅰ+Ⅳ和 B_2、Ⅱ+Ⅲ和 A_2、Ⅰ+Ⅱ和 B_1、Ⅲ+Ⅳ和 A_1 对应用导

线连接。打开电源，测量减法电路输出端 F_X、F_Y 的信号波形，把频率、脉冲和幅度的测量值填入表 12-5，根据测量数据作出波形图，分析与输入电压的关系。

表 12-5　减法电路输出信号的实验数据记录表

电路输出信号	频率	幅度	波形
F_X			
F_Y			

通过按键控制激光器平移，调节激光器光点位置，读取横纵坐标表头数值填入表 12-6。

表 12-6　横纵坐标表头显示的实验数据记录表

象限	横坐标	纵坐标
第一象限		
第二象限		
第三象限		
第四象限		

实验过程中，当外界环境光较亮时，要适当调高激光器光源的高电平占空比，以提高激光器的亮度，否则可能会造成实验结果错误。在调节激光器光电位置时，若出现上调一步纵坐标值为正，下调一步纵坐标值为负的临界情况，则认为光斑处于四象限探测器的坐标轴上，上下左右都同时处于临界点则光斑处于坐标轴原点。

【实验注意事项】

（1）插拔 RS-232 接口前必须切断电源开关。

（2）严禁直视激光，以免损伤眼睛。

（3）四象限光电探测器在使用中防止剧烈震动或冲击，以免光窗损坏。

（4）严禁用手触摸四象限光电探测器前端光学透镜，以免沾上污渍影响实验效果。

（5）在实验完成后，需用防尘布遮盖实验仪器，以免导轨丝杠及光学镜片上沾灰，影响仪器实验效果及使用寿命。

【问题思考和拓展】

（1）PIN 和 APD 探测器的主要区别是什么？

（2）怎样通过输出电压来判断光斑的象限？

（3）根据实验结果分析影响定向精度的因素有哪些？

【参考文献】

[1] 朱梦实，张权，李远旭，等. 使用四象限探测器测量微小位移[J]. 物理实验，2013，33（1）：8-11.

[2] 杨应平，陈梦苇，贾信庭. 四象限光电探测器实验装置的研究与应用[J]. 物理实验，2015，34（2）：30-32.

[3] 龙龄，邓仁亮. 四象限光电跟踪技术中的若干问题的探讨[J]. 红外与激光工程，1996，25（1）：16-21.

实验 13　光电倍增管原理实验

【实验背景】

　　光电倍增管建立在外光电效应、二次电子发射和电子光学的理论基础上，结合高增益、低噪声、高频率响应和大信号接收区等特征，光电倍增管是一种真空电子器件，它可以将微弱光信号转换成电信号。它主要应用在光学测量仪器和光谱分析仪器中，它能在低能级光度学和光谱学方面测量波长范围为 200～1 200 nm 的极微弱辐射功率。后来随着闪烁计数器的出现，扩大光电倍增管的应用范围，如激光检测仪器中采用光电倍增管作为有效接收器，如电视电影的发射和图像传送也离不开光电倍增管。光电倍增管广泛地应用在冶金、电子、机械、化工、地质、医疗、核工业、天文和宇宙空间等研究领域。本实验主要讨论光电倍增管的基本特性和参数测量。

【实验目的】

　　（1）掌握光电倍增管的工作原理和基本特性。
　　（2）学习光电倍增管基本参数的测量方法。
　　（3）掌握阴极灵敏度和阳极灵敏度的测量方法。
　　（4）掌握光电倍增管放大倍数和光电特性的测量方法。

【实验原理】

　　如图 13-1 为光电倍增管的内部结构图，图中 K 是光电阴极，受光照射时发射电子，D 为聚焦极，它与阴极共同形成电子光学聚焦系统，将光电阴极发射的电子会聚成束并通过膜孔射向第一倍增极 D_1。然后继续将前一极发射的电子收集到下一极，$D_1 \sim D_{10}$ 为倍增极，所加电压逐级增加，每一级约 80～150 V，A 为收集电子的阳极。这些电极封装在真空管内，光电阴极附近制作光入射窗口。在高速初电子的激发下，第一倍增极被激发出若干二次电子，这些电子在电场的作用下，射向第二倍增极，又会引起第二倍增极更多的二次电子发射……此过程会一直持续进行。最后经倍增的电子被阳极 A 收集而输出电流，在负载上产生信号电压。光电倍增管的主要特性参数有灵敏度、放大倍数、伏安特性、暗电流、光电特性、时间特性，下面分别介绍这几个参数。

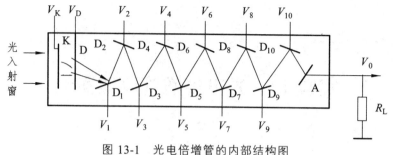

图 13-1 光电倍增管的内部结构图

1. 灵敏度

灵敏度是指积分灵敏度，它是衡量光电倍增管将光辐射转换成电信号能力的一个参数，也就是白光灵敏度，灵敏度包括阴极灵敏度和阳极灵敏度。

阴极灵敏度 S_k 定义为光电阴极的饱和光电流 I_k 除以入射到阴极的光通量 Φ 所得的商，如式（13-1）。它是指光电阴极本身的积分灵敏度，阴极灵敏度只与光电阴极的材料和光电倍增管的结构有关。测量时阴极为一极，其他各极连在一起为另一极，使从阳极测得的电流没有倍增。光通量要适当，太大会由于光电阴极层的电阻损耗会引起测量误差，太小会由于欧姆漏电流影响使光电流的测量精度降低，它通常选在 $10^{-9} \sim 10^{-2}$ 数量级。

$$S_k = \frac{I_k}{\Phi} \tag{13-1}$$

阳极灵敏度 S_a 定义为阳极输出光电流 I_a 与入射到阴极的光通量 Φ 的比值，单位是 A/lm，如式（13-2）。它是指光电倍增管在一定工作电压下，它的大小与光电阴极的材料和光电倍增管的结构有关，还与工作电压有关。式（13-2）中光通量值要保证光电倍增管处于正常的线性工作状态，若在饱和状态，光通量变化时电流并不改变，测得的灵敏度就没有意义，因此测量时所用光通量比测阴极灵敏度时小很多。

$$S_a = \frac{I_a}{\Phi} \tag{13-2}$$

2. 放大倍数

放大倍数 G 是指在一定的入射光通量和阳极电压下，阳极电流 I_a 与阴极电流 I_k 间的比值，也叫电流增益，定义为

$$G = \frac{I_a}{I_k} \tag{13-3}$$

放大倍数也可以由一定工作电压下阳极灵敏度和阴极灵敏度的比值来确定，即

$$G = \frac{S_a}{S_k} \tag{13-4}$$

式（13-4）中放大倍数 G 取决于系统的倍增能力，因此它是工作电压的函数。

3. 暗电流

当光电倍增管在完全黑暗的条件下工作时，在阳极电路里仍然会有输出电流，这就是暗电流 I_d。暗电流与阳极电压有关，通常是在与指定阳极光照灵敏度相应的阳极电压下测定。

4. 伏安特性

伏安特性有阳极伏安特性和阴极伏安特性之分，在实际应用中，主要研究的是阳极伏安特性。阳极伏安特性定义为当光照度 E 一定时，阳极电流 I_a 和阳极与阴极之间的总电压 V_a 的关系，如图 13-2 所示。由图可知，I_a 随着高压增加而急剧上升，电流较小时表现线性关系，随着电流增大曲线会失去线性关系，逐渐趋于饱和。

图 13-2　光电倍增管伏安特性曲线图

5. 光电特性

光电特性也称线性，是指在一定的工作电压下，阳极输出电流与光照度的线性关系，它是光电测量系统的一个重要指标。影响线性的原因很多，除与光电倍增管的内部结构有关外，主要取决于外部高压供电电路及信号输出电路。为使光电倍增管能正常工作，需要在阴极 K 和阳极 A 加近千伏的电压。同时，还需要在阴极、聚焦极、倍增极、阳极之间分配一定的极间电压，才能保证光电子能被有效地收集，光电流通过倍增极系统得到放大。

光电倍增管的光电特性如图 13-3 所示，从图中可以看出随着光通量的增加，阳极电流 I_a 也相应增加。当光通量进一步增大并超过某一定值后，阳极电流与光通量之间会偏离线性关系，甚至使光电倍增管进入饱和状态。

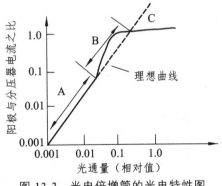

图 13-3　光电倍增管的光电特性图

输出信号是直流情况下，当阳极电流为 I_a 时，末级倍增极 D_n 的一次电流 $I_{D_n} = I_a \div \beta$，β 为倍增极的二次发射系数，从此倍增极经过电阻 R_{n-1} 流向阴极的电流为

$$I_{R_{n-1}} = I_a - I_{D_n} = \left(1 - \frac{1}{\beta}\right)I_a \qquad (13\text{-}5)$$

同理，其他倍增极会有部分电流流向阴极，而且这些电流随光电流增大而增大，这些电流会使各极间电压重新分配。当 I_a 远小于流过分压电路的电流 I_b 时，极间电压的重新分配不明显，阳极电流 I_a 随光通量线性增加，如曲线 A 段。当阳极电流增大到能与分压器电流相比

拟时，极间电压的重新分配会很明显，导致阳极与后几级倍增极的极间电压下降，阴极与前几级倍增极的极间电压上升，结果光电倍增管的电流放大倍数明显增加，如曲线 B 段。当阳极电流进一步增加时，阳极与末级倍增极的极间电压趋向零，阳极的电子收集率逐渐减小，最后阳极输出电流饱和，如曲线 C 段。为防止极间电压的再分配以保证增益稳定，分压器电流至少为最大阳极电流的 20 倍，对于直线性要求很高的应用场合，分压器电流至少为最大阳极平均电流的 100 倍。

6. 时间特性

由于电子在倍增过程中的统计性质、电子的初速效应和轨道效应，从阴极同时发出的电子到达阳极的时间是不同的，因此输出信号相对于输入信号会出现展宽和延迟现象，这就是光电倍增管的时间特性。

【实验系统与装置】

本实验系统的主要仪器有光电倍增管特性实验仪、光照度计、示波器和连接线等。

【实验内容与步骤】

本实验内容主要包括光电倍增管的暗电流、阳极灵敏度、阴极灵敏度、光电特性、时间特性和光谱特性的测量。

1. 暗电流测量

将电箱上的时间特性测试区，选择"静态特性测试"挡，将光电倍增管高压调节上的"阴极电流/阳极电流"开关打到"阳极电流"挡，选"0～1 000 V"电压挡。缓慢调节高压调节旋钮至电压表显示为 900 V，记下此时电流表值，该值即为光电倍增管在 900 V 时的暗电流，最后将高压调节旋钮逆时针调节到零。

2. 阳极灵敏度测量

选择静态特性测试挡，将光电倍增管高压调节选择"阳极电流"挡，选"0～1 000 V"电压挡。缓慢调节 LED 光源的光照度调节旋钮，将照度值调节到 0.1 lx，保持光照度调节旋钮不变，缓慢调节高压调节旋钮，分别记下电压为 100～900 V 时的阳极电流值，填入表 13-1。将高压调节旋钮逆时针调节到零，将光强调节旋钮逆时针调节到零，根据测量数据画出在该光照度下的 I_a－U 关系曲线。

表 13-1　阳极灵敏度测量的实验数据记录表

电压/V	100	200	300	400	500	600	700	800	900
阳极电流值/μA									

3. 阴极灵敏度测量

选择静态特性测试挡，将光电倍增管高压调节开关打到"阴极电流"挡，选"0～160 V"

电压挡，调节光照度调节旋钮使照度计显示为 10 lx（去掉衰减片），缓慢调节高压调节旋钮，分别记下电压为 40~160 V 时的阴极电流值，填入表 13-2 中。作出电压与电流之间的关系曲线图，并找到曲线趋于饱和的电流值 I_k，最后高压调节旋钮逆时针调节到零，将光照度调节旋钮逆时针调节到零。

表 13-2　阴极灵敏度测量的实验数据记录表

电压/V	40	60	80	100	120	140	160
阴极电流值/nA							

4. 光电特性测量

选择静态特性测试挡，将光电倍增管高压调节开关打到"阳极电流"挡，调节光强调节旋钮使照度表显示为 0.2 lx，接上光源，缓慢增加电压至 500 V，记下此时的电流值，再将电压逆时针调节到零。

重复前面两个步骤，分别记下光照度从 0.2~0.6 lx 时的电流测量值，填入表 13-3，作出电流 – 光照度曲线图，最后将光照度调节旋钮和高压调节旋钮逆时针调节到零。

表 13-3　光电特性测量的实验数据记录表

光照度/lx	0.2	0.3	0.4	0.5	0.6
阳极电流值/nA					

5. 时间特性测量

选择时间特性测试挡，将光电倍增管高压调节开关打到"阳极电流"挡，用示波器探头分别连接到光电倍增管电箱时间特性测试区的"PMT 输出"和"光脉冲"测试口上，从零开始缓慢增加电压，观察两路信号在示波器中的显示。将高压调节旋钮逆时针调节到零，记录实验现象，并解释实验现象。

【实验注意事项】

（1）本实验采用的光电倍增管的光栏通光面积为 100 mm²，环境温度为（20±5）℃，净化湿度为<65%，实验中要求无强振动源、无强电磁场干扰。

（2）光电倍增管对光的响应极为灵敏，在没有完全隔绝外界干扰光的情况下，不要对管子施加工作电压。

（3）管子处在非工作状态，要减少光电阴极和倍增极的不必要的曝光，以免对管子造成不良影响。

（4）光电阴极的端面是一块粗糙度数值极小的玻璃片，妥善保护。

（5）使用前必须先在暗处避光一段时间，保持管基的清洁干燥，同时要满足规定的环境条件，切勿超过所规定的电压最大值。

（6）实验结束后先将输出的高压调到最小，然后关闭主机箱电源，再进行其他操作。

【问题思考和拓展】

（1）光电倍增管的主要特性参数有哪些？

（2）本实验系统有哪些需要改进之处？如何改进？

（3）查阅相关资料，简述光电倍增管的极间电压分配思想。

【参考文献】

[1] 陈正杰，徐正卜. 光电倍增管[M]. 北京：原子能出版社，1988.

[2] 彭其先，马如超，李泽仁，等. 光电倍增管脉冲性能研究[J]. 光子学报，2008，3（5）：45-48.

[3] 武兴建，吴金宏. 光电倍增管原理、特性与应用[J]. 国外电子元器件，2001，5（8）：13-17.

[4] 郭从良，孙金军，方容川，等. 光电倍增管的噪声分析和建模[J]. 光学技术，2010，8（5）：27-30.

实验 14　光显示及其应用实验

【实验背景】

发光二极管（Light Emitting Diode，LED）随着技术日趋成熟，LED 的应用日渐广泛。它综合了光学、微电子、半导体、机械、计算机等多方面技术，在照明、传媒等领域，基于 LED 的各种显示渐渐崭露头角，特别是 LED 显示屏也得到迅速发展。随着微电子技术、自动化技术、计算机技术的迅速发展，半导体的制作和加工工艺逐步成熟和完善，使得 LED 芯片的亮度和寿命得到突飞猛进的发展，各种液晶显示、发光半导体等光显示技术得到广泛应用。LED 数码管广泛用于仪表、时钟、家电等仪器上。本实验主要讨论各种常用光显示器件的光学特性、显示原理和简单程序控制方法。

【实验目的】

（1）了解常用光显示器件的光学特性。
（2）掌握常用光显示器件的显示原理。
（3）掌握常用光显示器件的简单程序控制方法。

【实验原理】

1. LED 器件

LED 是一种能够将电能转化为光能的半导体，它改变了白炽灯钨丝发光与节能灯三基色粉发光的原理，采用的是电场发光。LED 的特点是寿命长、光效高、辐射低和功耗低。LED 的核心部分是一个半导体的晶片，晶片的一端附着在一个支架上，这是负极，另一端连接电源的正极，整个晶片被环氧树脂封装起来。半导体晶片由两部分组成，一端是 P 型半导体，里面空穴占主导地位，另一端是 N 型半导体，里面主要是电子。但这两种半导体连接起来的时候，它们之间形成一个 PN 结。当电流通过导线作用于这个晶片的时候，电子就会被推向 P 区，在 P 区里电子跟空穴复合，然后就会以光子的形式发出能量，这就是 LED 发光的原理。光的波长决定光的颜色，是由形成 PN 结的材料决定。

2. 数码管显示屏

数码管是一种半导体发光器件，基本单元是 LED。LED 数码管是由多个发光二极管封装在一起组成"8"字形的器件，引线已在内部连接完成，只需引出它们的各个笔划和公共电极。数码管选用时要注意产品尺寸、颜色、功耗、亮度、波长等。数码管要正常显示，就要用驱动电路来驱动数码管的各个段码，从而显示出需要的数字，因此根据数码管的驱动方式的不同，可以分为静态式和动态式两类。

静态驱动也称直流驱动，指每个数码管的每一个段码都由一个单片机的 I/O 端口进行驱动，或使用 BCD 码译码器等进行驱动。静态驱动的优点是编程简单，显示亮度高，缺点是占用 I/O 端口多。实际应用时必须增加译码驱动器进行驱动，这也增加了硬件电路的复杂性。

动态显示接口是单片机中应用最为广泛的一种显示方式之一。动态驱动是将所有数码管同名端连在一起，另外为每个数码管的公共极 COM 增加位选通控制电路。位选通由各自独立的 I/O 线控制，当单片机输出字形码时，所有数码管都接收到相同的字形码，但究竟是哪个数码管会显示出字形，取决于单片机对位选通 COM 端电路的控制。所以只要将需要显示的数码管选通控制打开，该位就显示出字形，没有选通的数码管就不会亮。通过分时轮流控制各个数码管的 COM 端，就使各个数码管轮流受控显示，这就是动态驱动。在轮流显示过程中，每位数码管的点亮时间为 1 ~ 2 ms，由于人的视觉暂留现象及发光二极管的余辉效应，尽管实际上各位数码管并非同时点亮，但只要扫描的速度足够快，给人的印象就是一组稳定的显示数据，不会有闪烁感，动态显示的效果和静态显示是一样的，能够节省大量的 I/O 端口，而且功耗更低。

3. LED 点阵显示屏

LED 显示屏是一种通过控制半导体发光二极管的显示方式，是由很多个通常是红色的发光二极管组成，靠灯的亮灭来显示字符或图案。它可以用来显示文字、图形、图像、动画、、视频、录像信号等各种信息的显示屏幕。把红、绿、蓝这三种 LED 管放在一起作为一个像素的显示屏叫三色屏或全彩屏，全彩屏显示内容更丰富，应用范围更广，但使用起来复杂得多。本实验只分析单色 LED 点阵显示屏。

无论制作单色屏或彩色屏，都需要构成像素的每个 LED 的发光亮度必须能调节，调节的精细程度就是显示屏的灰度等级。灰度等级越高，显示的图像就越细腻，色彩也越丰富，相应的显示控制系统也越复杂。一般 256 级灰度的图像，颜色过渡已十分柔和，而 16 级灰度的彩色图像，颜色过渡界线十分明显。所以彩色 LED 屏当前都要求做成 256 级到 4 096 级灰度的，最简单的单色 LED 点阵屏，如果只用来显示字符信息，可以不用调节灰阶。

4. LCD 显示屏

液晶显示器（Liquid Crystal Display，LCD）是一种平面超薄的显示设备，它由一定数量的彩色或黑白像素组成，放置于光源或者反射面前方。它的主要原理是以电流刺激液晶分子产生点、线、面配合背部灯管构成画面。液晶显示器功耗很低，主要适用于各种使用电池的电子设备，如电子表、计算器、游戏机等。目前电脑上采用的液晶显示器，其工作原理是采用两夹层，中间填充液晶分子，夹层上部为场效应晶体管 FET，夹层下部为共同电极，在光源设计上要用"背透式"照射方式，在液晶的背部设置类似日光灯的光管或 LED 背光。光源照射时由下而上透出，借助液晶分子传导光线，透过 FET，晶体分子会扭转排列方向产生透光现象，影像透过光线显示到屏幕上，到下一次产生通电之后分子的排列顺序又会改变，再显示出不同影像。

5. 液晶显示器原理

液晶的物理特性是通电时会导通，排列有秩序，使光线容易通过；液晶在不通电时排列混乱，阻止光线通过。液晶面板包含两片相当精致的无钠玻璃素材，中间夹着一层液晶，当光束通过这层液晶时，液晶会排列成站立或扭转呈不规则状，因而阻隔或使光束顺利通过。大多数液晶都属于有机复合物，由长棒状的分子构成，在自然状态下，这些棒状分子的长轴大致平行。将液晶倒入一个经精良加工的开槽平面，液晶分子会顺着槽排列，所以假如那些槽非常平行，则各分子也是完全平行的。

LCD 技术是把液晶灌入两个列有细槽的平面之间，这两个平面上的槽互相垂直，即相交成 90°。也就是说，若一个平面上的分子沿南北方向排列，则另一平面上的分子沿东西方向排列，而位于两个平面之间的分子被强迫进入一种 90°扭转的状态。由于光线顺着分子的排列方向传播，所以光线经过液晶时也被扭转 90°。但当液晶上加一个电压时，分子便会重新垂直排列，使光线能直射出去，而不发生任何扭转。

因为液晶材料本身并不发光，所以在显示屏两边都设有作为光源的灯管，而在液晶显示屏背面有一块背光板和反光膜，背光板是由荧光物质组成的可以发射光线，其作用主要是提供均匀的背景光源。背光板发出的光线在穿过第一层偏振过滤层之后进入包含成千上万水晶液滴的液晶层。液晶层中的水晶液滴都被包含在细小的单元格结构中，一个或多个单元格构成屏幕上的一个像素。在玻璃板与液晶材料之间是透明的电极，电极分为行和列，在行与列的交叉点上，通过改变电压而改变液晶的旋光状态，液晶材料的作用类似于一个个小的光阀，在液晶材料周边是控制电路部分和驱动电路部分。当 LCD 中的电极产生电场时，液晶分子就会产生扭曲，从而将穿越其中的光线进行有规则的折射，然后经过第二层过滤层的过滤在屏幕上显示出来。

通常电脑显示器是需要采用更加复杂的彩色显示器，还要具备专门处理彩色显示的色彩过滤层。在彩色 LCD 面板中，每一个像素都是由三个液晶单元格构成，其中每一个单元格前面都分别有红色、绿色、蓝色的过滤器，这样就可以通过不同单元格的光线就可以在屏幕上显示出不同的颜色。

【实验系统与装置】

本实验系统的主要仪器有光显示实验仪、照度计、探测器、LCD 显示屏、LED 数码管和连接线等。

【实验内容与步骤】

本实验内容主要包括 LCD 显示屏特性测量、LED 数码管特性测量、LED 点阵特性测量和三色 LED 混色实验。

1. LCD 显示屏特性测量实验

（1）打开总开关，实验系统进入自检状态，自检完毕开始实验。按下控制面板的模式切换键然后快速松开，LCD 显示屏显示最亮白色，用照度计测量屏幕亮度并记录，然后选择不同的角度测量，观察亮度是否有变化。

（2）测试 LCD 显示屏光谱特性，并记下光谱曲线，如图 14-1 所示，然后选择不同的角度测量，观察是否有变化。

（3）LCD 液晶分子反转速度测量，切换模式选择系统为 LCD 屏居中像素点最多的亮暗交替变换，固定频率为 25 Hz，将快速探测器的输出连接示波器，观察输出信号波形，再根据示波器计算液晶分子反转速度，即得到波形的上升时间，最后切换模式调节频率为 12.5 Hz 和频率为 6.75 Hz，分别计算不同频率下液晶分子反转速度，并做比较。

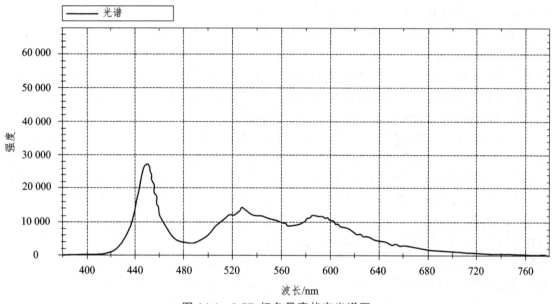

图 14-1　LCD 红色最亮状态光谱图

2. LED 数码管特性测量实验

（1）切换模式让所有数码管均点亮，用照度计测量数码管的亮度，数码管 LED 点亮时间测试。

（2）切换模式让左右边数码管的"一"亮起，并快速闪烁，用示波器测量数码管 LED 的点亮时间，并与 OLED 对比。

3. LED 点阵特性测量实验

（1）切换模式让 LED 点阵和屏幕全屏亮起，用照度计测量屏幕亮度，并与数码管对比。

（2）切换模式让点阵 LED 居中 LED 亮起并高速闪烁，搭建光路，测量 LED 的点亮时间。

4. 三色 LED 混色实验

搭建光路，分别调节 R、G、B 电位器旋钮，使红、绿、蓝三种颜色以不同的比例混合。打开三色 LED 开关，测量光谱的变化。

【实验注意事项】

（1）拔插导线时要轻，不要拉扯导线。

（2）实验过程中旋动电机加速旋钮，转速不宜过快，否则易飞出，开启时需要一段时间预热，预热时转速会由慢逐渐变快。

【问题思考和拓展】

（1）LED 和 LD 的主要区别是什么？

（2）分析几种常用光显示器件的光学特性。

（3）查阅相关资料，简述光显示器件的应用。

【参考文献】

[1] 康华光. 电子技术基础数字部分[M]. 北京：清华大学出版社，2008.

[2] 贺顺忠. 工程光学实验教程[M]. 北京：机械工业出版社，2007.

[3] 郁道银，谈恒英. 工程光学[M]. 北京：机械工业出版社，2006.

实验 15　光电耦合器原理实验

【实验背景】

光电耦合器是一种电-光-电转换器件，它以光为媒介传输电信号，它由发光源和受光器两部分组成。把发光源和受光器组装在同一密闭的壳体内，彼此间用透明绝缘体隔离。光电耦合器的种类较多，常见有光电二极管型、光电三极管型、光敏电阻型、光控晶闸管型、光电达林顿型、集成电路型等。光电耦合器件对输入或输出的电信号具有良好的隔离作用，在长线信息传输中作为终端隔离元件可以大幅度提高信噪比。光电耦合器是 20 世纪 70 年代发展起来的新型器件，目前它已成为种类最多、用途最广的光电器件之一，它广泛用于电气绝缘、电平转换、级间耦合、驱动电路、开关电路、斩波器、多谐振荡器、信号隔离、级间隔离、脉冲放大电路、数字仪表、远距离信号传输、脉冲放大、固态继电器、通信设备及微机接口等方面。目前光电耦合器将继续向高速化、高性能、小体积、质量小的方向发展。本实验主要讨论光电耦合器的伏安特性和电流传输比测量方法。

【实验目的】

（1）掌握光电耦合器的伏安特性及其测量方法。
（2）掌握光电耦合器的电流传输比及其测量方法。
（3）了解光电耦合器的基本应用。

【实验原理】

在光电耦合器输入端加电信号使发光源发光，光的强度取决于激励电流的大小。此光照射到封装在一起的受光器上，由于光电效应而产生光电流，由受光器输出端引出，这样就实现电-光-电的转换。

光电耦合器主要由光的发射、光的接收及信号放大这三部分组成。光的发射部分主要由发光器件构成，发光器件一般都是发光二极管，发光二极管加上正向电压时，能将电能转化为光能而发光，发光二极管可以用直流、交流、脉冲等电源驱动，但发光二极管在使用时必须加正向电压。光的接收部分主要由光敏器件构成，光敏器件一般都是光敏晶体管，光敏晶体管是利用 PN 结在施加反向电压时，在光线照射下反向电阻由大变小的原理来工作的。光的信号放大部分主要由电子电路等构成，发光器件的管脚为输入端，而光敏器件的管脚为输出端。工作时把电信号加到输入端，使发光器件的芯体发光，而光敏器件受光照后产生光电流并经电子电路放大后输出，实现电-光-电的转换，从而实现输入和输出电路的电器隔离。

由于光电耦合器输入与输出电路间互相隔离，且电信号在传输时具有单向性，因而光电耦合器具有良好的抗电磁波干扰能力和电绝缘能力。光电耦合器在整个过程中起到输入、输出、隔离的作用。光电耦合器主要优点是信号单向传输，输入端与输出端完全实现电气隔离，输出信号对输入端无影响，抗干扰能力强，工作稳定，无触点，使用寿命长，传输效率高。在单片开关电源中，通常使用线性光电耦合器可构成光耦反馈电路，通过调节控制端电流来改变占空比，达到精密稳压目的。

光电耦合器还具有以下特点：能够有效抑制接地回路的噪声，消除干扰，使信号现场与主控制端在电气上完全隔离，避免主控制系统受到意外损坏；可以在不同电位和不同阻抗之间传输电信号，且对信号具有放大和整形等功能，使得实际电路设计大为简化；开关速度快，高速光电耦合器的响应速度到达 ns 数量级；体积小，器件多，使用方便，采用双列直插封装，具有单通道、双通道以及多达八通道等多种结构；可替代变压器隔离，不会因触点跳动而产生尖峰噪声，且抗震动和抗冲击能力强。

光电耦合开关可分为对射式和反射式两种，对射式光电耦合开关的红外发射光直接照射光敏器件，反射式光电耦合开关的红外发射光需要通过开关前物体挡住从而使红外光反射到光敏器件上。本实验主要分析对射式光电耦合开关进行电机转速测量，从而计算固定于电机转动中心轴上的转盘行驶里程。

【实验系统与装置】

本实验系统的主要仪器有光电耦合器实验仪、电流表、电压表、电位器、光电开关、转盘和连接线。

【实验内容与步骤】

本实验内容主要包括对射式光电耦合器件的伏安特性、电流传输比、时间特性的测量。

1. 测量伏安特性

按照如图 15-1 搭建电路，图中数字电流表 A_1 测量流过光耦中的发光体的电流 I_{LED}，数字电流表 A_2 测量流过光电三极管的电流 I_P，电压表用来测量光电三极管的输出电压 U_0。

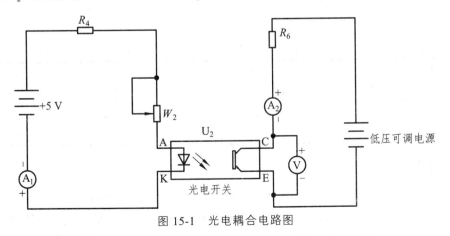

图 15-1　光电耦合电路图

打开电源后转动转盘，使转盘上的孔对准对射式光耦的发光口，此时光耦中的光电三极管能够接收发光管发出的光。调节电位器 W_2 阻值，使对射式光电耦合器件中发光二极管的电流为表 15-1 中的值，再调节低压可调电源，使光电三极管两端电压 U_0 为表 15-1 中的值，记录光电三极管的输出电流 I_P。重复上述步骤，测量多组数据，填入表 15-1 中，并根据测量数据画出对射式光电耦合器件的伏安特性曲线。

表 15-1　光电耦合器件输出电流实验数据记录表

$I_{LED}=15$ mA	U_0/V	0	0.2	0.4	0.6	1	1.5	2	3	4
	$I_P/\mu A$									
$I_{LED}=20$ mA	U_0/V	0	0.2	0.4	0.6	1	1.5	2	3	4
	$I_P/\mu A$									
$I_{LED}=25$ mA	U_0/V	0	0.2	0.4	0.6	1	1.5	2	3	4
	$I_P/\mu A$									
$I_{LED}=30$ mA	U_0/V	0	0.2	0.4	0.6	1	1.5	2	3	4
	$I_P/\mu A$									
$I_{LED}=35$ mA	U_0/V	0	0.2	0.4	0.6	1	1.5	2	3	4
	$I_P/\mu A$									

2. 测量电流传输比

按照图 15-1 所示搭建电路，数字电流表 A_1 测量流过发光管的电流 I_{LED}（不超过 50 mA），用数字电流表 A_2 测量流过光电三极管的电流 I_C。电路接好后打开实验仪电源，转动转盘，使转盘上的孔对准对射式光耦的发光口，此时光电三极管能够接收发光管发出的光。

调节电位器改变 W_2 阻值，分别记录流过光耦中的发光体的电流 I_{LED} 和流过光电三极管的电流 I_C，填入表 15-2。由式（15-1）可以计算出被测光电耦合器件的电流传输比 β，填入表 15-2 中，再根据测量数据画出对射式光电耦合器件电流传输比 β 的曲线。

$$\beta = \frac{I_C}{I_{LED}} \times 100\% \qquad (15\text{-}1)$$

表 15-2　电流传输比的实验数据记录表

I_{LED}/mA	1	3	5	⋯	33	35
I_C/mA				⋯		
β				⋯		

3. 测量时间响应

按照图 15-2 所示搭建光电耦合器件时间响应测量电路。此电路由三部分组成，方波信号发生电路、发射电路和接收电路，其中发射电路由光电耦合器件中的发光二极管组成，接收电路由光电耦合器件中的光电三极管组成。由发光二极管及其驱动电路提供快速开关的方波辐射光源，在方波辐射的作用下，光电三极管的输出电压 U_0 将发生变化。将光耦中的发光二极管的方波辐射脉冲接到示波器 CH1 探头，作为同步数据采集的同步控制，将输出信号 U_0 接到示波器的 CH2 探头，作为被测信号。

电路接好后打开实验仪电源，转动转盘，使转盘上的孔对准对射式光耦的发光口，此时光耦中的光电三极管能够接收发光管发出的光。用示波器测量输出信号 U_0 与入射辐射源的时间变化波形，观察 U_0 随方波辐射的时间变化规律，便可以测量出它的时间响应特性。U_0 的波形存在着上升时间 t_{on} 与下降时间 t_{off}，通过示波器观测它的上升时间 t_{on} 与下降时间 t_{off} 都滞后于输入脉冲的两个边沿。调节电路中的 20 kΩ电位器，观察信号的变化。通过同步测量输入与输出脉冲的波形可以测量光电耦合器件的时间响应特性。

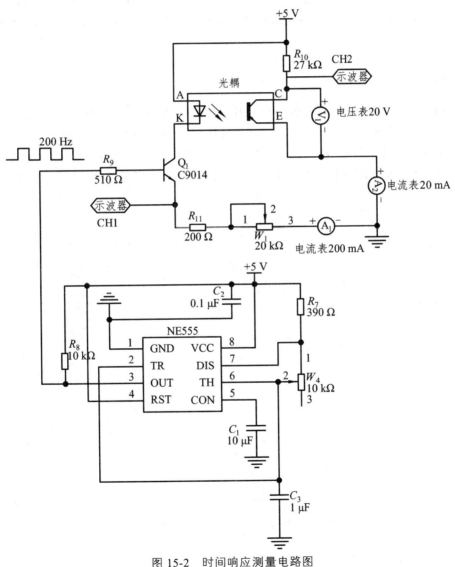

图 15-2　时间响应测量电路图

【实验注意事项】

（1）激光器和光纤端面不能直对人眼。

（2）光纤很脆，需轻拿轻放，以免折断。

（3）光纤头不要长时间暴露空气中，更不能触碰，以免受到污染。

【问题思考和拓展】

（1）光电耦合器的基本结构是什么？它有哪些优点？

（2）解释光电耦合器可分为哪几种，各有什么用途？

（3）使用棱镜耦合将光耦合进入单模光纤，若棱镜系统的数值孔径 NA 是 0.3，光源波长是 532.8 nm，如果想要单模光纤与棱镜系统的数值孔径匹配，则其纤芯最大可以是多少？试从结果讨论其可行性。

【参考文献】

[1] 张跟保. 光电耦合器件特性分析及其应用[J]. 现代电子，1996，8（1）：71-75.

[2] 曲维本，刘铁墉. 光电耦合器的原理及其在电子线路中的应用[M]. 北京：北京国防工业出版社，1981.

[3] 程开富. 光电耦合器的发展及应用[J]. 电子元器件，2002，5（4）：45-48.

实验 16 热释电探测特性实验

【实验背景】

人的眼睛能看到的可见光按波长从长到短排列，依次为红、橙、黄、绿、青、蓝、紫，其中红光的波长范围为 $0.62 \sim 0.76 \, \mu m$，紫光的波长范围为 $0.38 \sim 0.46 \, \mu m$，比紫光光波长更短的光叫紫外线，比红光波长更长的光叫红外线。红外线是一种肉眼无法看见的光，红外线最显著的特点是具有热效应，所有高于绝对零度的物质都可以产生红外线，所以热释电红外传感器它是一种能检测人或动物发射的红外线而输出电信号的传感器，利用它可以作为控制电路的输入端。1938 年，有科学家提出利用热释电效应探测红外辐射，但并未受到重视。直到 20 世纪 60 年代，随着激光、红外技术的迅速发展，才开始对热释电效应的研究和对热释电晶体的应用。目前热释电传感器已广泛应用到各种自动化控制装置中，比如楼道自动开关、防盗报警等日常设备中，比如它作为红外激光的一种较理想的探测器，比如用于红外光谱仪、红外遥感以及热辐射探测器。本实验主要讨论热释电特性探测的实验原理和方法。

【实验目的】

（1）掌握热释电红外传感器基本原理。
（2）掌握热释电特性探测的实验过程。
（3）了解热释电传感器的应用。

【实验原理】

热释电红外传感器在结构中引入的 N 沟道结型场效应管组成共漏形式，这样就可以完成阻抗变换。热释电红外传感器由传感探测元、干涉滤光片和场效应管匹配器三部分组成。设计热释电传感器时把高热电材料制成一定厚度的薄片，并在它的两面镀上金属电极，然后加电对其进行极化，这样就可以制成热释电探测元。

热释电效应如图 16-1，由图可以看出当已极化的热电晶体薄片受到辐射热时候，薄片温度升高，极化强度 P_s 下降，表面电荷减少，相当于"释放"一部分电荷，称为热释电。释放的电荷通过一系列的放大，转化成输出电压。如果继续照射，晶体薄片的温度升高到 T_c 值时，T_c 即居里温度，自发极化会突然消失，不再释放电荷，这时输出信号为零。

热释电探测器只能探测交流斩波式的辐射，而红外光辐射要有变化量。当面积为 A 的热释电晶体受到调制加热，会使其温度 T 发生微小变化，这时就会产生热释电电流，可以表示为

$$I = A \cdot P \times \frac{dT}{dt} \qquad (16-1)$$

式（16-1）中 A 为面积，P 为热电体材料热释电系数，dT / dt 为温度的变化率，说明当入射辐射为恒定辐射时，热释电探测器不响应，只能脉冲辐射工作。

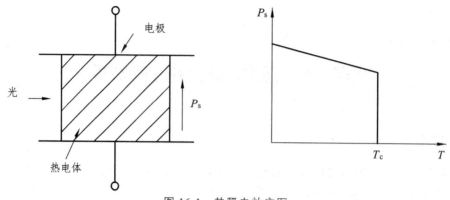

图 16-1 热释电效应图

【实验系统与装置】

本实验系统的主要仪器有主机箱、光电器件实验模板、热释电探头、红外热释电探测器和连接线等。

【实验内容与步骤】

1. 热释电原理实验

根据图 16-2 电路接线,将红外热释电探头的三个插孔相应地连到实验模板热释电红外探

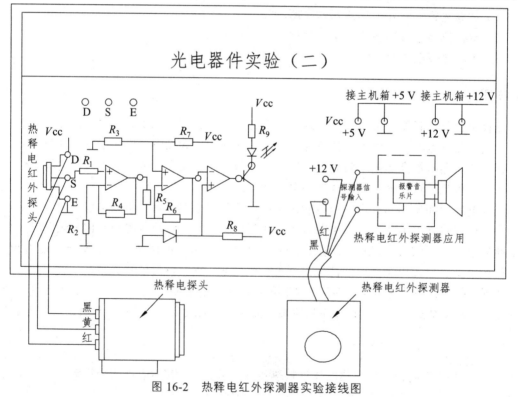

图 16-2 热释电红外探测器实验接线图

头的输入端口上，其中红色孔接 D、黄色孔接 S、黑色孔接 E。将实验模板上的 $V_{CC} + 5\ V$ 和"⊥"相应地连接到主控箱的电源上，再将实验模板的右边部分的探测器信号输入短接。

开始测量，打开主机箱电源，手在红外热释电探头端面晃动时，探头有微弱的电压变化信号输出，经两级电压放大后，可以检测出较大的电压变化，再经电压比较器构成的开关电路，使指示灯点亮，观察并记录这个现象过程。

2. 热释电传感器应用实验

撤去图 16-2 中实验模板右边部分的探测器的信号短接线，将红外热释电探测器有四根接线，按颜色接到模板上，打开主机箱电源，需延时几分钟模板才能正常工作。当人体对准探测器移动后，蜂鸣器报警。逐点移远人与传感器的距离，参考距离 5~7 m，估算观察能检测到的红外物体探测距离。

【实验注意事项】

（1）电路连接中注意正负极接入，插孔颜色要对应。
（2）实验过程中先接好控制面板上的线，再打开主机箱电源，更改接线先关主机箱电源。

【问题思考和拓展】

（1）集成运放的线性和非线性应用分别包括哪些电路？
（2）如何在这个电路基础上制作一个防盗报警器？
（3）本实验系统有哪些需要改进之处？如何改进？

【参考文献】

[1] 李建. 热释电传感器原理与应用[J]. 传感器世界，2005，11（7）：34-36.

[2] 郭建斌. 红外热释电效应在火焰探测中的应用[J]. 中国科技信息，2008，8（1）：270-271.

[3] 绍式平. 热释电效应及其应用[M]. 北京：兵器工业出版社，1994.

[4] 孙大志，董显林，段宁，等. 复合陶瓷材料的非线性热释电效应[J]. 功能材料与器件学报，1997，6（4）：254-258.

实验 17　光电报警及语音实验

【实验背景】

　　光电报警系统是一种日常生活中用的监视系统，它的种类已经日益增多，有对飞机、导弹等军事目标入侵进行报警的系统，有对机场、重要设施或危禁区域防范进行报警的系统。报警探测器按工作方式可分为主动式报警探测器和被动式报警探测器。一般来说，被动报警系统的保密性好，但是设备比较复杂，主动报警系统可以利用特定的调制编码规律，达到一定的保密效果，设备比较简单。光电报警系统采用砷化镓发光管组成的发射系统，在发射和接收系统之间有红外光束警戒线，当警戒线被阻断时，接收系统发出报警信号，它要求系统在给定器件的条件下作用距离尽可能远。本实验主要讨论红外发射管、接收管、语音芯片、音频放大芯片、门电路和运算放大器的特性应用。

【实验目的】

　　（1）熟悉红外发射管和接收管的特性。
　　（3）认识语音芯片 ISD4004 在需要输出声音中的应用。
　　（4）掌握音频放大芯片 LM386、门电路在电路中的应用。
　　（5）掌握运算放大器 LM358 在电路中作为电压跟随器的应用。

【实验原理】

1. 红外发射管和接收管

　　红外线发射管也称红外线发射二极管，属于二极管类。它是可以将电能直接转换成近红外光并能辐射出去的发光器件。红外线发射管的结构、原理与普通发光二极管相近，只是使用的半导体材料不同。红外发光二极管通常使用砷化镓（GaAs）、砷铝化镓（GaAlAs）等材料，采用全透明、浅蓝色或黑色的树脂封装，它主要应用于各种光电开关、触摸屏及遥控发射电路中。

　　红外线接收管的核心部件是一个特殊材料的 PN 结，红外线接收管为了有更多更大面积地接受入射光线，PN 结面积尽量做得比较大，电极面积尽量减小，而且 PN 结的结深很浅，一般小于 1 μm。红外线接收二极管是在反向电压作用之下工作的，没有光照时，反向电流很小，一般小于 0.1 μA，称为暗电流。当有红外线光照时，携带能量的红外线光子进入 PN 结后，把能量传给共价键上的束缚电子，使部分电子挣脱共价键，从而产生电子-空穴对，简称光生载流子。它们在反向电压作用下参加漂移运动，使反向电流明显变大，光的强度越大，反向电流也越大，这种特性称为光电导。红外线接收二极管在一般照度的光线照射下，所产生的电流叫光电流。如果在外电路上接上负载，负载上就获得了电信号，而且这个电信号随着光的变化而相应变化。

2. 语音芯片

语音芯片 ISD4004 系列的工作电压为 3 V，单片录放时间 8 ~ 16 min，这种芯片音质好，适用于移动电话及其他便携式电子产品中。该芯片采用 CMOS 技术，内含振荡器、防混淆滤波器、平滑滤波器、音频放大器、自动静噪及高密度多电平闪烁存贮陈列，芯片设计是基于所有操作必须由微控制器控制，操作命令可通过串行通信接口送入。芯片采用多电平直接模拟量存储技术，每个采样值直接存贮在片内 FLASH 存储器中，因此能够非常真实再现语音、音乐、音调和效果声，避免一般固体录音电路因量化和压缩造成的量化噪声和"金属声"。它的采样频率有 4.0、5.3、6.4、8.0 kHz，频率越低，录放时间越长，而音质则有所下降，片内信息存于 FLASH 存储器中，可在断电情况下保存一百多年，反复录音 10 万次。

3. 语音放大芯片

语音放大芯片 LM386 是一种音频功率放大器，主要应用于低电压消费类产品，芯片管脚如图 17-1 所示。为使外围元件最少，电压增益内置为 20 V，在 1 脚和 8 脚之间增加一只外接电阻和电容，这样可将电压增益调为任意值，最大至 200 V。输入端以地为参考，同时输出端被自动偏置到电源电压的一半，在 6 V 电源电压下，它的静态功耗仅为 24 mW。

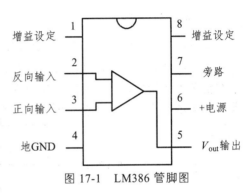

图 17-1　LM386 管脚图

4. 门电路

（1）与门电路如图 17-2 所示。

（2）或门电路如图 17-3 所示。

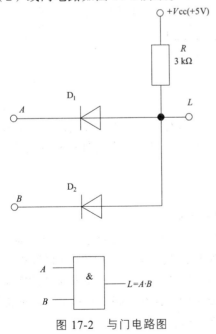

图 17-2　与门电路图

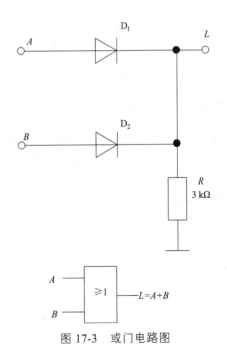

图 17-3　或门电路图

（3）非门电路如图17-4所示。

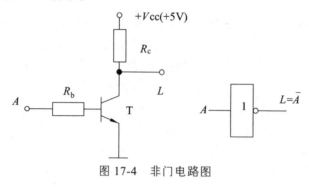

图17-4　非门电路图

5. 运算放大器

运算放大器 LM358 是双运算放大器，管脚如图 17-5 所示。它的内部包括有两个独立、高增益、内部频率补偿的双运算放大器，既适合于电源电压范围很宽的单电源使用，也适用于双电源工作模式，在推荐的工作条件下，电源电流与电源电压无关，它主要用于传感放大器、直流增益模块和其他所有可用单电源供电的使用运算放大器。

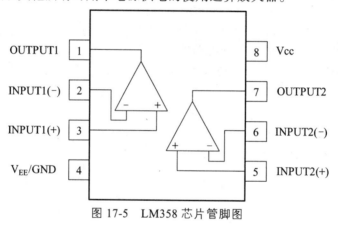

图17-5　LM358 芯片管脚图

【实验系统与装置】

本实验系统的主要仪器有光电报警综合实验仪、计算机、大滑块、长支杆、短支杆、红外发射管、红外接收管、LCD1602 液晶、串口线、麦克风、光电报警组件板和连接线。

【实验内容与步骤】

（1）搭建语音芯片 ISD4004 部分电路，如图 17-6 所示。

（2）电路检查。录制 7 个通道的提示音，该操作目的是检查搭建的电路是否正确，避免烧坏芯片。每个区间的录音时间大概是 1 min，注意不要超过区间，否则下一区间的声音信号可能会被覆盖，发生紊乱。当第一区间录音完成时，播放声音信号，如果播放功能正常，则表示电路搭建正确，如果第一区间的播放没有正确执行，检查电路，直至第一区间能够实现正确的录音和播放，然后断开电源，继续搭建其他电路。

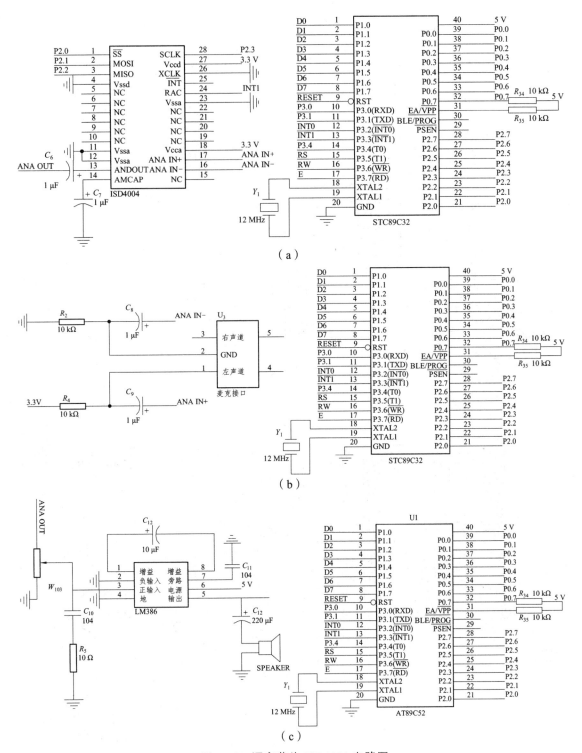

图 17-6　语音芯片 ISD4004 电路图

（3）如图 17-7 所示搭建指示灯电路，如图 17-8 所示搭建红外对射管的电路，然后用滑块和支杆将电路中的两组光源实验装置和光电探测装置相对安放在导轨上。

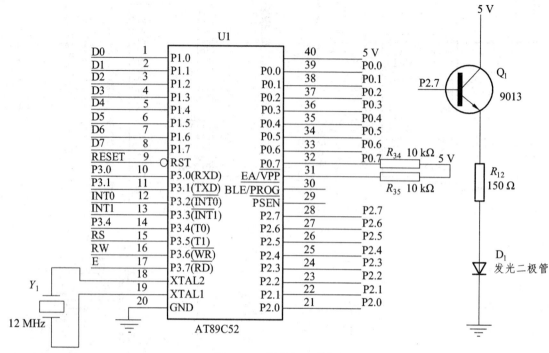

图 17-7　指示灯电路图

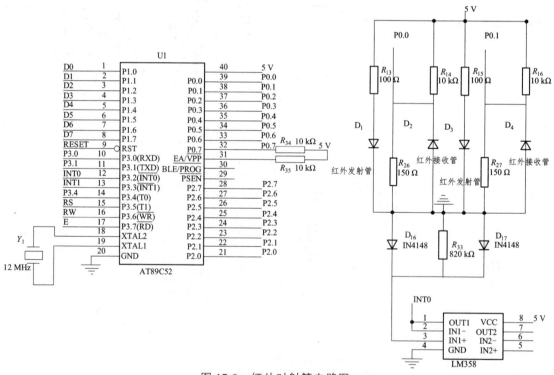

图 17-8　红外对射管电路图

（4）声音信号播放，用滑块和支杆把电路中的两组光源实验装置和光电探测装置相对安放在导轨上，开始实验测试，播放通道 1～7 的声音信号，通过光红外报警电路左下角的电位器调节 LM386 的输入信号的功率，并调节扬声器的音效。

（5）切换到工作模式，当导轨上第一组光电对射管之间有障碍物时，该报警器会发出第一通道语音提示。当第二组光电对射管之间有障碍物时，该报警器会发出第二通道语音提示；当两组对射管之间同时存在障碍物时，该报警器会发出第三通道语音提示，由于两个通道同一时刻被障碍物遮挡的情况不容易实现，因此第三种情况很少出现。观察并记录整个实验现象。

【实验注意事项】

（1）电源线、示波器的地线、计算机和 USB 数据线等必须在断电情况下连接，严禁带电插拔所有的线缆。

（2）录制通道提示音时，注意不要越过区间。

（3）实验过程中请勿随意拆开光通路组件，以免损坏光学器件。

【问题思考和拓展】

（1）当拦截光束的目标运动较快或较慢，应该如何设置电路参数可以正常报警？

（2）实验过程中改变障碍物的位置，可以看到怎样的实验现象？

（3）简单分析语音芯片 ISD4004 在需要输出声音的设计中的应用。

【参考文献】

[1] 陶红艳. 传感器及现代检测技术[M]. 北京：清华大学出版社，2009.

[2] 江文杰，曾学文，施建华. 光电技术[M]. 北京：科学出版社，2009.

[3] 黄贤武，曲波，等. 传感器实际应用电路设计[M]. 成都：电子科技大学出版社，1997.

第3章

光纤传感和光纤通信实验

　　光纤是 20 世纪 70 年代的重要发明之一，它与激光器、半导体探测器一起构成了新的光学技术，创造了光电子学系统的新天地。光纤的出现产生了光纤通信技术，光通信技术的发展又促进了半导体激光器技术的发展，光纤技术和激光器技术的相互促进使光通信技术取得了长足的发展。光纤技术主要分为两大主流研究方向，分别为光纤传感技术和光通信技术。

　　光纤通信系统硬件系统主要包括光发射机、光接收机、传输光纤、中继和光连接器件。激光光源是光发射机的核心部件，光电转化器件是光接收的核心器件，传输光纤是光信号的传输媒介，光纤无源器件是光网络互联的必要器件。目前商用的光纤激光光源为半导体激光器，传输光纤制造工艺比较成熟，国内能够生产满足各类通信用的光纤和光缆，同时还衍生出各类不同用途的传感光纤。光纤放大器主要用于长距离通信的中继，掺铒光纤放大器是典型成熟商用的放大器，光电探测模块主要实现光到电的转换，用于后续信号的处理。在光纤通信系统中，光纤传的光信号受外界物理量和光纤材料干扰越小越好，主要关心光纤传输系统的损耗和色散，损耗会限制传输距离和探测系统的误码率，色散会导致信号的失真和限制通信容量。所以，光纤的损耗和色散对提高通信系统的传输质量至为关键，是光纤通信技术不可回避的问题。

　　光纤传感技术是基于外界物理量对光信号特征量的调制来实现对外界物理量的测量，如温度、压力、电磁场等外界条件的变化将引起光纤光波参数如光强、相位、频率、偏振、波长参数等变化。因而，利用该思想可以设计出温度、压力、应变、加速度和折射率等光纤传感器。光纤传感器始于 1977 年，与传统的各类传感器相比具有如灵敏度高、抗电磁干扰、耐腐蚀、结构简单、体积小、质量小、耗电少等优点。光纤传感器按传感原理可分为功能型和非功能型，功能型光纤传感器是利用光纤本身的特性把光纤作为敏感元件，所以也称为传感型光纤传感器；非功能型光纤传感器是利用其他敏感元件感受被测量的变化，光纤仅作为传输介质，传输来测量端的光信号，所以也称为传光型传感器，或混合型传感器。光纤传感器按被调制的光波参数不同又可分为强度调制光纤传感器、相位调制光纤传感器、偏振调制光纤传感器和波长调制光纤传感器。

　　本章主要讨论典型的光纤通信系统实验和光纤传感系统实验，光纤通信实验主要介绍光纤模拟通信实验和音频传输实验，光纤传感实验主要介绍典型的光纤布拉格光栅波长传感实验、光纤干涉实验，以及光纤技术综合实验、光纤无源器件实验。

实验 18　光纤技术基础综合实验

【实验背景】

光纤作为光信号的传输介质，在光通信和光传感领域扮演重要的角色，随着各种新型功能光纤的出现，光纤传感技术作为光纤技术的一个重要研究方向，逐渐引起人们的广泛重视。光纤传感器是以光纤作为光的传输媒介，通过设计各种光纤或者光纤传感器，使外界的物理量或化学量对光信号的强度、波长、相位、频率、偏振态等参数的调制，进而实现外界物理量或化学量的测量。光纤的传光原理、特性参数、基本特性是研究光纤传感技术的基础，是设计光纤传感系统的前提。本实验介绍光纤的结构、分类和光纤的传光原理等内容，实验讨论光纤数值孔径，结合光纤传感系统，掌握传感系统常用光源半导体激光光源发光机理，半导体激光器的 *P-I* 特性、光源与光纤的耦合技术。

【实验目的】

（1）掌握光纤传光原理、常见的光无源元器件的特性及其测量方法。
（2）测量半导体激光器的 *P-I* 特性曲线、阈值电流和斜率效率。
（3）掌握光纤与光源耦合方法，并测量光纤与光源耦合效率。
（4）理解光纤数值孔径的物理含义及其测量方法。
（5）掌握光纤马赫曾德尔干涉光路的搭建方法。

【实验原理】

1. 光纤基础结构知识

光纤的结构如图 18-1 所示，由纤芯、包层、涂敷层及塑料外皮层三部分组成。纤芯的成分为高纯度的二氧化硅掺杂少量的其他微量元素。通过掺杂可以控制纤芯的折射率及波长特性，进而控制其中光波的传播参数。纤芯外面是一层二氧化硅，具有不同的掺杂，与纤芯的折射率不同，一般低于纤芯的折射率，称为"包层"。包层外面还有涂敷层及塑料保护层，主要作用是提高弯曲强度机械强度，保护光纤免受物理损伤。

光纤根据不同的分类方法可分为诸多种类，依据工作波长分为紫外光纤、可观光纤、近红外光纤、红外光纤；依据折射率分布主要分为阶跃（SI）型、近阶跃型、渐变

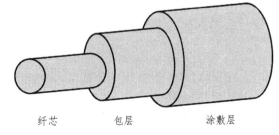

纤芯　　　包层　　　涂敷层

图 18-1　光纤结构示意图

（GI）型和特殊折射率分布型等；依据传输模式主要分为单模光纤、多模光纤；依据传输光的偏振特性分为保偏光纤和非保偏光纤；依据光纤材料主要分为石英玻璃、多成分玻璃、塑料、复合材料、红外材料等；依据涂敷层的材料主要分为无机材料、金属材料和塑料等；依据制造方法分为预塑有气相轴向沉积法和化学气相沉积法，拉丝法有管律法和双坩埚法等。

　　光在光纤内是以全反射的方式由光纤的一端传输到另一端，传光原理如图18-2所示，子午光线是在子午面内传播的光线，子午面是光线与纤轴相交时共同确定的平面。光纤纤芯的折射率 n_1 大于包层的折射率 n_2，射入纤芯中的光线在纤芯和包层分界面上的入射角满足全反射条件时，光线在纤芯和包层分界面上发生多次全反射，形成导模。射入光纤中的光线在纤芯和包层分界面上的入射角大于全反射临界角时，光线入射到纤芯和包层分界面上将会折射出纤芯，不能在光纤中长距离传输。

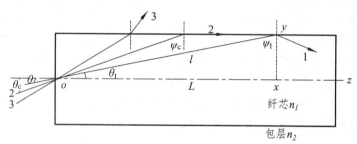

图 18-2　光纤传光原理示意图

　　光纤是一种光波导，光波在光纤中传播存在模式问题，根据光纤能传输的模式数不同，可将其分为单模光纤和多模光纤。单模光纤只能传输一种式，多模光纤能传输多种模式，判定传输是单模传输还是多模传输的重要参数是归一化频率，归一化频率 v 是一个与光波频率和光纤结构参数相关的参量，表达式为

$$v = \frac{2\pi R}{\lambda} \sqrt{n_1^2 - n_2^2} \qquad (18\text{-}1)$$

　　式（18-1）中，λ 是波长，R 是纤芯半径，n_1 是纤芯最大折射率，n_2 是包层折射率。当光纤的归一化频率 $v<2.405$ 时为单模光纤，$v>2.405$ 时为多模光纤。

　　光纤器件是光纤传感和通信系统不可缺少的元件，根据有源和无源分为光纤有源器件和无源器件。光纤有源器件包括激光器、光电探测器、光电放大器等，它们在光路中提供能量信号和能量信号的放大。光纤无源器件包括光纤连接器、光纤耦合器、波分复用器、光开关、衰减器、隔离器和光环形器等。

2. 半导体激光器的发光原理

　　理想半导体激光输出光功率随驱动电流的变化经历三个阶段，当半导体激光器驱动电流较小时，有源区内不能实现粒子数反转分布，自发辐射占主导地位，半导体激光器发射光强很小、光谱很宽的荧光，其工作原理与一般发光二极管类似；当半导体激光器驱动电流增加且小于阈值电流时，有源区内实现离子数反转分布，受激辐射占主导地位，谐振腔的增益小于损耗，不能够在谐振腔内建立起模式震荡，半导体激光器发出较强的荧光；当激光器驱动电流达到阈值，激光器发出激光。当驱动电流超过阈值电流时，光功率与电流呈线性关系。

在 P-I 曲线中，激光器由自发辐射到受激辐射时的临界驱动电流称为阈值电流，阈值电流是半导体激光器增益与损耗的动态平衡点，驱动电流大于阈值电流时半导体激光器出现净增益出射激光。阈值电流是半导体激光器区别于发光二极管的明显特征之一。驱动电流在阈值电流以下时，激光器会发出较弱的荧光。激光器额定光功率的 10% 和 90% 对应的光功率差值 ΔP 与相应工作电流的差值 ΔI 的比值称为斜率效率 η_x，定义为

$$\eta_x = \frac{\Delta P}{\Delta I} = \frac{P_b - P_a}{I_b - I_a} \qquad (18\text{-}2)$$

3. 光纤耦合效率测量原理

光纤耦合是指光信号的耦合，它包括光纤之间、光纤与光源之间、光纤与探测器之间、其他不同光纤器件之间的耦合。光纤耦合是光通信和光传感的重要技术，光纤与光源的耦合方式有直接耦合和间接耦合两种。直接耦合是使光纤直接对准光源输出的光进行的"对接"耦合，如图 18-3 所示，将用制备好的光纤端面靠近光源的发光面，并将其调整到最佳位置，然后固定其相对位置，这种方法简单、可靠。如果光源输出光束的横截面面积大于纤芯的横截面面积，将引起较大的耦合损耗。间接耦合是利用聚光器件的聚光特性实现光纤与器件之间的耦合，聚光器件分为自聚焦透镜和普通透镜两种。自聚焦透镜的折射率分布近似为抛物线函数。聚光器件耦合是将光源发出的光通过聚光器件将其聚焦到光纤端面上，并调整到最佳位置，这种耦合方法能提高耦合效率。透镜耦合包括端面球透镜耦合、柱透镜耦合和透镜耦合，其耦合方式如图 18-4 所示，耦合效率 η_p 表示为

$$\eta_p = \frac{P_2}{P_1} \times 100\% \qquad \eta_p = -10\lg\frac{P_2}{P_1}(\text{dB}) \qquad (18\text{-}3)$$

光源与光纤的耦合目的是将光源的光功率最大限度地耦合到光纤中，耦合效率与光源辐射的空间分布、光源发光面积、光纤收光特性和光纤数值孔径等因素有关。本实验采用 10 倍显微物镜耦合，显微物镜数值孔径为 0.25 mm、焦距在 1 mm 左右，将激光束耦合进光纤。

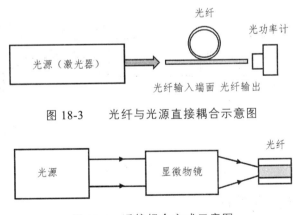

图 18-3　光纤与光源直接耦合示意图

图 18-4　透镜耦合方式示意图

4. 光纤数值孔径测量原理

数值孔径（NA）是衡量系统能够收集的光的角度范围。光纤数值孔径则描述光进出光纤

时的锥角大小，如图 18-5 所示，表征光纤收集入射光线的能力，其定义为

$$NA = n_0 \sin \theta = n_0 \sqrt{n_1^2 - n_2^2} \qquad (18\text{-}4)$$

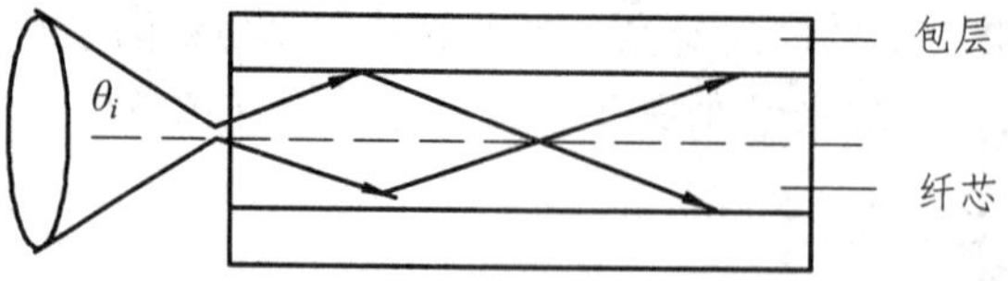

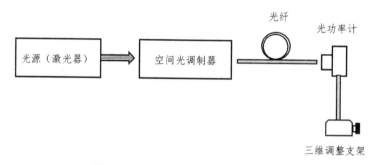

图 18-5　光纤的收光锥角

式（18-4）中，n_0 为光纤周边介质的折射率，n_1 和 n_2 分别为光纤纤芯和包层的折射率。光纤在朗伯光源的照射下，其远场功率角分布与光纤数值孔径 NA 有如下关系：

$$\sin \theta = \sqrt{1 - \left(\frac{P(\theta)}{P(0)}\right)^{\frac{1}{2}}} = NA \qquad (18\text{-}5)$$

式（18-5）中，θ 是远场辐射角，$P(\theta)$ 和 $P(0)$ 分别为 $\theta = \theta$ 和 $\theta = 0$ 处的远场辐射功率。当 $P(\theta)/P(0) = 10\%$ 时，$\sin\theta \approx NA$，因此可将对应于 $P(\theta)$ 角度曲线上光功率下降到中心值 10%处的角度 θ_0 的正弦值定义为光纤的数值孔径，称之为有效数值孔径。实验中采用测量光纤出射光斑尺寸大小来计算出光线出射角度，从而确定光纤的数值孔径。这种方法在测量光纤数值孔径时较为常用。具体测量方法如图 18-6 所示，用 650 nm 激光器作为光源，测量出射光斑尺寸 D 和光斑距离出射端距离 L，则光纤数值孔径为

$$NA = \sin\left[\arctan\left(\frac{D}{2L}\right)\right] \qquad (18\text{-}6)$$

测量直径的方法是功率计沿着圆斑的直径由中心向外围移动，记录中心最大功率为 P_1，此时读数为 R_1。功率计向外围移动时，当边缘功率 $P_2 = P_1 \times 10\%$、$P_3 = P_1 \times 10\%$ 时，记录平移台刻度为 R_2、R_3，代入上式，即可求出数值孔径。

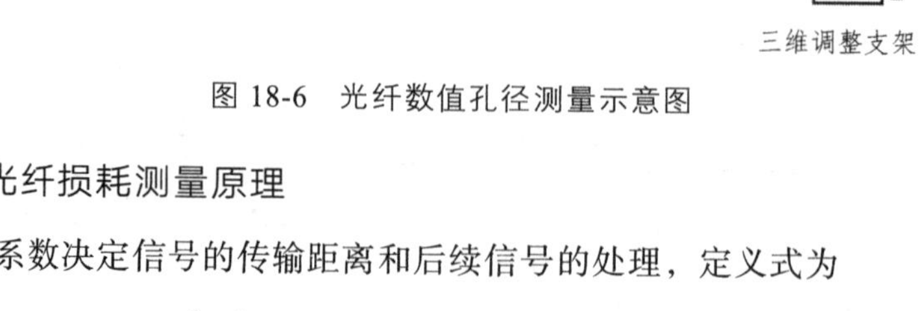

图 18-6　光纤数值孔径测量示意图

5. 插入法光纤损耗测量原理

光纤的衰减系数决定信号的传输距离和后续信号的处理，定义式为

$$\alpha = -\frac{10}{L} \lg\left(\frac{P_1}{P_2}\right) \qquad (18\text{-}7)$$

式（18-7）中，P_1、P_2分别代光纤的入射光功率和光纤的输出光功率，α为每千米的光纤损耗。如图18-7所示，首先测量固定长度光纤跳线的输出光功率P_1，然后保持入射功率不变。如图18-8所示，将固定长度光纤跳线通过光纤对接法兰对接到待测长度的光纤，测量待测长度的光纤输出的光功率P_2，因对接法兰衰减可忽略，故P_1可认为是被测光纤的入射光功率。因此，按式（18-7）就可计算出被测光纤的衰减系数。

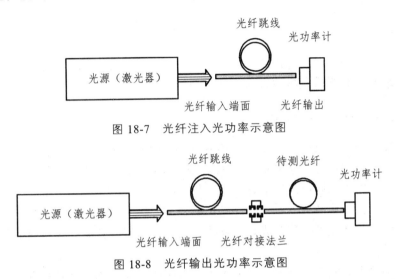

图 18-7　光纤注入光功率示意图

图 18-8　光纤输出光功率示意图

6. 光纤马赫曾德尔干涉原理

激光束经扩束准直后，通过两个反射镜和两个半反半透镜组成的马赫曾德尔干涉仪可以得到两束光程和强度都接近，且夹角易于调节的平行光束。在光束的重叠区将产生干涉条纹，如图18-9所示。使用光纤作为马赫增德干涉仪两个干涉臂，可以有效地降低环境对干涉仪的影响。基于光纤马赫增德干涉仪原理，可以设计温度、应变和振动等传感器。

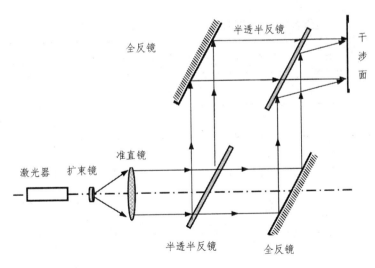

图 18-9　光纤马赫曾德尔干涉光路原理图

【实验系统与装置】

本实验仪器主要包括半导体激光器、光功率计探头、激光器电源、光功率计电源、可变光阑、空间光耦合器、单模光纤、多模光纤、法兰、测量光纤、光纤输出准直镜、光纤四维调整架、光纤耦合镜、分光棱镜、观察屏和激光功率计。

【实验内容与步骤】

本实验主要研究内容有半导体激光器的 $P\text{-}I$ 特性测试、光纤耦合测量、光纤数值孔径测量、插入法光纤损耗和光纤马赫曾德尔干涉仪搭建五部分。

1. 半导体激光器的 $P\text{-}I$ 特性测量

根据实验提供的仪器设备，测量半导体激光器的 $P\text{-}I$ 特性和斜率效率。

（1）调节激光器的支架高度适中，并旋紧支架固定旋钮，将光功率计固定于三维调节支架上，目视激光器的出光孔与光功率计等高同轴。

（2）打开激光器，逐渐增大激光器驱动电流至激光器发出激光，调节功率计探头位置，通过光功率计的读数变化来判断激光在光功率计的靶面位置，让激光束垂直照射在功率计探头的靶心位置。

（3）逐渐调节半导体激光器驱动电流至零，关闭激光器电源，打开功率计，设置测量波长为 650 nm、R5 挡位，功率计调零。

（4）打开激光器，以 2 mA 为间隔调节激光器驱动电流，测量每一电流值对应的光功率，记录数据于表 18-1。

（5）测量激光器最大输出光功率值 P_a 和对应的电流值 I_a，最大输出功率 10%的光功率值 P_b 和对应的电流值 I_b，记录在表 18-2。

（6）绘制 $P\text{-}I$ 特性曲线，计算斜率效率。

表 18-1　激光光源 $P\text{-}I$ 特性测量实验数据记录表

泵浦电流 I/mA	输出功率 P/mW	泵浦电流 I/mA	输出功率 P/mW

表 18-2　斜率效率测量数据记录表

光功率 P_a/mA	光功率 P_b/mW	电流 I_a/mA	电流 I_b/mA	斜率效率 η_x/（W/A）

2. 光纤耦合效率测量

（1）按图 18-4 搭建实验光路，打开激光器，预热 5 min，调节激光器输出光束，使可变光阑在近处和远处都能让激光束通过，与平板平面平行且居中，保持此光阑高度不变，方便后续光路调整。

（2）选择功率计的 650 nm 和 R5 挡、记录调零激光器功率 P_1，保持驱动电流不变。

（3）调节显微物镜使出射的光斑中心与可变光阑中心同心，将单模光纤连接功率计和空间光耦合器，推动物镜旋钮靠近光纤端面，推动过程中，不断调整空间光耦合器 Y 向和 Z 向旋钮，重复上述过程，使得光纤的输出功率最大，记录此时光纤输出功率 P_2。

（4）重复上述操作测量 3 组数据填于表 18-3，并计算单模光纤的耦合效率。

表 18-3　单模光纤耦合效率测量数据记录表

编号	激光器功率 P_1/mW	光纤输出功率 P/mW	耦合效率 η_p/%
1			
2			
3			

（5）将单模光纤换为多模光纤，重复步骤（1）～（4），将测量数据记录在表 18-4，计算多模光纤的耦合效率。

表 18-4　多模光纤耦合效率测量数据记录表

编号	激光器功率 P_1/mW	光纤输出功率 P/mW	耦合效率 η_p/%
1			
2			
3			

3. 光纤数值孔径测量

（1）按图 18-6 搭建光路，打开激光器，预热 5 min，调节激光器输出光束与平板平面平行且居中，调节可变光阑并保持高度不变，作为后续调整参考物。

（2）依据可变光阑的高度，调节显微物镜使出射光斑中心与可变光阑中心同心。将单模光纤连接功率计和空间光耦合器，推动物镜旋钮靠近光纤端面，推动过程中，不断调整空间光耦合器 Y 向和 Z 向旋钮，重复上述过程，使得光纤的输出功率最大。

（3）调节功率计滤光孔在光纤出射光斑正中心，测量功率计滤光孔与光纤输出端的距离 L，微调横向平移台千分尺的丝杆至功率计示数最大，测量此时功率为 P_1，记录此时平移台千分尺的丝杆的刻度 R_1。

（4）旋动千分尺的丝杆使滤光孔沿着径向移动测量光斑边缘功率，当功率 $P_2 = P_1 \times 10\%$、$P_3 = P_1 \times 10\%$ 时记录此时对应的千分丝杆的刻度 R_2、R_3，将实验数据填入表 18-5。

表 18-5　光纤数值孔径测量数据记录表

编号	$P_1/\mu W$	$P_2/\mu W$	$P_3/\mu W$	R_1/mm	R_2/mm	R_3/mm	NA
1							
2							
3							

4. 插入法光纤损耗测量

（1）按图 18-7 搭建实验光路，打开激光器，使用可变光阑作为高度参考物，调节激光器输出光束，可变光阑在近处和远处都能让激光束通过，说明激光器输出光束与平板平面平行且居中，保持此光阑高度不变，作为后续调整参考物。

（2）用可变光阑作为高度参考物，调节显微物镜使出射的光斑中心与可变光阑中心同心。将多模光纤连接功率计和空间光耦合器，推动物镜旋钮靠近光纤端面，推动过程中，不断调整空间光耦合器，重复上述过程，使得光纤的输出功率最大，测量此时光纤输出功率 P_1。

（3）按图 18-8 将 1.1 km 光纤通过光纤连接器与耦合后的光纤输出端连接，测量此时 1.1 km 光纤输出端输出功率为 P_2。

（4）重复测量三次，将测量数据记录在表 18-6，并计算光纤的衰减系数。

表 18-6　光纤衰减系数测量实验数据记录表

编号	光纤注入功率 P_1/mW	光纤输出功率 P_2/mW	衰减系数/（dB/km）
1			
2			
3			

5. 光纤马赫曾德尔干涉仪

（1）根据光纤马赫曾德尔干涉光路图 18-10 安装相关器件。

（2）调节激光光束的高度及水平，使激光器的高度合适，使出射光束与实验中所用光学器件的中心高度基本保持一致。

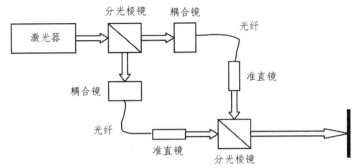

图 18-10　光纤马赫曾德尔干涉光路图

（3）使用一个高度标志物，调整激光器的水平，将标志物放在激光出口近端，调整激光器高度，使输出光斑与标志物重合，标志物在远端时调整激光器俯仰旋钮，使光斑与标志物重合，反复操作至激光器水平。

（4）调整分束棱镜台水平，将高度标志物放置于激光透射和反射光斑位置，调节棱镜台的二维俯仰旋钮，使得反射和透射的激光光斑与标志物重合。

（5）将观察屏放置在耦合镜后面，移开耦合镜，在屏上记录光斑位置。放回调整耦合镜，微调耦合镜垂直面内的位置平移旋钮，使得观察屏上的光斑中心与记录光斑中心基本重合为止，接上单模光纤，使用光纤准直镜调整架二维俯仰旋钮对耦合镜微调，用功率计接受光纤出射光斑，反复调整此四维移动旋钮，微调至功率计读数最大为止。

（6）将两束准直光的高度水平调节一致，使两束光在分光棱镜的出射面上重合，再调节分光棱镜使两束光在屏幕上重合，再反复调节准直镜和分光棱镜使两束光在分光棱镜出射面和屏幕面上都很好的重合为止，在屏幕面上可以看到干涉条纹。

【实验注意事项】

（1）实验所用光源为 650 nm 激光器，防止激光直接入射到人的眼睛或皮肤。

（2）10 倍物镜的焦点在距离后端 1 mm 左右，移动时注意勿将光纤陶瓷插芯与物镜前端相撞，造成两者的损坏。

（3）注意切勿用手直接接触光纤的陶瓷插芯，避免污染，实验前应用酒精清洁棉片进行擦洗。

（4）实验时防止将光纤输出端对准眼睛，以免损伤眼睛。

（5）为了避免弯曲产生的模式转化和模辐射，光纤不要弯曲太大。

（6）样品输出端到探测器的距离必须大于光纤直径。

【问题思考和拓展】

（1）简单叙述光纤的传光原理。

（2）光纤数值孔径的含义是什么？它反映光纤的什么特性？

（3）在光纤耦合效率实验中，引入实验误差因素有哪些？

（4）插入法测量光纤的损耗实验中，引入实验误差因素有哪些？

（5）基于对光纤马赫曾德尔干涉干涉机理的理解，查阅相关资料，给出全光纤干涉型传感器的设计思路，并给出设计方案。

【参考文献】

[1] 曲天良，卢广锋，肖光宗，等. 光纤数值孔径与衰减系数的测量实验[J]. 大学物理实验，2013，26（6）：1-3.

[2] 张森，梁艺军，温强，等. 一种新的光纤数值孔径测量方法[J]. 应用科技，2004，31（9）：26-28.

[3] 孙青海，胡强国，李俊，等. 用改进的分光计测量光纤理论数值孔径[J]. 物理实验，2008，28（9）：33-35.

实验 19　单模光纤色散测量实验

【实验背景】

1966 年，英籍华裔科学家高锟和其合作者霍克哈姆提出了利用光纤进行信息传输的可能性和技术途径，奠定了现代光纤通信的基础。在此思想的指引下，激光器技术和光纤技术的不断发展和进步，光纤通信技术应运而生。光纤从模到多模，工作波长从 0.85 μm 到 1.55 μm，传输速率从每秒几十兆比特提升到每秒几十吉比特。目前，光纤已经成为信息传输的主要媒质，光纤通信系统日渐成为许多国家信息基础设施的支柱。光信号经光纤传输后要产生损耗和失真，因而使得输出信号和输入信号不同。对于脉冲信号，不仅幅度要减小，而且波形要展宽。产生信号畸变的主要原因是光纤中存在色散和损耗，且色散限制系统的传输容量。本实验主要讨论光纤的色散产生的机理，并测量单模光纤的色散特性。

【实验目的】

（1）理解光纤色散的概念。
（2）掌握相移法测量单模光纤色散的方法。
（3）了解光通信中光纤的主要技术参数。

【实验原理】

色散（Dispersion）是光纤通信最重要的传输特性之一，它是在光纤中传输的光信号由于不同成分的光的时间延迟不同而产生的一种物理效应。色散一般包括模式色散、材料色散和波导色散。模式色散又称模间色散，只存在于多模光纤中，它是由于不同模式的时间延迟不同而产生的，每一种模式到达光纤终端的时间先后不同，造成了脉冲的展宽，从而出现色散现象，它取决于光纤的折射率分布，并和光纤的材料折射率的波长特性有关；材料色散是由于光纤的折射率随波长而改变，以及模式内部不同波长的时间延迟不同而产生，这种色散取决于光纤材料折射率的波长特性和光源的谱线宽度；波导色散又称结构色散，它是由于光纤的波导结构参数对传输的不同波长产生的色散，它主要取决于波导尺寸和纤芯与包层的相对折射率差。

色散对光纤传输系统的影响在时域和频域的表示方法不同，如果信号是模拟调制的，色散限制带宽，如果信号是数字脉冲，色散产生脉冲展宽。色散一般用 3 dB 光带宽或者脉冲展宽 σ 来表示，用脉冲展宽表示时，光纤色散 σ 可以写为

$$\sigma = (\sigma_n^2 + \sigma_m^2 + \sigma_w^2)^{1/2} \tag{19-1}$$

式（19-1）中 σ_n、σ_m、σ_w 分别为模式色散、材料色散和波导色散导致的脉冲展宽的均方根值。

假设每个传输模式具有相同的功率，经计算，可以得到多模光纤的脉冲展宽为

$$\sigma = (\sigma_{mj}^2 + \sigma_{mn}^2)^{1/2} \tag{19-2}$$

式（19-2）中，σ_{mj} 为模间色散产生的脉冲展宽，σ_{mn} 为模内色散产生的脉冲展宽。

对于突变型多模光纤，模间色散 σ_{mj} 为

$$\sigma_{mj} \approx \frac{L\Delta}{2\sqrt{3}c}\left(n_1 - \lambda\frac{dn_1}{d\lambda}\right) \tag{19-3}$$

对于渐变型多模光纤，模间色散 σ_{mj} 为

$$\sigma_{mj} \approx \frac{LN_1\Delta^2}{4\sqrt{3}c} \tag{19-4}$$

由式（19-4）可知渐变型多模光纤的脉冲展宽约为突变型多模光纤的 $\Delta/2$。式（19-3）和式（19-4）中，$\Delta = (n_1 - n_2)/n_1$ 为相对折射率差，c 为光速，对于一般的多模光纤，主要为材料色散，可以简化为

$$\sigma_{mn} \approx \frac{L\sigma_\lambda^2 \lambda}{c}\frac{d^2 n_1}{d\lambda^2} \tag{19-5}$$

式（19-5）中，σ_λ 为光源功率谱的谱线宽度。

在实际应用中，光纤并非理想的圆对称，偏振也会引入模式色散，但相对较小。基模传输时，光纤芯层内只有基模存在，不存在高阶模式，传导光脉冲的展宽完全是由波导色散和材料色散决定，一般把这种基模模内的色散定义为模内色散，有时为了和其他色散进行区分，也称色度色散，与光的波长有关，简称为色散。色散大小一般采用色散系数来定义，模内色散系数定义为单位光源光谱宽度、单位光纤长度所对应的光脉冲的展宽，单位为 ps/（nm·km），模内色散系数数学表达式为

$$\sigma = \frac{d\tau(\lambda)}{d\lambda} \tag{19-6}$$

对所有类型的单模光纤，该系数是可以根据不同波长的光通过一定长度的光纤的相对延时来确定的。

在理想的单模光纤中，单模光纤只能传输一种基模的光，基模实际上是由两个偏振方向相互正交的模场简并组成，但实际的单模光纤不可避免地存在一定的缺陷，如纤芯不圆度、微弯力和内部残余应力等，相互正交的模场存在相位差，则合成光场是一个方向和瞬时幅度随时间变化的非线性偏振，就会产生双折射现象，即两个正交方向的折射率不同。因传播速度不等，模场的偏振方向将沿光纤的传播方向随机变化，从而会在光纤的输出端产生色散，一般称为偏振模色散或双折射色散。在高速光纤通信系统中，光纤的偏振色散对整个通信系统性能的影响是不可回避的，随着光纤制造技术的进步，单模光纤具有较低的偏振模色散。

单模光纤色散的测量方法很多，例如相移法、脉冲法、干涉法等，这里我们仅介绍由国际电信联盟和国际电工委员会等国际标准组织推荐的"相位移方法"。相移法实验原理如图19-1所示。系统由光源、波长选择器、信号发生器、包层模滤出器、光探测器、时延发生器、鉴相器以及信号处理部分等组成，测量时波长选择器选择波长 λ_1、λ_2、$\cdots$、λ_N，并且选择信

号发生器调制合适的调制频率，使得所有波长的相位延时 Φ_i 满足 $2N\pi < \Phi_i < (2N+2)\pi$，于是当波长差别很小的时候，不同波长的色散值定义为

$$D(\lambda_i) = \frac{\mathrm{d}\tau}{\mathrm{d}\lambda} \tag{19-7}$$

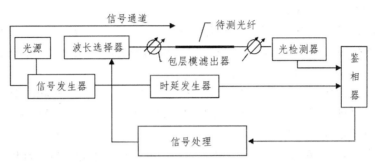

图 19-1　相移法测量单模光纤色散的实验原理框图

【实验系统与装置】

本实验仪器主要包括三波长光纤光源（1 313 nm、1 535 nm、1 555 nm）、光纤色散测试仪、光功率计、融锥型耦合器、法兰盘、光纤跳线和待测光纤。

【实验内容与步骤】

如图 19-2 所示，左边第一部分是色散光源，包括高频信号（f = 34.368 MHz）和三个光源输出端口。中间是第二部分，放置待测光纤或者短跳线。右边部分是色散仪，有 1310、1550 两个接口，实验中用 1310 做鉴相，测量 1550 波段内的色散。如果 1 535 nm 和 1 310 nm 经过待测光纤后相位相差为 $2N\pi + \Phi_1$，（$-\pi < \Phi_1 < \pi$），不改变信号源频率使得 1 310 nm/1 555 nm 经过待测光纤后的相位为 $2N\pi + \Phi_2$，（$-\pi < \Phi_2 < \pi$），可以得到 1 535 nm/1 555 nm 的两个信号光经过待测光纤后相位差为 $\Phi_1 - \Phi_2$，时延 $\Delta\tau$ 表示为

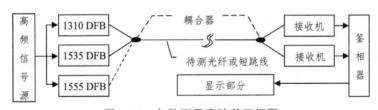

图 19-2　色散测量实验装置框图

$$\Delta\tau = \frac{\Phi_1 - \Phi_2}{2\pi f L} \tag{19-8}$$

当波长差为 20 nm 时，式（19-8）代入式（19-7）可求得色散值，单位为 ps/（nm·km）。其中，f 为信号源调制频率，L 为待测光纤长度。具体实验步骤如下：

（1）打开光纤光源、色散测试仪的电源，并预热 5 min。

（2）用耦合器分别接 1310、1535 光源输出接口，先使用短跳线连接耦合器，在跳线另一

端再接一个耦合器，连接鉴相器的 1310、1550 两个接口，记录相位，为 1310/1535 在未经光纤传输时的角度，记为 Φ_{10}。

（3）用耦合器分别接 1310、1535 光源输出接口，先使用短跳线连接耦合器，在跳线另一方再接一个耦合器，连接鉴相器的 1310、1550 两个接口，记录相位，为 1310/1555 在未经光纤传输时候的角度，记为 Φ_{20}。

（4）耦合器分别接 1310、1535 光源输出接口，用光纤盒代替短跳线，光纤盒另一端再接一个耦合器，连接鉴相器的 1310、1550 两个接口，记录相位，为 1310/1535 在经过光纤传输时的角度，记为 Φ_{11}。

（5）耦合器分别接 1310、1535 光源输出接口，用光纤盒（3~4 km）代替短跳线，光纤盒另一端再接一个耦合器，连接鉴相器的 1310、1535 两个接口，记录相位，为 1310/1555 在经过光纤传输时的角度，记为 Φ_{21}。

（6）实验中，$\Phi_{11} - \Phi_{10} = \Phi_1$，$\Phi_{21} - \Phi_{20} = \Phi_2$，$\Phi_2 - \Phi_1$ 为经过光纤传输时候的相位差，代入公式，求出 1550 传输的色散，多次重复（2）~（6）步骤，求平均值。

【实验注意事项】

（1）实验中光纤光源出来的光为较强的红外光，为保护眼睛，切勿将该光直接对准眼睛。

（2）严禁过分折弯光纤，以免损坏光纤，电源开关不要过于频繁，以免影响激光器寿命。

（3）不要将超过 2 mW 的光信号直接输入到光纤功率计探头。

（4）为保证测量结果的精度，光纤跳线连接器插入仪表前，应注意保持端面清洁，可用无纤擦试纸清洁接器插头端，连接时不能过松或者过紧，并应该多次测量求平均值。

（5）若测试值偏小时，可用脱脂棉插入探测器孔清洁。

（6）做完实验后，光纤跳线可以与仪器保持连接，减少插拔次数，有利于避免因频繁插拔而弄脏跳线连接端面或对器件造成损伤。

【问题思考和拓展】

（1）光纤损耗有哪些，其产生机理是什么？

（2）请分别简述相移法测量光纤色散的原理。

（3）查阅相关资料，测量光纤色散还有哪些方法，并比较优缺点。

【参考文献】

[1] 方伟，马秀荣，郭宏雷，等. 光纤色散测量概述[J]. 光通信技术，2006，9：24-26.

[2] 潘潘. 色度色散和偏振模色散测量方案的研究[D]. 北京：北京邮电大学，2015.

[3] 陈武军，宗妍，杨璐娜，等. 相移法测定单模光纤的色散[J]. 西安邮电大学学报，2016，21（1）：93-96.

[4] 邹新海，张尚剑，王恒，等.基于相位强度调制转换的光纤色散精确测量方法[J]. 光电子·激光，2014，25（5）：932-936.

实验 20　光纤无源器件特性实验

【实验背景】

光无源器件是一种光学元器件，依据光学原理，遵循一定的工艺制作的具有不同功能的光器件，器件本身是无源的。根据功能不同分为光纤连接器、光耦合器、光衰减器、光隔离器、光波分复用器、偏振控制器、光环形器、光纤准直器和光开关等，这些器件广泛应用于长距离通信、区域网络及光纤到户、视频传输、光纤传感等技术领域。由于是光无源器件，通常接在光通信和光传感系统处在光路中间，一般不会出现在输入和输出端，所以，器件的回波损耗、插入损耗、可靠性和稳定性等参数是光无源器件应用的关键。本实验针对光纤通信和传感领域常用的器件，包括光衰减器、光耦合器、光隔离器和光波分复用器，介绍其工作原理和特性参数，实验研究其特性，为后续研究和学习光通信及光传感系统奠定基础。

【实验目的】

（1）掌握光衰减器的原理及主要技术参数测量方法。
（2）掌握光耦合器的原理及主要技术参数测量方法。
（3）掌握光隔离器的原理及主要技术参数测量方法。
（4）掌握光波分复用器的原理及主要技术参数测量方法。

【实验原理】

光功率单位与电学中的功率单位有所不同，光功率是光在单位时间内所做的功，光功率的常用计量单位为毫瓦（mW），为了便于表示和计算，常使用分贝毫瓦（dBm）表示光功率，都是用于表达功率绝对值。分贝毫瓦是测得的功率与 1 mW 基准功率的对数比，定义为

$$P_{dBm} = 10 \lg \frac{P}{1} \tag{20-1}$$

根据定义，毫瓦（mW）可以转换为分贝毫瓦，如 0 dBm 对应 1 mW。使用 dBm 作为单位可以使数值变小，方便表示变化范围很大的量，可以把乘法运算转换成加法运算。光功率损耗单位在光纤通信中常用分贝（dB）来表示，定义为

$$L_{dB} = 10 \lg \frac{P_{in}}{P_{out}} \tag{20-2}$$

分贝 dB 是一个表征相对值的值，是一个比值，没有单位，只表示两个功率的相对大小关系。若光功率用分贝毫瓦 dBm 表示时，则光功率损耗为

$$L_{dB} = P_{in} - P_{out} \tag{20-3}$$

如输入功率为 2 mW，输出功率为 1 mW，利用单位毫瓦（mW）和利用分贝毫瓦（dBm）计算光功率损耗都是 3 dB。根据前面的定义可知，3 dB 的光损耗相当于 50%的光功率损耗，7 dB 的光损耗相当于 80%的光功率损耗，10 dB 的光损耗相当于 90%的光功率损耗，20 dB 的光损耗相当于 99%的光功率损耗，30 dB 的光损耗相当于 99.9%的光功率损耗。

1. 光衰减器的工作原理及性能指标

目前常见的光衰减器有两种类型，一种是位移型光衰减器，一种是挡光型光衰减器，如图 20-1 所示。

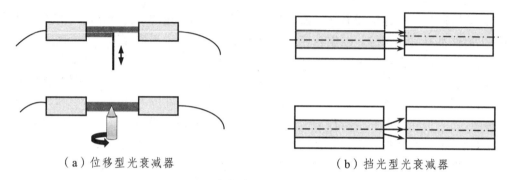

（a）位移型光衰减器　　　　　　　　　（b）挡光型光衰减器

图 20-1　光衰减器工作原理示意图

位移型光衰减器又分为横向位移型光衰减器和纵向位移型光衰减器。横向位移型衰减器的位移参数均在微米量级，工艺难度较大。轴向位移型衰减器，是利用光纤端面间隙带来光能量损失的原理制作的光衰减器，对不同工作波长，其衰减量与间距的关系略有不同。即使是 3 dB 的衰减器，对应的间隙也在 0.1 mm 以上，工艺较易控制。轴向位移型衰减器可以制成光纤适配器的结构，可看作是一个损耗大的光纤适配器，其性能稳定，两端均为转换器接口，使用较方便。

挡光型光衰减器是将可调挡光元件拦在两个准直器之间，实现光功率的衰减。挡光元件可以是片状或者锥形，后者可通过旋转来推进，而前者需要平推或者通过一定机械结构实现旋转至平推动作的转换。挡光型光衰减器可以设计成光纤适配器结构和在线式结构。

固定光衰减器的主要技术指标是衰减量，也称为插入损耗值，是指无源器件的输入和输出端口之间光功率比值的分贝数，定义为

$$L_{\text{IA}} = -10 \lg \frac{P_{\text{out}}}{P_{\text{in}}} \qquad (20\text{-}4)$$

2. 光耦合器的工作原理及性能指标

光耦合器是一种用于光信号的功率或者波长在特殊结构的区域发生耦合，把光信号的功率或波长重新分配的器件，是光纤通信和光纤传感系统中常用的光无源器件。光耦合器种类从功能上分为光功率和光波长分配耦合器；从端口形式可分为 X 形、Y 形、星形以及树形耦合器，如图 20-2 所示；从工作带宽分为窄带耦合器、单工作窗口宽带耦合器、双工作窗口的宽带耦合器；从传导光模式分为多模耦合器、单模耦合器。

光耦合器的制作方式主要有熔融拉锥法、微纳器件法和光波导结构法。熔融拉锥法制作的耦合器具有附加损耗低、方向性好、稳定性好、控制简单且灵活和成本低等优点，是目前耦合器制作的主要方法。熔融拉锥的制作方法是将两根或两根以上除去涂覆层的光纤以一定的方式靠拢，放在高温下进行加热熔融拉伸，形成双锥形式的特殊波导结构，从而实现传输光功率耦合的一种方法。如图 20-3 所示，光耦合器的几何结构包括熔融区和锥形区两部分，Z 为耦合区的长度，W 为熔融区的宽度，其两端 L_1 和 L_2 为锥形区部分，其各点的直径随位置的变化而不同，传输性能和能量分布可以利用模式耦合理论分析。当入射光 P_0 进入输入端，随着两个波导逐渐靠近，两个传导模开始发生重叠现象，光功率在双锥体结构的耦合区发生功率再分配，一部分光功率从"直通臂"继续传输，另一部分则由"耦合臂"传到另一光路。可以假设，光波最初从一个光纤输入，传输一定距离后，这部分光就会逐渐交换到另一光纤内传输，然后又会逐渐返回到最初的光纤中传输，整个传输过程随距离呈周期性变化。

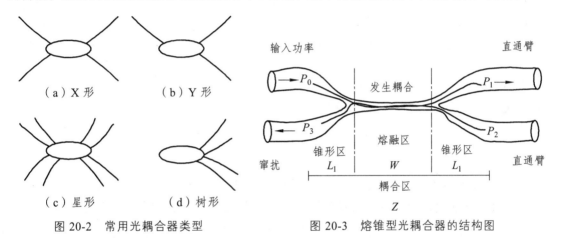

图 20-2 常用光耦合器类型

（a）X 形　（b）Y 形　（c）星形　（d）树形

图 20-3 熔锥型光耦合器的结构图

假设光纤是无吸收的，根据弱耦合模理论，两波导间的横向耦合可表示为

$$\begin{cases} \dfrac{\mathrm{d}A_1(z)}{\mathrm{d}z} = \mathrm{i}(\beta_1 + C_{11})A_1 + \mathrm{i}C_{12}A_2 \\ \dfrac{\mathrm{d}A_2(z)}{\mathrm{d}z} = \mathrm{i}(\beta_2 + C_{22})A_2 + \mathrm{i}C_{21}A_1 \end{cases} \qquad (20\text{-}5)$$

式（20-5）中，A_1、A_2 为两光纤的模场振幅，β_1、β_2 是两光纤在孤立状态下的传播常数，C_{11} 和 C_{22} 为光纤自耦合系数，C_{12} 和 C_{21} 为互耦合系数，自耦合系数相对互耦合系数很小，可以忽略，且近似有 $C_{12}=C_{21}=C$，当方程组在 $z=0$ 时，且满足 $A_1(z)=A_1(0)$，$A_2(z)=A_2(0)$ 时，其解为

$$A_1(z) = \exp(\mathrm{i}\beta z)\left\{ A_1(0)\cos\left(\frac{C}{F}z\right) + \mathrm{i}F\left[A_2(0) + \frac{\beta_1-\beta_2}{2C}A_1(0)\right]\sin\left(\frac{C}{F}z\right) \right\} \qquad (20\text{-}6)$$

$$A_2(z) = \exp(\mathrm{i}\beta z)\left\{ A_2(0)\cos\left(\frac{C}{F}z\right) + \mathrm{i}F\left[A_2(0) + \frac{\beta_1-\beta_2}{2C}A_2(0)\right]\sin\left(\frac{C}{F}z\right) \right\}$$

$$F = \left[1 + \frac{(\beta_1-\beta_2)^2}{4C^2}\right]^{-1/2} \qquad (20\text{-}7)$$

$$C = \frac{(2\Delta)^{1/2} U^2 K_0(Wd/r)}{rV^3 K_1^2(W)} \tag{20-8}$$

式（20-6）中，β 为传播常数 β_1 和 β_2 的平均值，F 为光纤之间耦合的最大功率，C 为耦合系数，且满足：

$$\begin{cases} U = r(k^2 n_{co}^2 - \beta^2)^{1/2} \\ W = r(\beta^2 - k^2 n_{cl}^2)^{1/2} \\ \Delta = (n_{co}^2 - n_{cl}^2)^{1/2}/(2n_{co}^2) \\ V = krn_{co}(2\Delta)^{1/2} \\ k = 2\pi/\lambda \end{cases} \tag{20-9}$$

式（20-8）、（20-9）中，r 为光纤半径，d 是两光纤中心的间距，Δ 为光纤剖面高度的参量，k 为真空中的波数，λ 为光波长，n_{co} 和 n_{cl} 分别为纤芯和包层的折射率，U 和 W 为光纤的纤芯和包层的参量，V 为孤立光纤的光纤参量，K_0 和 K_1 分别为零阶和一阶修正的第二类贝塞尔函数。

假设入射光从光耦合器的一端进入，且归一化入射光功率为 $A_1(0) = A_2(0) = 0$，且 $\beta_1 = \beta_2$，故 $F = 1$，可得两输出端的光功率 P_1、P_2 为

$$\begin{cases} P_1 = \cos^2(Cz) \\ P_2 = \sin^2(Cz) \end{cases} \tag{20-10}$$

P_1 和 P_2 的变化曲线如图 20-4 所示，两输出光功率随耦合区的长度进行周期性地变换，且周期变化的快慢由耦合系数 C 及拉伸长度决定，由此关系可实现任意分光比的耦合器。

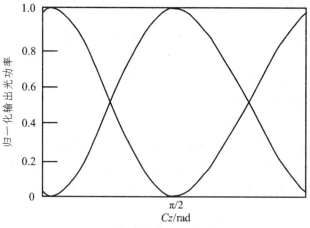

图 20-4　耦合输出的功率变化图

光耦合器插入损耗 L_{IC} 是指定输出端口的光功率 P_{out} 相对全部输入光功率 P_{in} 的减少值，可反映各输出端口的功率的变换情况，与分光比有关，但不能反映器件制作质量，定义为

$$L_{IC} = -10\lg\frac{P_{out}}{P_{in}} \tag{20-11}$$

光耦合器附加损耗 L_{EC} 是指耦合器全部输出端口光功率总和相对全部输入光功率的减少

值，反映器件制作过程带来的固有损耗，体现器件制造工艺质量的指标，定义为

$$L_{EC} = -10\lg\frac{\sum P_{out}}{P_{in}} \tag{20-12}$$

光耦合器分光比 C_R 是指耦合器各输出端口的光功率相对输出总功率的比值。

$$C_R = \frac{P_{outi}}{\sum P_{out}} \times 100\% \tag{20-13}$$

光耦合器方向性 D 是指输入一侧非注入光一端的输出光功率与全部注入光功率的比较值，是衡量耦合器定向传输特性的参数，方向性定义为

$$D = -10\lg\frac{P_{out}}{P_{in}} \tag{20-14}$$

3. 光隔离器的工作原理及性能指标

在光传感系统中，光路中接续处有反射端面，反射端面的反射光会导致系统失效；在光纤通信系统中，这些端面的反射光，会导致光路系统间产生自耦合效应，引起系统工作不稳定，导致整个系统性能恶化，这些问题都可通过光隔离器来解决。光隔离器主要是解决光路中光的反射问题，它是只允许光线沿光路单向传输的非互易性无源器件，主要包括偏振相关型和偏振无关型两种类型，下面分别介绍它们的结构和工作原理。

偏振相关光隔离器不论入射光是否为偏振光，经过这种光隔离器后的出射光均为线偏振光，典型结构如图 20-5 所示，整个隔离器包括两个起偏器和一个法拉第旋转器。偏振器置于法拉第旋转器前后两边，其透光轴方向彼此呈 45°关系，当入射平行光经过起偏器 P_1 时，被变成线偏振光，然后经法拉第旋转器，其偏振面被旋转 45°，刚好与检偏器 P_2 的透光轴方向一致，于是光信号顺利通过而进入光路中。反过来，由光路引起的反射光首先进入第二个偏振器 P_2，变成与第一个偏振器 P_1 透光轴方向呈 45°夹角的线偏振光，再经过法拉第旋转器时，由于法拉第旋转器效应的非互易性，被法拉第旋转器继续旋转 45°，其偏振面与 P_1 透光轴的夹角变成了 90°，不能通过起偏器 P_1，起到了反向隔离的作用。由于通过这种光隔离器的功率与光的偏振态相关，因而，常用保偏光纤作输入输出光纤。

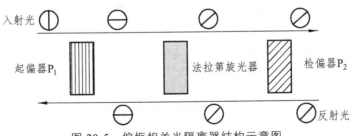

图 20-5　偏振相关光隔离器结构示意图

偏振无关光隔离器是一种与输入光偏振态无关的光隔离器，与偏振相关型相比，其输出与偏振无关，更具实用性。在偏振无关光隔离器中楔形结构应用最为广泛，如图 20-6 所示，它采用有角度的分离光束的原理来制成，这种类型具有结构简单、体积小，性价比高的优点。

这种结构的隔离器包括法拉第旋转器 FR、两片光轴夹角为 45°的楔形双折射晶体 P_1 和

P_2 及一对光纤准直器。首先分析光信号正向传输的情况，如图 20-7（a）所示，经过准直镜射出的准直光束，进入楔形双折射晶体 P_1 后被分为 o 光和 e 光，其偏振方向相互垂直，传播方向呈一夹角，当它们经过 45°法拉第旋转器时，出射的 o 光和 e 光的偏振面各自顺时针方向旋转 45°，由于第二个楔形双折射晶体 P_2 的光轴相对于第一个晶体光轴正好呈 45°夹角，所以 o 光和 e 光被 P_2 折射到一起，合成两束间距很小的平行光束，然后被另一个准直器耦合到光纤纤芯里去，因而正向光以极小损耗通过隔离器。由于法拉第旋转器的非互易性，当光束反向传输时，如图 20-7（b）所示，首先经过晶体 P_2，分为偏振面与 P_1 晶轴成 45°角的 o 光和 e 光，由于这两束线偏振光经过 45°法拉第旋转器时，振动面的旋转方向由磁感应强度确定，而不受传播方向的影响，所以，振动面仍顺时针方向旋转 45°，相对于晶体 P_1 的光轴共转过了 90°，两束线偏振光被 P_1 分开一个较大的角度，从而达到反向隔离的目的。

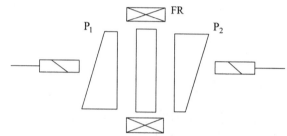

图 20-6　楔形偏振无关光隔离器结构示意图

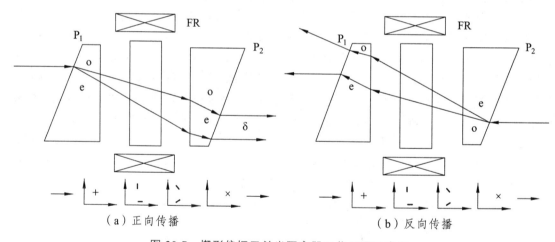

（a）正向传播　　　　　　　　　　　（b）反向传播

图 20-7　楔形偏振无关光隔离器工作原理示意图

光隔离器的插入损耗 L_{IS} 是指光隔离器正向接入时，输出光功率相对输入光功率之比，是因增加光隔离器而产生的附加损耗，其值越小越好。

$$L_{IS} = -10\lg\frac{P_{o+}}{P_{i+}} \hspace{4cm} （20-15）$$

光隔离器隔离度 I_{IS} 是指当光从隔离器输出端入射时，输入端反向出射光功率与入射光功率的比值，是隔离器的一个最重要指标，它表征隔离器对反向光的隔离能力，其值越大越好，定义为

$$I_{IS} = -10\lg\frac{P_{o-}}{P_{i-}}$$ （20-16）

光隔离器的回波损耗 L_{RI} 是指正向入射到隔离器中的光功率与沿输入路径返回隔离器输入端口的光功率之比。如果隔离器的回波太强，反向光隔离的同时，也会给系统带来一定的反射。由于反射功率 P_r 不能直接测量，测量时引入一个光环形器将回波功率引出，定义为

$$L_{RI} = -10\lg\frac{P_r}{P_i}$$ （20-17）

光隔离器的偏振相关损耗是衡量器件插入损耗受偏振态影响程度的指标，对于偏振无关光隔离器，由于器件中存在着一些可能引起偏振的元件，不可能实现 L_{PI} 为零，一般可接受 L_{PI} 小于 0.2 dB。光隔离器的偏振相关损耗 L_{PI} 是指当输入功率不变时，隔离器的输出功率随输入偏振态改变时的最大相对变化量，定义为

$$L_{PI} = -10\lg\frac{P_{min}}{P_{max}}(\text{dB})$$ （20-18）

4. 光波分复用器的工作原理及性能指标

波分复用技术是光纤通信中的一种传输技术，它利用了一根光纤可以同时传输多个不同波长光信号的特点，把光纤的波长范围划分成若干个波段，每个波段用作一个独立的通道传输一种预定波长的光信号。波分复用（Wavelength Division Multiplexing，WDM）的基本原理是在发送端经过波分复用器将不同波长的光信号组合起来，并耦合进光缆线路上同一根光纤中进行传输，在接收端经过解复用器将组合波长的光信号进行分离，并分配给不同的光接收机，完成多路光信号传输的任务，如图 20-8 所示。按照通道间隔的不同，WDM 可以分为稀疏波分复用和密集波分复用。稀疏波分复用利用 1310 和 1550 两个低损耗窗口构成了两个波段的 WDM 系统，其相邻波长间隔较大，为 20 nm，波长数目最多为 18 波。其优点是无需光放大器件，成本较低，缺点是容量小、传输距离短。因此，稀疏波分复用技术适用于短距离、高带宽、接入点密集的通信应用场合。密集波分复用工作在 1550 窗口（1 530～1 625 nm），其波长间隔约为 1.6 nm、0.8 nm 或更小，密集波分复用最高可提供 160 波的复用，通过运用掺铒光纤放大器等多种超长距传输技术，可实现 2 000 km 以上的超长距离无再生中继、超大容量传输。

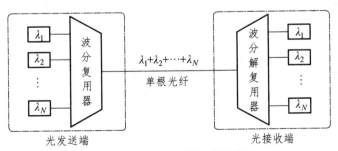

图 20-8 光波分复用技术示意图

光波分复用器根据采用的核心分光元件不同，其工作机理也不同，种类也很多。其主要包括色散元件型、干涉元件型、超窄带滤波器型和全光纤熔融拉锥型，每一种类型根据采用的核心元件不同又分为多种。其中，介质薄膜滤波器、光纤布拉格光栅和阵列波导光栅是三类应用最为成熟光波分复用器。介质薄膜滤波器主要应用于 16 波以下、信道间隔在 200 GHz 以上的系统；阵列波导光栅主要应用于 16 波至 40 波之间，信道间隔在 100 ~ 50 GHz 之间的系统中；光纤布拉格光栅则在更高的信道数或更窄的信道间隔情况下有一定的优势。

介质薄膜型的光波分复用器是一种典型的波分复用器，其结构如图 20-9 所示，薄膜滤光片粘贴在双光纤头的准直镜端面上，薄膜滤光片由几十层不同材料、不同折射率和不同厚度的介质膜组合而成，从而对一定的波长范围呈通带，而对另外的波长范围呈阻带，形成所要求的滤波特性。利用多个介质薄膜型波分复用器进行串接，可以构成多通道的 WDM 器件，实现光信号的复用及解复用，其原理如图 20-10 所示，这种波分复用器的优点是信道数灵活，且波长的间隔允许不规则，可以多路复用和解复用单元，使系统升级简便。

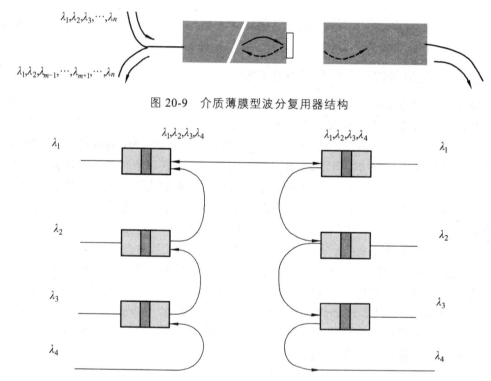

图 20-9　介质薄膜型波分复用器结构

图 20-10　四通道 WDM 器件

波分复用器的插入损耗指对同一波长，输出端的光功率与输入端光功率比值的分贝数，它是由于引入波分复用器而产生的附加损耗，其值越小越好。

波分复用器的信道隔离度 I_{IW} 指某一波长的光进入非指定输出端口的功率与输入端光功率比值的分贝数，它是表征各个复用信道彼此之间的隔离程度，隔离度越高，波分复用器件的选频特性就越好，串扰抑制比也越大，各复用信道之间的相互干扰影响也越小，定义为

$$I_{IW} = -10\lg\frac{P_f}{P_i} \qquad (20\text{-}19)$$

波分复用器的回波损耗 L_{RW} 是从指定端口入射到波分复用器的光功率与沿输入路径返回输入端口的光功率之比，测试时用光环形器将回波功率导出，定义为

$$L_{RW} = -10\lg\frac{P_r}{P_i} \qquad (20\text{-}20)$$

【实验系统与装置】

本实验仪器主要包括手持式光源、手持式光功率计、法兰、固定光衰减器、可变光衰减器、Y 形光耦合器、光隔离器、光环形器、偏振控制器和光波分复用器。

【实验内容与步骤】

本实验内容主要包括光衰减器测试实验、光耦合器测试实验、隔离器测试实验。

1. 光衰减器测试实验

本实验主要测量的内容包括绝对功率法测量插入损耗、相对功率法测量插入损耗和可变光衰减器的测量。

（1）熟悉光源、光功率计的使用和各个按钮的功能作用，仔细观察实验配置的 FC/PC-SC/APC，FC/PC-SC/PC，SC/APC-SC/PC，SC/APC-SC/APC 四种跳线的特征和区别。

（2）开启光源，调制频率选择 0 Hz，开启光功率计，按"dB"键使其工作在"绝对光功率测量模式"下，长时间测量可短按"ON/OFF"键，取消光源光功率计的自动关机。

（3）将光源和光功率计波长输出调节至 1 550 nm，使用 FC/PC 跳线进行连接，光源输出口连接跳线的 FC/PC 端，跳线的 SC/APC 端连接功率计的输入口，等待输出稳定后，记录光源的输出功率 P_{in}，分别以 μW 和 dBm 为单位，填入表 20-1 中。

表 20-1 固定光衰减器数据记录表

输入功率		输出功率			L_{IA1}/dB	L_{IA2}/dB	L_{IA3}/dB
P_{in}/μW	P_{in}/dBm	标称衰减值	P_{out}/μW	P_{out}/dBm			
		3 dB					
		5 dB					
		7 dB					
		10 dB					
		15 dB					
		30 dB					

（4）断开光源与功率计的连接，光源端使用 FC/PC-SC/PC 跳线与衰减器连接，功率计端使用 SC/PC-SC/APC 跳线与衰减器连接（SC/PC 连接衰减器，APC 端连接功率计），记录 3 dB 衰减器的输出功率 P_{out}，填入表 20-1 中，计算插入损耗值，重复上述方法测量 5 dB、7 dB、10 dB、15 dB、20 dB 衰减器，并计算插入损耗值。

（5）利用相对功率法测量插入损耗，在"绝对光功率测量模式"下，使用光纤跳线连接光源与光功率计，再按"dB"键切换到"相对光功率测量模式"下，此时将当前绝对光功率值设置成为参考值，以 dBm 为单位，因此相对光功率读数为 0 dB。

（6）接入 3 dB 衰减器，此时光功率计显示的相对光功率读数就是被测衰减器的插入损耗值，此值记为 L_{IA3}。重复上述方法测量 5 dB、7 dB、10 dB、15 dB、20 dB 衰减器，并记录数据，比较 L_{IA1}、L_{IA2}、L_{IA3} 之间及与标称衰减值之间的误差。

（7）使用相对光功率法测量可变光衰减器的衰减范围，转动可变光衰减器上的旋钮，观察插入损耗的变化，记录插入损耗的最大最小值，注意此处的最大值并不是可变光衰减器的最大衰减量，而是受到光功率计量程的限制。

2. 光耦合器测试实验

（1）使用光纤跳线进行器件连接，P_{in} 是光源的输出功率，测量耦合器的输出功率 P_{out1} 和 P_{out2}，填入表 20-2 中，依据前面的定义式（20-11）、（20-12）、（20-13）分别计算耦合器的插入损耗、附加损耗和分光比。

（2）使用光纤跳线进行器件连接，P_{in} 是光源的输出功率，测量耦合器输入一侧非注入光一端的输出功率 P_{out}，填入表 20-3 中，按照公式（20-14）计算耦合器的方向性。

表 20-2　光耦合器插入损耗、附加损耗和分光比测量数据记录表

$P_{in}/\mu W$	$P_{out1}/\mu W$	$P_{out2}/\mu W$	$L_{IC1\,dB}$	L_{IC2}/dB	L_{EC}/dB	C_{R1}/dB	C_{R2}/dB

表 20-3　光耦合器方向性测量数据记录表

$P_{in}/\mu W$	$P_{out}/\mu W$	D/dB

3. 光隔离器测试实验

利用耦合器测试实验的过程，测量隔离器的插损、回损、隔离度、和偏振相关损耗，并确定此隔离器大的波段和方向。

（1）光隔离器正向插入损耗和隔离度测试。使用光纤跳线进行器件连接，方式如图 20-11 所示，分别将隔离器正向和反向接入，测试正向输出功率 P_{zi} 和反向输出功率 P_{fo}，填入表 20-4 中，按照式（20-15）、（20-16）求插入损耗和隔离度，其中 P_i 是光源的输出功率。

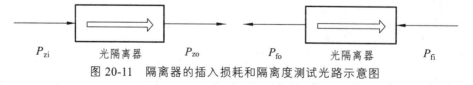

图 20-11　隔离器的插入损耗和隔离度测试光路示意图

（2）光隔离器回波损耗测试方式如图 20-12 所示，首先测试隔离器的输入功率（即环形器 Port2 端口输出功率），然后测试回波功率（即环形器 Port3 端口输出功率），按照公式（20-17），将数据填入表 20-5 中，并计算回波损耗。隔离器的回波损耗比较高，回波功率有可能会低于 0.1 nW，这时可以直接取 0.1 nW 进行计算，那么，器件实际的回波损耗要高于测量值。

图 20-12　回波损耗测试实验光路示意图

（3）光隔离器的偏振相关损耗测试方式如图 20-13 所示，加入衰减器是为了将变化量调节到功率计可显示的范围内，分别调整三个光纤环的倾斜角度来改变输入光的偏振态，记录下隔离器输出功率的最大值和最小值，填入表 20-6，按式（20-18）计算偏振相关损耗。

图 20-13　光隔离器的偏振相关损耗测试光路示意图

（4）将隔离器的插损、回损、隔离度、PDL 的测试结果填入下表 20-4，并计算相应的值，给出主要结论。

表 20-4　光隔离器的插入损耗和隔离度测量数据记录表

$P_i/\mu W$	$P_{zo}/\mu W$	$P_{fo}/\mu W$	$L_{IS}/\mu W$	$I_{IS}/\mu W$

表 20-5　光隔离器的回波损耗测量数据记录表

$P_i/\mu W$	$P_r/\mu W$	L_{RI}/dB

表 20-6　光隔离器的偏振相关损耗测量数据记录表

$P_{max}/\mu W$	$P_{min}/\mu W$	L_{PI}/dB

4. 光波分复用器测试实验

（1）使用光纤跳线进行器件连接，方式如图 20-14 所示，本实验选用的波分复用器透射波长为 1 550 nm，因此，"Port1"代表 1 550 nm，"Port2"代表 1 310 nm。

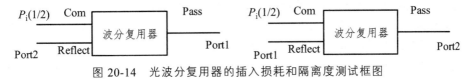

图 20-14　光波分复用器的插入损耗和隔离度测试框图

（2）先测量光源在 1 550 nm 和 1 310 nm 下的输出功率 P_i。

（3）将光源连接到器件的"com"端，波长选择 1 550 nm，光功率计挡位选择 1 550 nm，在"pass"端测量 P_{01}，在"reflect"端测量 P_{01}，计算出 1 550 nm 光的插入损耗值和信道隔离度，填入表 20-7。

表 20-7　光波分复用器的插入损耗和信道隔离度测量数据记录表

波长	$P_i/\mu W$	$P_{01}/\mu W$	$P_{02}/\mu W$	L_{IW}/dB	I_{IW}/dB
1 550 nm					
1 310 nm					

（4）将光源连接到器件的"com"端，波长选择 1 310 nm，光功率计档位选择 1 310 nm，在"reflect"端测量 P_{02}，在"pass"端测量 P_{02}，计算出 1 310 nm 光的插入损耗值和信道隔离度，填入下表 20-7。

（5）使用光纤跳线进行器件连接，方式如图 20-15 所示，光源连接环形器的"Port1"，"Port2"与波分复用器的"com"连接。分别在 1 310 nm 和 1 550 nm 下测试输入功率 P_i 和回波功率 P_r，填入下表 20-8，计算回波损耗。

图 20-15　光波分复用器回波损耗测试光路图

表 20-8　光波分复用器的回波损耗测量数据记录表

波长	$P_i/\mu W$	$P_r/\mu W$	L_{RW}/dB
1 550 nm			
1 310 nm			

【实验注意事项】

（1）防止把光纤端面对着眼睛，防止对眼睛造成伤害。

（2）光纤跳线不可过度弯折，每次连接前都需要使用酒精湿布对光纤端面进行清洁。

（3）FC/PC 型法兰上都有一个缺口，连接时要将光纤连接头上的突起对着缺口插入。

（4）光源端口必须连接 FC/PC，否则会损坏光源，光功率计口必须连接 SC/APC，否则会损坏光功率计，衰减器的两个端口连接 SC/PC。

【问题思考和拓展】

（1）插入法测量耦合器的插损过程中，造成误差的可能原因有哪些？

（2）隔离器的工作原理是什么？

（3）WDM 和耦合器的主要区别是什么？

（4）根据衰减器的工作原理，提出一种实现光衰减的方案，给出设计思路和原理图。

（5）如何将两根单模光纤里的光耦合到一根单模光纤中？查阅相关资料，提出自己的设计方案和设计思想？

【参考文献】

[1] 孙景群. 光器件的回损测量[J]. 通信世界，2102，7：73-744.

[2] 杨东，赵春雨. 光无源器件的测试[J]. 光电子技术，2014，34（3）：168-179.

[3] 林锦海，张伟刚. 光纤耦合器的理论、设计及进展[J]. 物理学进展，2010，31（1）：37-76.

[4] 崔宝英. 浅谈光无源器件[J]. 中国新通信，2010，6：85-87.

[5] 庞璐，宁鼎，李瑞辰，等. 细径宽带保偏光纤耦合器的研制[J]. 光纤与电缆及其应用技术，2013，2（2）：20-21.

实验 21 光纤强度传感综合实验

【实验背景】

光纤传感器的工作机理是外界物理或化学量调制光纤内传输的光信号的某种特征参量，实现对不同的物理量和化学量的测量。根据引起光信号的特征参量的变化可分为强度型光纤传感器、相位型光纤传感器、波长型光纤传感器、偏振型光纤传感器等；根据被测对象可分为光纤温度传感器、光纤压力传感器、光纤应变传感器和光纤折射率传感器等基本物理量和化学量传感器，以应变、温度和折射率为基本测量物理量，可实现多种参量的测量。目前，据可查文献，可实现 70 多种物理和化学量的测量，与传统电类传感器相比，具有体积小、灵敏度高、抗电磁干扰、耐高温等独特的优点，在航空航天、大型建筑物健康安全检测、地震波勘探和地球动力学等领域具有非常广泛的应用。本实验主要研究光纤系统基本传感特性实验，包括半导体激光器的 *P-I* 特性、光纤透射式传感特性、光纤反射式传感特性和光纤微弯强度传感特性，为后续光纤传感器特性研究和传感器的设计奠定基础。

【实验目的】

（1）熟悉光纤传感系统构成，掌握半导体激光器的工作原理。
（2）掌握光纤透反射型位移传感器的工作原理及其特性。
（3）掌握光纤微弯强度型传感器的工作原理及其特性。
（4）掌握光纤传感系统中光路搭建方法和测量方法。

【实验原理】

光纤传感调制的调制方式分为强度调制型、相位调制型、波长调制型和偏振调制型，这几种调制方式中，强度调制型最为简单，容易实现，本实验采用强度调制的方式。强度调制光纤传感器的基本原理是待测物理量引起光纤中的传输光光强变化，通过检测光强的变化实现对待测量的测量，其原理如下图 21-1 所示。

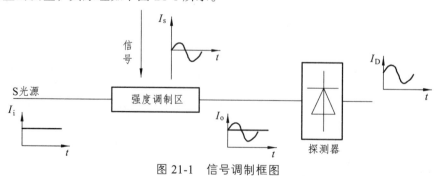

图 21-1 信号调制框图

对于多模光纤来说，光纤端出射光场的场强分布由下式给出：

$$\varphi(r,z) = \frac{I_0}{\pi\sigma^2 a_0^2[1+\xi(z/a_0)^{3/2}]^2}\exp\left\{-\frac{r^2}{\sigma^2 a_0^2[1+\xi(z/a_0)^{3/2}]^2}\right\} \tag{21-1}$$

式（21-1）中 I_0 为由光源耦合进光纤中的光强，$\varphi(r,z)$ 为光纤出射端光场中位置 (r,z) 处的光通量密度，σ 为表征光纤折射率分布的相关参数，对于阶跃折射率光纤，$\sigma = 1$，r 为偏离光纤轴线的距离，z 为离发射光纤端面的距离，a_0 为光纤芯半径，ξ 为与光源种类、光纤数值孔径及光源与光纤耦合情况有关的综合调制参数。如果将同种光纤置于出射光场中由探测接收器时，所接收到的光强可表示为

$$I(r,z) = \iint_S \varphi(r,z)\mathrm{d}s = \iint_S \frac{I_0}{\pi\omega^2(z)}\exp\left\{\frac{r^2}{\omega^2(z)}\right\}\mathrm{d}s \tag{21-2}$$

式（21-2）中 $\omega(z) = \sigma a_0[1+\xi(z/a_0)^{3/2}]$，其中 S 为接收光面，即纤芯端面。在光纤出射端出射光场的远场区，可用接收光纤端面中心点处的光强作为整个纤芯面上的平均光强，在这种近似下，接收光纤终端所探测到的光强公式为

$$I(r,z) = \frac{SI_0}{\pi\omega^2(z)}\exp\left[-\frac{r^2}{\omega^2(z)}\right] \tag{21-3}$$

基于以上理论基础，下面我们来讨论光纤透射式强度测量原理、光纤反射式强度测量原理和光纤微弯式强度调制原理。

1. 透射式强度调制

透射式强度调制光纤传感原理如下图 21-2（a）所示，调制处的光纤端面为平面，通常入射光纤不动，而接收光纤可以做纵（横）向位移，这样，接收光纤的输出光强被其位移调制。透射式调制方式的分析比较简单。在发送光纤端，其光场分布为一立体光锥，各点的光通量由函数 $\varphi(r,z)$ 来描述，其光场分布坐标如图 21-2（b）和（c）所示。当 z 固定时，得到的是横向位移感特性函数，当 r 取定时，则可得到纵向位移传感特性函数。

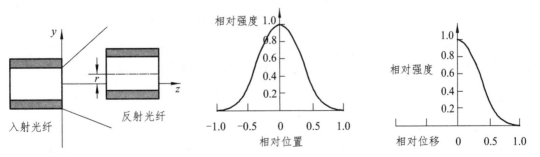

（a）入射反射光纤端面示意图　（b）输出强度与横向位移关系　（c）输出强度与纵向相对位移关系

图 21-2　透射式光纤强度传感结构和响应特性关系图

2. 反射式光纤传感

反射式光纤传感的原理示意图如 21-3（a）、（b）所示。光纤探头 A 由两根光纤组成，一

根用于输入光信号，一根用于接收反射回的光信号，R 是涂有特定材料的反射镜的反射率，理论响应曲线如图 21-3（c）所示。响应曲线具有上升沿和下降沿两个工作区，即分为两个工作区，前沿工作区斜率比较大，对应的传感器的灵敏度比较大，但工作范围较小；后沿工作区斜率相对较小，对应的灵敏度较小，但工作范围较大，可以获得较宽的动态范围。这两个工作区整体都不成线性关系，要获得线性输出，只能在极窄的范围，即工作范围减小。所以，设计该类型的光纤传感器的前提是明确工作区间范围和灵敏度的要求，这是传感器设计的依据，其特性调制函数可借助于光纤端出射光场的场强分布函数公式给出：

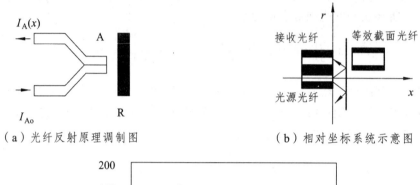

（a）光纤反射原理调制图　　　　　　　（b）相对坐标系统示意图

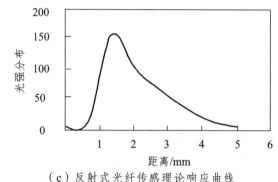

（c）反射式光纤传感理论响应曲线

图 21-3　反射式光纤强度传感结构和响应特性关系图

$$\varphi(r,x)=\frac{I_0}{\pi\sigma^2 a_0^2[1+\xi(x/a_0)^{3/2}]^2}\exp\left\{-\frac{r^2}{\sigma^2 a_0^2[1+\xi(x/a_0)^{3/2}]^2}\right\} \qquad (21\text{-}4)$$

式（21-1）中，x 为光纤入射端面与反射面的距离，其他参数的意义同式（21-1）。如果将同种光纤置于发射光纤出射光场中作为探测接收器时，所接收到的光强可表示为

$$I(r,x)=\iint\limits_{S}\varphi(r,x)\mathrm{d}s=\iint\limits_{S}\frac{I_0}{\pi\omega^2(x)}\exp\left\{\frac{r^2}{\omega^2(x)}\right\}\mathrm{d}s \qquad (21\text{-}5)$$

在纤端出射光场的远场区，为简便计算，可用接收光纤端面中心点处的光强来作为整个纤芯面上的平均光强，在这种近似下，得在接收光纤终端所探测到的光强 I_A 可表达为

$$I_A(x)=\frac{RSI_0}{\pi\omega^2(2x)}\exp\left[-\frac{r^2}{\omega^2(2x)}\right] \qquad (21\text{-}6)$$

式（21-6）中，R 为反射镜的反射系数，其他参数的意义同式（21-3）。由此可以看出，

入射端面与反射面的不同距离对应不同的光强，当入射面固定，移动反射面时，就可以获得反射面的位移与反射相对光强的关系曲线，这就是光纤反射式位移传感器的工作原理。

3. 微弯光纤传感

从几何光学的角度，光在光纤中传输是满足全反射原理，这是光能够在光纤纤芯中长距离传输的前提条件，当光纤发生弯曲时，必然造成部分光不满足全反射条件，发生光"泄露"导致光纤输出端接受的能量发生变化，微弯光纤传感器便是利用这一思想来实现位移或压力测量的。微弯型光纤传感器的原理结构如图 21-4 所示。当光纤发生弯曲时，由于全反射条件被破坏，纤芯中传播的某些模式光束进入包层，造成光纤中的能量损耗。实验中，为了实验现象更加明显，把光纤夹持在一个周期锯齿状结构中，当锯齿状结构受力时，光纤的弯曲的程度发生变化，于是纤芯中跑到包层中的光能也将发生变化，近似的将把光纤看成是正弦微弯，其弯曲函数为

$$f(z) = \begin{cases} A\sin\omega \cdot Z & (0 \leqslant Z \leqslant L) \\ 0 & (Z < 0, Z > L) \end{cases} \tag{21-7}$$

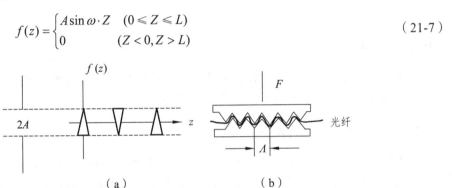

图 21-4　微弯光纤强度传感器原理结构图

式（21-7）中 L 为光纤产生微弯的区域长度，A 为其弯曲幅度，ω 为空间频率，设光纤微弯变形函数的微弯周期为 Λ，则有 $\Lambda = 2\pi/\omega$。光纤由于弯曲产生的光能损耗系数为

$$\alpha = \frac{A^2 L}{4}\left\{ \frac{\sin[(\omega - \omega_c)L/2]}{(\omega - \omega_c)L/2} + \frac{\sin[(\omega + \omega_c)L/2]}{(\omega + \omega_c)L/2} \right\} \tag{21-8}$$

式（21-8）中，ω_c 称为谐振频率。

$$\omega_c = \frac{2\pi}{A_c} = \beta - \beta' = \Delta\beta \tag{21-9}$$

式（21-9）中，A_c 为谐振波长，β 和 β' 为纤芯中两个模式的传播常数，当 $\omega = \omega_c$ 时，这两个模式的光功率耦合特别紧，因而损耗也增大。如果我们选择相邻的两个模式，对光纤折射率为平方律分布的多模光纤可得

$$\Delta\beta = \frac{\sqrt{2\Delta}}{r} \tag{21-10}$$

式（21-10）中，r 为光纤半径，Δ 为纤芯与包层之间的相对折射率差。由式（21-9）和（21-10）可得

$$A_c = \frac{2\pi r}{\sqrt{2\Delta}} \qquad\qquad (21\text{-}11)$$

对于通信光纤 $r = 25\,\mu m$，$\Delta \leqslant 0.01$，$A_c \approx 1.1\,mm$，式（21-8）表明损耗 α 与弯曲幅度的平方成正比，与微弯区的长度成正比。通过调节微弯区域的长度和弯曲幅度来实现弯曲强度调制，本实验采用固定弯曲长度，通过位移器对微弯夹持架施加压力，来增加微弯幅度实现强度调制，在实际应用时，可以设计成光纤强度型压力传感器，这种光纤传感器具有实现容易，制作简单，性价比低的特点，但工作范围受到一定的限制。

【实验系统与装置】

本实验仪器主要包括多波长半导体激光光源、多功能光功率计、光纤输入组件调整架、透射式光纤传感组件及调整架、反射式光纤传感组件及调整架、微弯传感组件及调整架和光纤跳线。

【实验内容与步骤】

本实验内容主要包括测量 LD 光源的 P-I 特性曲线、透射式横向和纵向光纤位移传感特性、反射式光纤位移传感特性和微弯光纤位移传感特性。

1. LD 光源的 P-I 特性曲线

常用的半导体光源有半导体激光器（LD）和发光二极管（LED），它们的发光机理都是非平衡载流子的辐射复合且都工作于正向偏置状态。LED 的发射光谱半带宽比较窄，波长取决于材料的能带结构及掺杂情况；半导体激光器能发出单色性更好的辐射，且功率更强，方向集中。典型的波长有 $0.85\,\mu m$、$1.31\,\mu m$ 和 $1.55\,\mu m$。这两类器件都是快速响应器件，它们的响应时间为 $10^{-9} \sim 10^{-7}\,s$。由于它们具有体积小、质量小、功耗低、安装简易以及性能稳定等优点，因而这两种光源不仅是光纤通信的理想光源，也是光纤传感器的最常用的光源。

本实验系统所采用的是 LD 光源，其中心波长为 $1.55\,\mu m$，为获得 LD 光源的驱动电流 I 与输出功率 P，利用光纤传感实验系统，按如下步骤进行测试：

（1）取一根多模跳线，两头分别与光源和功率计相连接。

（2）接通电源，主机的液晶上将显示工作电流 I 和功率 P，按向上键增加驱动电流，记录下每个状态的驱动电流、功率值，填入表 21-1。

表 21-1　LD 光源的驱动电流与输出功率数据记录表

驱动电流/mA	功率值/μW	驱动电流/mA	功率值/μW	驱动电流/mA	功率值/μW

（3）将所得到的数据中电流作为横坐标，工作电压和功率为纵坐标，绘制半导体激光光源 *P-I* 曲线，并对实验结果进行合理分析，给出主要结论。

2. 透射式横向和纵向光纤位移传感

根据透射横向和纵向光纤位移强度传感原理，并利用实验所给定的仪器和组件，测量横向位移与出射光功率以及纵向位移与出射光功率的对应关系，作出关系曲线。

（1）打开光源和光功率计，预热 5 min。

（2）将光纤输入模块组件调整架放置到实验导轨合适位置固定，调整光纤输入模块组件调整架的高度和横向位置，初始位置大概处在导轨的中心轴线上，将光源 1 555 nm 输出光通过光纤输出，接入透射组件的输入固定端面的法兰，并旋转固定。

（3）将另一根光纤的一端固定到透射式光纤传感组件调整架的投射面上，将透射式光纤传感组件调整架放置到实验导轨合适位置固定，保持输入面和输出面小于 10 mm，光纤的另一输出端接入光功率计，并粗调光纤输入面和输出面平行。

（4）细调光纤输入面和输出面，使之保持平行，通过观测，先将光纤端面横向平移到中心轴线的一侧，利用光功率计辅助判断，然后单向旋转横向螺旋测微器，同时观测光功率计的读数，当功率最大时，再调节光纤固定端面的俯仰角，使光功率读数最大，微调横向位置，直至光功率读数最大，说明两个面平行，且出射光线和入射光线同轴。

（5）纵向位移和输出光功率关系测量。旋转纵向螺旋测微器，观察光功率计的变换趋势，使纵向测量范围包含整个光功率的变化区间，先增大，到达峰值，然后开始减小。在此基础上，选择合适的起始位置，读出纵向螺旋测微器的度数，并记录光功率计的读数，旋转横向螺旋测微器朝前推进，每次步长 0.1 mm，测量数据跨越先增大后减小两个工作区间，直至输出光功率不再变化，即两个平行平面靠得很近，并将数据填入表 21-2 中，作出相对位移和相对功率的响应曲线。

表 21-2　纵向位移和输出光功率数据记录表

位移读数/mm	功率值/μW	位移读数/mm	功率值/μW	位移读数/mm	功率值/μW

（6）横向位移和输出光功率关系测量。在纵向位移测量的基础上，确定纵向位移实验时最大功率对应的位置，以此位置来测量横向位移的光功率。旋转横向螺旋测微器，观察光功率计的变换趋势，使横向测量范围包含整个光功率的变化区间，先增大，到达峰值，然后开始减小。然后单向测量横向位移与输出光功率的关系，确定初始位置，功率接近零，逐渐增大横向位移，步长为 0.05 mm，测量数据跨越先增大后减小两个工作区间，直至输出光功率降到比较小的定值。将数据填入表 21-3 中，作出相对位移和相对功率的响应曲线，并对实验结果进行合理分析，给出主要结论。

表 21-3　横向位移和输出光功率数据记录表

位移读数/mm	功率值/μW	位移读数/mm	功率值/μW	位移读数/mm	功率值/μW

3. 反射式光纤位移传感

根据反射纵向光纤位移强度传感原理，并利用实验所给定的仪器和组件，测量横向位移与出射光功率的对应关系，作出关系曲线，给出主要结论。

（1）打开光源和光功率计，预热 5 min。

（2）将光纤输入模块组件调整架放置到实验导轨合适位置固定，调整光纤输入模块组件调整架的高度和横向位置，初始位置处在导轨的中心轴线上。反射式传感光纤的输入端接入激光光源的 1 555 nm 的输出端，并将反射式传感光纤的反射端固定到输入模块组件调整架的法兰上，注意反射面不能超出输入平面，否则会损坏反射面。

（3）将反射式光纤传感组件及调整架放置到实验导轨合适位置固定，保持入射面和反射面小于 10 mm，反射式光纤的输出端接入光功率计，并选择对应的波长档位和合适的功率单位，并粗调光纤输入面和输出面平行。

（4）细调反射式光纤传感组件的反射面，使之与光纤输入模块组件的入射面保持平行。一般情况下，初始状态对应的光功率计没有输出，说明粗调没有调好，应确认粗调状态，通过调节角度调节旋钮，使两面粗调平行。如光功率计出现读数，则通过横向和纵向螺旋测微器可以判定光纤的横向位置，具体方法为：通过观测，先将光纤端面横向平移到中心轴线的一侧，利用光功率计辅助判断；然后单向旋转横向螺旋测微器，同时观测光功率计的读数，当功率最大时，再调节光纤固定端面的俯仰角，使光功率读数最大，微调横向位置，直至光功率读数最大，说明两个面平行，且出射光线和入射光线同轴。

（5）纵向位移和输出光功率关系测量。旋转纵向螺旋测微器，观察光功率计的变换趋势，使纵向测量范围包含整个光功率的变化区间，先增大，到达峰值，然后开始减小。在此基础上，选择合适的起始位置，读出纵向螺旋测微器的度数，并记录光功率计的读数，旋转横向螺旋测微朝前推进，每次步长 0.05 mm，测量数据跨越先增大后减小两个工作区间，直至输出光功率不再变化，即两个平行平面靠得很近，并将数据填入表 21-4 中，作出相对位移和相对功率的响应曲线，并对实验结果进行合理分析，给出主要结论。

表 21-4　横向位移和输出光功率数据记录表

位移读数/mm	功率值/μW	位移读数/mm	功率值/μW	位移读数/mm	功率值/μW

4. 微弯光纤位移传感

利用微动调节旋钮（最小刻度 0.01 mm）可方便地使被测光纤产生微弯，以光纤微弯变形器与被测光纤接触而未发生微弯时为零点，通过微动调节旋钮的微小位移，可精确测量微弯大小，进而由系统主机测量并显示被测光纤的输出光功率值，实现光纤微弯测量。

（1）打开光源和光功率计，预热 5 min。

（2）将光纤输入调整架放置到实验导轨合适位置固定，调整光纤输入调整架到合适位置，将光纤夹持架固定到调整架上，并将光纤微弯实验调整架固定到导轨上，调整高度和横向位移，使光纤夹持夹能够准确吻合对齐。

（3）将微弯光纤一端接入激光光源的 1 555 nm 的输出端，并将光纤中间区域放入光纤夹持夹，记录初始状态的光功率值，通过光纤微弯调整架的螺旋测微器沿纵向推靠施加压力，从而实现微弯幅度变化。固定到输入模块组件调整架的法兰上，注意反射面不能超出输入平面，否则会损坏反射面。旋转纵向螺旋测微朝前推进，每次步长 0.05 mm，并记录每次对应的光功率值，注意，当推进压力不能太大，否则容易破坏传感光纤，将相应的数据填入表 21-5，并作出关系曲线，并对实验结果进行合理分析，给出主要结论。

表 21-5 光纤微弯位移和输出光功率数据记录表

位移读数/mm	功率值/μW	位移读数/mm	功率值/μW	位移读数/mm	功率值/μW

【实验注意事项】

（1）不要用手去触摸所有出光端口和光反射面。

（2）实验中切记不要挤压坏反射式光纤的断面，固定时不要超出输入组件的输入面。

（3）光纤微弯实验中施加的纵向位移不要过大，否则压力过大，容易破坏传感光纤。

（4）实验中尽量减少光纤接口与法兰的插拔次数，实验完成后，光纤端面用端冒盖上。

（5）整个实验过程中，不要用力弯曲光纤，以免损坏光纤。

【问题思考和拓展】

（1）简单叙述光纤强度传感系统的组成，并说明光纤强度调制型传感器的优缺点。

（2）在光纤透射式位移实验中，位移和光功率的关系曲线有什么特点？实际应用中如何选取这两个工作区？

（3）光纤微弯实验中，位移和输出光功率关系曲线有什么特性？

【参考文献】

[1]　刘茜，肖航，李泽，等. 反射式光纤测振系统理论分析与实验研究[J]. 化工自动化及仪表，2017，45（9）：692-695.

[2]　赵帅，郭劲. 光纤微弯传感实验研究[J]. 光机电信息，2010，27（1）：66-69.

[3]　姜明政. 新型透射式光纤温度传感器[J]. 电子器件，1993，20（1）：513-517.

[4]　贾灵，孙伟. 基于反射式塑料光纤传感器的微位移测量技术研究[J]. 理论与算法，2017，9：45-49.

实验 22　光纤光栅波长传感实验

【实验背景】

光纤布拉格光栅（FBG）作为一种波长型器件，具有抗电磁干扰、耐高温、耐腐蚀、体积小和易复用等优点，在光传感领域引起广泛的关注。光纤布拉格光栅以温度和应变为基本物理量，可以实现压力、位移、角度和加速度等物理量的测量，在结构健康检测、地球动力学、地震勘探等领域具有独特的优势和重要的应用价值，随着光栅写入技术和光纤掺杂工艺的不断改进，光纤布拉格光栅传感器正以飞快的速度向实用工程领域迈进。光纤布拉格光栅传感技术是基于它的有效折射率、周期等参数随外界物理量的变化而实现的，因为这些物理量的改变会引起有效折射率或周期的变化，导致光纤布拉格光栅波长的变化，从而实现对外界物理量的检测。本实验以短周期光纤布拉格光栅为敏感元件，实验研究光纤光栅温度传感原理与技术、压力传感原理与技术、加速度测量原理与技术。

【实验目的】

（1）掌握光纤光栅温度和压力测量原理。
（2）光纤光栅加速度振动传感器测量原理及其主要特性参数。
（3）测量给定的温度和压力传感器的灵敏度。
（4）测量给定的加速度传感器的幅频特性、线性特性。

【实验原理】

1. 光纤光栅传感基本原理

光纤布拉格光栅是在光纤中引入折射率周期性的扰动形成的一种光无源器件，是由其光学属性来定义的，同时它也是一种介质波导，光的传播规律在光纤中也满足麦克斯韦方程。光是电磁波，基于宏观电磁理论麦克斯韦方程，结合初始条件（传导电流和自由电荷均为零）和边界条件，可求出电磁波的电场分量在光纤中的传播模式。就 FBG 而言，FBG 的纤芯折射率沿光纤轴向周期性变化，该扰动必然对光纤中传输光场进行调制，结果使传播模式发生相应的改变，基于耦合模理论分析该场的变化，周期性的扰动则可通过不同传播模式的耦合来反映。光纤光栅形成的机理是光敏光纤的光致折射率变化，导致光波导条件的改变，从而使一定波长的光波在光栅区域发生相应的耦合。假设满足弱导近似、零吸收损耗和辐射模与传导模耦合非常弱三个近似条件下，空间周期性结构引起纤芯折射率的微扰为余弦函数，周期为均匀周期，由于紫外光引起的折射率变化近似为光纤纤芯的折射率变化，包层折射率的

变化可忽略。由耦合模理论知，当满足相位匹配条件时，对应的反射波长称为布拉格反射波长 λ_B 定义为

$$\lambda_B = 2n_{\text{eff}}\Lambda \tag{22-1}$$

式（22-1）表示满足该公式的波长被反射回去，不满足改波长的光将发生透射，所以光纤布拉格是一个反射器件。当外界温度、压力和应变引起光纤布拉格的有效折射率和光栅周期变换时，则布拉格波长将发生漂移，正是利用这一敏感特性来实现对外界物理量的测量。

2. 应变传感原理

FBG 波长调制的诸多物理量中，应力是最直接的参量，因为它们会导致 FBG 的周期以及有效折射率的改变，布拉格波长变化量 $\Delta\lambda_B$ 定义为

$$\Delta\lambda_B = 2n_{\text{eff}}\Delta\Lambda + 2\Delta n_{\text{eff}}\Lambda \tag{22-2}$$

式（22-2）中，$\Delta\Lambda$ 为 FBG 的周期改变量，Δn_{eff} 为有效折射率的变化量。

为进一步分析 FBG 应变传感原理，首先作以下几点假设：① 忽略光纤外涂敷层的影响；② FBG 为理想的弹性体；③ FBG 为各向同性介质；④ 光纤均匀拉伸。在此基础上，考虑到光纤在轴向应力作用下，会引起光纤半径以及长度的变化，产生波导效应和弹光效应，则式（22-2）在应力作用下 FBG 的波长变化量 $\Delta\lambda_B$ 表示为

$$\Delta\lambda_B = 2\Lambda\left(\frac{\partial n_{\text{eff}}}{\partial L}\Delta L + \frac{\partial n_{\text{eff}}}{\partial a}\Delta a\right) + 2\frac{\partial \Lambda}{\partial L}\Delta L n_{\text{eff}} \tag{22-3}$$

式（22-3）中，ΔL 为 FBG 的径向应变，Δa 为光纤直径变化量，$\partial n_{\text{eff}}/\partial L$ 为弹光效应，$\partial n_{\text{eff}}/\partial a$ 为波导效应。

考虑到光纤仅受到轴向应力，光纤为各向同性介质，忽略光纤的波导半径变化对有效折射率的影响，则式（22-3）变为

$$\Delta\lambda_B = 2\Lambda\left[-\frac{n_{\text{eff}}^3}{2}\Delta\left(\frac{1}{n_{\text{eff}}^2}\right)\right] + 2n_{\text{eff}}\varepsilon_{zz}L\frac{\partial \Lambda}{\partial L} \tag{22-4}$$

$$\varepsilon_{zz} = \frac{\Delta L}{L} \tag{22-5}$$

$$\Delta\left(\frac{1}{n_{\text{eff}}^2}\right) = (p_{11} + p_{12})\varepsilon_{rr} + p_{12}\varepsilon_{zz} \tag{22-6}$$

式（22-6）中，p_{11} 和 p_{12} 为光纤的弹光系数，ε_{rr} 和 ε_{zz} 为光纤的径向应变和轴向应变。

由式（22-6）只在轴向均匀应变条件下，FBG 的波长相对变化公式为

$$\frac{\Delta\lambda_B}{\lambda_B} = \left\{1 - \frac{n_{\text{eff}}^2}{2}[p_{12} - (p_{11} + p_{12})\nu]\right\}\varepsilon_{zz} \tag{22-7}$$

引入有效弹光系数 p_e，令 $p_e = \frac{n_{\text{eff}}^2}{2}[p_{12} - (p_{11} + p_{12})\nu]$，则 FBG 在轴向应力作用下的波长相对变化量为

$$\frac{\Delta\lambda_\mathrm{B}}{\lambda_\mathrm{B}} = (1 - p_\mathrm{e})\varepsilon_{zz} \tag{22-8}$$

对于熔融石英光纤，弹光系数 $p_\mathrm{e} = 0.216$，由公式（22-8）可以得到 FBG 的应变灵敏度，若 FBG 的中心波长分别为 1 550 nm、1 560 nm 和 1 570 nm,则应变灵敏度分别为 1.21 pm/με、1.22 pm/με 和 1.23 pm/με，可以看出，FBG 的中心波长对应变灵敏度影响不大，仅由光纤本身的材料和尺寸决定。

3. 温度传感原理

温度同样能够调制 FBG 的波长,从温度对光纤作用的机理看,主要包括四个效应的影响：① 温度变化引起的内部应力的变化，最终表现为弹光效应；② 温度变化引起的热光效应；③ 温度变化引起的光纤热膨胀效应；④ 温度变化引起的光纤的膨胀，导致光纤芯径的变化而产生的波导效应。则 FBG 的热光系数 α_n、光纤的热膨胀引起的弹光效应系数 α_t、热膨胀引起的光纤芯径的变化而产生的波导效应系数 α_w 以及光纤的线性膨胀系数 α_Λ 分别定义为

$$\alpha_n = \frac{1}{n_\mathrm{eff}}\frac{\partial n_\mathrm{eff}}{\partial T}, \ \ \alpha_t = (\Delta n_\mathrm{eff})_\mathrm{ep}, \ \ \alpha_w = \frac{\partial n_\mathrm{eff}}{\partial a}, \ \ \alpha_\Lambda = \frac{1}{\Lambda}\frac{\partial \Lambda}{\partial T} \tag{22-9}$$

为进一步分析 FBG 温度传感原理,首先做以下几点假设：① 忽略光纤外涂敷层的热效应对光纤自身的影响；② FBG 的热膨胀系数为一常数,不随温度的变化而改变；③ 光纤折射率的变化与温度的关系为线性关系；④ 在 FBG 的整个栅区处在同一温度场中,在该区域温度梯度为零。在此基础上,FBG 在外界温度变化 ΔT 时,FBG 波长的相对波长漂移量为

$$\Delta\lambda_\mathrm{B} = 2\left[\frac{\partial n_\mathrm{eff}}{\partial T}\Delta T + (\Delta n_\mathrm{eff})_\mathrm{ep} + \frac{\partial n_\mathrm{eff}}{\partial a}\Delta a\right]\Lambda + 2\frac{\partial \Lambda}{\partial T}n_\mathrm{eff}\Delta T \tag{22-10}$$

把式（22-9）代入式（22-10）,则 FBG 波长的相对波长漂移量为

$$\frac{\Delta\lambda_\mathrm{B}}{\lambda_\mathrm{B}} = \frac{1}{n_\mathrm{eff}}\left[n_\mathrm{eff}\alpha_n - \frac{n_\mathrm{eff}^3}{2}(p_{11} + 2p_{12})\alpha_\Lambda\right] \cdot \Delta T + \alpha_w\Delta a + \alpha_\Lambda \cdot \Delta T \tag{22-11}$$

由于弹光效应和波导效应系数远小于热光效应和线性热膨胀效应系数,忽略这两项,则式（22-11）变为

$$\frac{\Delta\lambda_\mathrm{B}}{\lambda_\mathrm{B}} = (\alpha_n + \alpha_\Lambda) \cdot \Delta T \tag{22-12}$$

由 FBG 波长的相对波长漂移理论公式可以看出,当单模光纤的材料一旦确定,即 α_n 和 α_Λ 确定,则 FBG 的温度灵敏度是确定的,在温度变化范围不太大的情况下,温度灵敏度系数是近似不变,可认为是一常数。

4. 加速度测量原理

加速度传感器是基于惯性原理的一种动态测量器件,一般可看成一个相对测量系统,该系统由质量惯性体、弹性体敏感元件以及阻尼系统组成。根据振动信号的特点,振动可分为简谐振动和非简谐振动,对于一个周期振动的信号,满足一些基本的条件可利用傅立叶级数

展开，表示为由多个周期可通约的简谐振动函数的叠加，便可得到非简谐振动周期激励信号的响应。所以，简谐振动周期激励信号的响应具有典型的代表意义，其力学模型如图 22-1 所示，将质量惯性体取出作为隔离体，进行受力分析，可得

$$m\frac{\mathrm{d}^2 z}{\mathrm{d}t^2} + c\frac{\mathrm{d}z}{\mathrm{d}t} + kz = \frac{p}{m}\sin\omega t \tag{22-13}$$

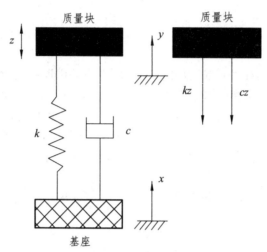

图 22-1　加速度检波器的力学模型

式（22-13）中，m 为惯性体的质量，c 为系统的阻尼系数，k 为弹性系统刚度，ω 为激励源的角频率。这个微分方程的通解为

$$z = e^{-\xi\omega_0 t}\left(\frac{z_0 + \dot{\xi}\omega_0 z_0}{\omega_r}\sin\omega_r t + z_0\cos\omega_r t\right) +$$
$$Ae^{-\xi\omega_0 t}\left(\frac{\xi\omega_0\sin\alpha - \omega\cos\alpha}{\omega_r}\sin\omega_r t + \sin\alpha\cos\omega_r t\right) + A\sin(\omega t - \alpha) \tag{22-14}$$

式（22-14）中等号右边第一项表示由初始条件引起的振动，频率为 ω_r，第二项表示由简谐振动产生的振动，频率为 ω_r，第三项表示在简谐振动激励下的纯强迫振动，与激励源的频率相同，但振动幅度不受初始条件的制约。

由于系统存在阻尼，随着时间的推移，自由振动都是衰减振动，最终只剩下稳态强迫振动，即特解部分为

$$z = A\sin(\omega t - \alpha) \tag{22-15}$$

稳态强迫振动的振幅为

$$A = \beta z_{\mathrm{st}} = \frac{a}{\omega_0^2\sqrt{(1-\gamma^2)^2 + (2\xi\gamma)^2}} \tag{22-16}$$

式（22-16）中，a 为简谐振动的加速度。由式（22-16）可以得到频率比与幅度的关系曲线，称为幅频特性曲线，从加速度传感器的设计角度而言，加速度传感器的共振频率越高，一般加速度传感器的工作频带越宽。

加速度传感器的模型同样对 FBG 加速度检波器也是适用的，关键是如何将振动系统的幅度变化转化为 FBG 波长的变化，针对 FBG 的几何尺度和传感特点，通过设计不同的传感器结构，结合不同的封装技术，使外界加速度的变化引起 FBG 轴向应变的变化，实现加速度对 FBG 波长的调制，从而实现加速度的测量，其一般模型如图 22-2 所示。外界加速度引起的振动幅度的变化，从而在 FBG 上产生应变，导致 FBG 波长的漂移。

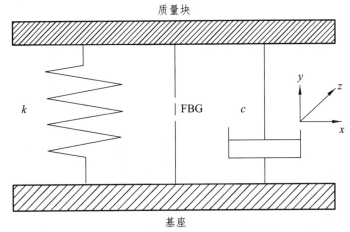

图 22-2　FBG 加速度检波器的一般模型

　　FBG 的轴向应变 ε 表达为

$$\varepsilon = \frac{A}{L} \tag{22-17}$$

式（22-17）中，A 为在外界激励信号作用下的幅度，即偏离平衡位置的位移，L 为封装光纤的长度。把式（22-15）和式（22-17）代入式（22-8）可以得到波长的相对变化量为

$$\frac{\Delta \lambda_{\mathrm{B}}}{\lambda_{\mathrm{B}}} = \frac{(1 - P_{\mathrm{e}})}{(2\pi f_0)^2 L \sqrt{(1 - \gamma^2)^2 + (2\xi\gamma)^2}} a \tag{22-18}$$

式（22-18）中，f_0 为加速度传感器的共振频率。定义 FBG 中心波长对加速度的响应灵敏度 S 为 FBG 中心波长变化量与加速度变量的比值，即

$$S = \frac{\mathrm{d}\lambda_{\mathrm{B}}}{\mathrm{d}a} \tag{22-19}$$

所以，在外界激励信号作用时，FBG 加速度检波器的灵敏度 S 表示为

$$S = \frac{\lambda_{\mathrm{B}}(1 - P_{\mathrm{e}})}{L(2\pi f_0)^2} \cdot \frac{1}{\sqrt{(1 - \gamma^2)^2 + (2\xi\gamma)^2}} \tag{22-20}$$

　　当激励信号的频率满足 $f \ll f_0$ 时，则公式（22-20）中的灵敏度称为理想平坦区加速度灵敏度 S_0 表示为

$$S_0 = \frac{\lambda_{\mathrm{B}}(1 - P_{\mathrm{e}})}{L(2\pi f_0)^2} \tag{22-21}$$

　　FBG 加速度检波器的灵敏度 S 写成

$$S = \frac{S_0}{\sqrt{(1-\gamma^2)^2 + (2\xi\gamma)^2}} \qquad\qquad (22\text{-}22)$$

理想平坦区加速度灵敏度与工作频率无关，它反映了检波器在平坦区感知加速度的灵敏度的大小，对 FBG 加速度检波器的灵敏度和工作频带的设计具有重要的指导意义。加速度检波器的结构一旦确定，其固有频率、阻尼比以及封装光纤长度 L 均确定，则理想平坦区加速度、灵敏度也被确定。由于频率因子是由阻尼比和归一化频率决定的，所以加速度检波器的结构一旦确定，则阻尼比确定。加速度检波器的实际灵敏度受到工作频率的影响，因而不再是一个理想的定值，不同激励频率的加速度检波器的灵敏度不同，加速度的响应灵敏度是一个与工作频率有关的函数。

【实验系统与装置】

实验装置如图 22-3 所示，实验系统包括可控温箱、微位移器，小型精密振动台 WS-Z30、计算机、FBG 温度传感器、FBG 应变传感器、FBG 加速传感器、标准加速度计、光纤光栅解调仪器（SM125）。

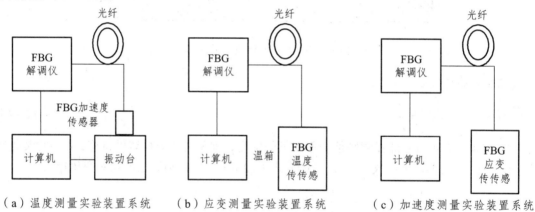

（a）温度测量实验装置系统　　（b）应变测量实验装置系统　　（c）加速度测量实验装置系统
图 22-3　光纤光栅实验系统装置框图

【实验内容与步骤】

本实验内容主要包括 FBG 温度传感器的线性灵敏度的测量、FBG 应变传感器的线性灵敏度的测量、FBG 加速度振动传感器的幅频特性和不同频率下的线性灵敏度的测量。

1. FBG 温度传感器的线性特性

（1）将封装好的光纤光栅温度传感器的一端连接光纤光栅解调器的一个通道，并将解调器与电脑连接，打开解调器软件，选择通道 1，即在通道 1 上读取光栅温度传感器的波长。

（2）将温度传感器放入校准温箱，并将外界热电偶温度检测探头置于光栅温度传感器附近，用来精确测量光栅温度传感器附近的温度，并记录初始温度。

（3）打开温箱，设定温度步长为 10 ℃，升高温度，即每隔 10 ℃ 测试一次，每次待温度稳定后（在设定温度极小区间上下波动），记录测量温度，并记录相应温度下光纤光栅的中心波长，填入表 22-1。

（4）降温测量温度波长关系，设定温度步长为 10 ℃，降低温度，即每隔 10 ℃ 测试一次，每次待温度稳定后（在设定温度极小区间上下波动），记录测量温度，并记录相应温度下光纤光栅的中心波长，填入表 22-1。

（5）实验完成后，关闭温箱电源和解调器软件，并关闭解调器，并将解调器的输出通道保护冒盖上。

（6）将实验数据通过相关软件（EXCEL、MATLAB 等）描绘温度-波长关系，并给出温度灵敏度和线性度。

表 22-1　光纤光栅温度传感器实验数据记录表

温度/℃	波长/nm		温度/℃	波长/nm	
	升	降		升	降

2. FBG 应变传感器的线性特性

（1）将封装好的光纤光栅温度应变传感器的一端连接光纤光栅解调器的其中一个通道，并将解调器与电脑连接，打开解调器软件，选择通道 2，即在通道 2 上读取传感器的波长。

（2）将应变传感器安装到应变施加装置上，用来精确施加轴向应变，并记录初始应变值，填入表 22-2，并记录环境温度。

（3）设定应变计的步长为 100 με，升高温度，即每隔 100 με 测试一次，每次待稳定后，记录施加的应变，并记录光纤光栅的中心波长，填入表 22-2。

（4）降低应变测量应变-波长关系，设定温度步长为 100 με，降低应变，即每隔 100 με 测试一次，每次待稳定后，记录应变大小，并记录光纤光栅的中心波长，填入表 22-2。

（5）实验完成后，关闭解调器软件和电源，并将解调器的输出通道保护冒盖上。

（6）根据实验数据画出应变-波长曲线图，并给出应变灵敏度和线性度。

表 22-2　光纤光栅应变传感器线性实验数据记录表

应变/με	波长/nm		应变/με	波长/nm	
	升	降		升	降

3. FBG 加速度振动传感器的幅频特性和线性特性

（1）将 FBG 加速度传感器安装到振动台上，并拧紧，将 FBG 加速度传感器的输出信号接到光栅动态解调仪（SM130）的其中一个通道，打开解调仪的电源和软件，预热 5 min。

（2）打开振动台的电源，预热 5 min，设定振动台软件为正弦输出，调整振动台软件为正弦 20 Hz 输出，通过振动台幅度输出旋钮，使输出峰值为 5 m/s^2，并将 FBG 动态解调仪的波长输出保存。

（3）调节振动台幅度输出旋钮，并保持频率不变，增大输出幅度，步长为 5 m/s^2，并将 FBG 动态解调仪的波长输出保存，重复以上步骤，幅度直至增大到 50 m/s^2。

（4）调整振动台软件为正弦 100 Hz 输出，通过振动台幅度输出旋钮，使输出峰值值为 5 m/s^2，并将 FBG 动态解调仪的波长输出保存，重复步骤 4，并将数据保存。

（5）调整振动台软件为正弦 200 Hz 输出，通过振动台幅度输出旋钮，使输出峰值值为 5 m/s^2，并将 FBG 动态解调仪的波长输出保存，重复步骤 4，并将数据保存。

（6）调节振动台频率输出旋钮，并保持输出幅度为 10 m/s^2，增大输出频率，频率步长为 20 Hz，将对应频率的波长输出保存，重复以上步骤，频率直至增大到 360 Hz。

（7）实验完毕后，先将振动台幅度输出旋钮慢慢调到零，再关闭振动台电源。

（8）将固定频率下不同加速度的数据放到 EXCEL 软件中，画出输出波形，选择 10 个峰值大的平均值作为对应加速度的波长输出，并作出关系曲线，给出不同频率下的灵敏度。

【实验注意事项】

（1）振动台幅度输出旋钮调节不能过大，实验完毕后，先将幅度调节旋钮缓慢回复到零，切记不能直接关闭振动台电源。

（2）解调仪器的所有通道均为 FC/APC 接口，不能采用 FC/PC 接入。

（3）实验完毕后解调仪器的所有通道的保护冒要盖上，防止灰尘落入。

（4）温度实验不要施加过高温度，以免降低温箱寿命。

（5）在应变实验过程中，尽量防止环境温度波动过大。

【问题思考和拓展】

（1）光纤光栅传感器与其他光纤传感器相比有什么优点？
（2）影响光纤光栅温度传感器灵敏度的因素有哪些？如何提高温度灵敏度？
（3）加速度传感器的主要技术指标有哪些？
（4）请根据 FBG 加速度传感器的原理，设计一种加速度传感器，给出结构和工作原理。
（5）FBG 温度传感器在高温区，线性度有什么变化，如何改善？

【参考文献】

[1] 廖延彪. 光纤光学[M]. 北京：清华大学出版社，2000.

[2] 李方泽，刘馥清，王正. 工程振动测试与分析[M]. 北京：高等教育出版社，1992.

[3] 刘钦朋. 井间地震中光纤加速度检波技术研究[D]. 西安：西北工业大学，2015.

实验 23　光纤相位传感原理实验

【实验背景】

干涉现象是光学的基本现象，利用光纤实现光的干涉，是光干涉现象的重要应用。由于采用光纤取代传统的透镜来构成干涉系统，光路具有柔软、形状可随意变化、传输距离远等优点，可适用于各种有强电磁干扰、易燃易爆等恶劣环境，从而可以构造出各种结构的干涉仪和许多功能器件，如光纤陀螺、光开关、光定位器件等，有广泛的应用前景。光纤马赫增德尔（简称 M-Z）传感器是基于光的双光束干涉原理并且适用于多种参量测量的一类新型传感器，其根据实现方式可分为模间干涉型 M-Z 传感器和双光纤 M-Z 传感器。双光纤 M-Z 传感器就是通过两根光纤来实现 M-Z 干涉传感的一类装置，这种传感器实现方式简单，易于制作。本实验采用光纤构成 Mach-Zehnder 干涉仪，通过调制光纤测量臂的长度，实现两路光相位差的调制，从而实现光程差的变化，最终实现干涉条纹的移动而达到测量的目的。

【实验目的】

（1）掌握光纤端面的处理方法和光纤耦合的方法。

（2）掌握光纤 Mach-Zehnder 干涉仪光路的搭建方法，并能搭建光路。

（3）测量光纤 Mach-Zehnder 干涉仪的灵敏度。

【实验原理】

光的干涉是指空间中多束光波相遇时，在交叠区域产生稳定强弱分布的现象。光的双光束干涉则指满足干涉条件的两束光波相遇时会相互叠加，形成稳定的能量分布，并以明暗相间的干涉条纹表现出来的现象，光波表达式为

$$E_1 = E_{01} \cos(\omega t + \varphi_{01}) \tag{23-1}$$

$$E_2 = E_{02} \cos(\omega t + \varphi_{02}) \tag{23-2}$$

两列光波在 P 点相遇时的光强为

$$I = I_1 + I_2 + 2\sqrt{I_1 I_2} \cos\theta \cdot \cos\varphi \tag{23-3}$$

式（23-3）中，I_1 为第一束光波的光强，I_2 为第二束光波的光强，θ 为两束光振动方向的夹角，φ 为两束光之间存在的相位差。

分析可知，当相位差 $\varphi = 2m\pi$，$m = 0, \pm 1, \pm 2, \cdots$ 时，干涉光强达到最大值，最大值为

$$I_{\max} = I_1 + I_2 + 2\sqrt{I_1 I_2} \cos\theta \tag{23-4}$$

当相位差 $\varphi = (2m+1)\pi$， $m = 0, \pm 1, \pm 2, \cdots$ 时，干涉光强达到最小值，最小值为

$$I_{\min} = I_1 + I_2 - 2\sqrt{I_1 I_2} \cos\theta \qquad\qquad (23\text{-}5)$$

Mach-Zehnder 干涉仪的光路原理图如图 23-1 所示。由长相干半导体激光器发出的激光束，经分束镜 2 后一分为二，分别打在两个多自由度光纤耦合调整架中的聚焦透镜 3 上，进行聚焦。调整光纤的方向、距离和位置，使经过处理的光纤端面正好位于激光焦点处，使尽量多的激光进入光纤 8，进入光纤并符合传输条件的激光从光纤的另一端输出并发散。将两条光纤的输出端并拢，使二束激光重叠合并 5。在满足干涉条件时，重叠区将产生干涉条纹。光纤的直径决定了干涉条纹非常细密，以肉眼观察比较困难，实验中采用 CCD 摄像头 6 对干涉条纹进行放大处理，调整摄像头距光纤出光端面的距离和位置，在监视器 7 上就可观察到对比适当、宽窄适度的干涉条纹了。适当地固定好光纤，分别将手掌靠近其中的一条光纤，我们将会看到干涉条纹快速移动。

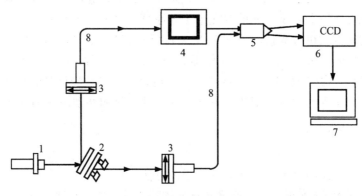

图 23-1　M-Z 干涉光路原理图

【实验系统与装置】

本实验仪器主要包括光纤 Mach-Zehnder 干涉仪测量系统、半导体激光器（含二维调整架）、二维可调分束镜、多自由度光纤耦合调整架（包含聚焦透镜调整架和光纤夹）、半导体制冷温控仪、光纤座、CCD 摄像头、监视器和光纤。

【实验内容与步骤】

本实验主要内容为光纤 Mach-Zehnder 干涉仪光路搭建和测量光纤干涉仪的灵敏度。

（1）放好激光器，打开电源，调整激光器的俯仰角，使激光束基本平行于桌面，锁死磁性底座。在距激光器 10 cm 左右处，放上分束镜，并调整光束与分束镜之间的夹角，使透射光和反射光光强大致相等，锁死磁性底座。

（2）在二束光的光路上分别放上自由度光纤耦合调整架 7，使激光束正入射聚焦透镜，并锁死磁性底座，取下光纤夹，将一张白纸放在聚焦透镜后，前后移动白纸，仔细调整聚焦透镜的位置，使落在白纸上的光斑明亮而对称，并记下焦点处的大致位置.。从光纤盘中裁下 1~1.5 m 长的光纤两根，用剥皮钳分别剥下光纤两端约 10 mm 长的塑料涂覆层，再用笔式光

纤刀在 4~5 mm 处轻划一刀，切割后的光纤端面应不再触摸。

（3）将经过切割处理的光纤放上光纤夹的细缝中，并伸出 4~8 mm，压上弹簧压片，插入耦合架中，使光纤端面大致位于激光焦点处，旋紧锁紧螺钉。

（4）仔细调整耦合调整架，使激光耦合进光纤，可看到红色激光输出，使输出激光打在白屏上，观察其强弱和形状。反复调整耦合架并观察输出光强和形状的变化，并尽量使之最亮并对称。

（5）按以上方法将另一根光纤同样安装耦合好，并将出光端合并，等长地放在光纤座上，用磁吸压住。在出光端前约 10 cm 处放置 CCD 摄像头并使两光束进入摄像头，打开监视器电源，应可观察到干涉条纹的图像，适当调整距离和对比度，并注意 CCD 要背光以得到对比度和宽窄适当的条纹图像。

（6）将其中的一条光纤作为测量臂，固定在半导体致冷片上，实现温度调制，压上盖板，待条纹稳定一段时间后，缓慢调节制冷片的温度并同时观察条纹的移动情况，并记录下来，为了减少误差可反复测量多次，取平均值，求出仪器灵敏度。

（7）使光纤弯曲、折叠，使光纤反复通过制冷片表面，使敏感长度分别为 30 mm 的 1、2、3……倍，重复步骤 6 的操作，求出灵敏度与敏感长度的关系。

表 23-1　灵敏度与敏感长度关系测量数据记录表

敏感长 L = 30 mm		敏感长 L = 60 mm		敏感长 L = 90 m	
温度/℃	温度/℃	温度/℃	温度/℃	温度/℃	温度/℃

【实验注意事项】

（1）不要用手触摸分束镜的镜面和光纤端面。

（2）实验中光纤不要过度弯曲。

（3）实验过程中不要用眼睛直视激光器。

（4）激光向光纤耦合前，确保清理光纤夹中的残留断光纤。

【问题思考和拓展】

（1）简述光纤 Mach-Zehnder 干涉仪的原理。

（2）实验中采用的光纤单模光纤，输出的光斑光强分布为什么不是高斯分布？

（3）比较 Mach-Zehnder 干涉仪与迈克尔逊干涉仪的异同。

（4）结合光纤的结构和熔接工艺，能否在一根光纤上实现光纤 Mach-Zehnder 干涉，查阅资料，并说明其测量原理。

【参考文献】

[1]   张亚星,赵鹏,张洁,等. 全光纤马赫-曾德尔干涉仪的测温实验[J]. 物理实验,2010,
       30（9）：43-46.

[2]   沈涛,孙滨超,冯月. 基于Mach-Zehnder干涉仪的温度与位移传感器的传感特性[J].
       北京工业大学学报，2015，41（12）：1872-1877.

[3]   王济民，奥诚喜. 双光纤干涉温度传感器的研究[J]. 西北工业大学学报，2006，36
       （1）：55-58.

实验 24　铒光纤放大器原理实验

【实验背景】

光纤传输的最大障碍是损耗，它直接制约着光纤的传输距离。远距离光纤传输中为了保证传输信号的质量，在信号强度有所下降时要进行补偿，提高信号强度，这就是信号的放大。光纤放大器可实现对光直接放大，具有实时、宽带、低损耗的全光放大功能。掺铒光纤放大器（Erbium-Doped Fiber Amplifier，EDFA）已广泛应用于长距离大容量高速率的光纤通信系统中。EDFA 主要由掺铒光纤（EDF）、泵浦光源、波分复用器、隔离器等组成，泵浦方式有前向泵浦、反向泵浦和双向泵浦。在传输系统中，光纤放大器应用包括功率放大器、线路放大器、前置放大器和补偿光功率分配带来的损耗。作为功率放大器时主要作用是为传输光纤提供更高的输入功率，作为线路放大器时主要作用是周期性地补偿系统中各光纤段的损耗，作为前置放大器时主要作用是提高光电接收机的灵敏度。本实验主要介绍掺铒光纤放大器的结构、工作原理及其特性测试。

【实验目的】

（1）了解掺铒光纤放大器的结构。
（2）掌握掺铒光纤放大器的工作原理。
（3）掌握掺铒光纤放大器的主要特性及其测试方法。

【实验原理】

1. 掺铒光纤放大器（EDFA）的工作原理

掺铒光纤放大是通过受激辐射放大入射光，相当于一个没有反馈的激光器。掺铒光纤放大器的核心结构是掺铒光纤，其放大作用就是利用了掺铒光纤中铒离子在泵浦光泵浦作用下受激辐射而实现的。当用较高能量的泵浦激光器来激励 EDFA 时，基态的电子吸收泵浦光后大量激发到激发态，而激发态不稳定，电子会无辐射跃迁到能量较低的亚稳态，当泵浦光功率足够强时，会形成基态和亚稳态的粒子数反转，当有信号光进入时，如果信号光的波长正好合适的话，电子会从亚稳态受激辐射跃迁到基态，同时放出与信号光频率相同的光子，这样信号光就得到了放大。掺铒光纤放大器的小信号增益理论计算公式为

$$\ln G_s = -\alpha_s L + \varepsilon_s (1 + A) P_p(0) \left\{ 1 - \exp\left[\frac{1}{(1+A)\varepsilon_s} \ln G_s - \frac{A}{(1+A)} \alpha_s L \right] \right\} \tag{24-1}$$

式（24-1）中，$\ln G_s$ 为信号增益，α_s 为信号光在光纤中的衰减系数，L 为掺铒光纤的长度，ε_s 为泵浦光的衰减系数，$P_p(0)$ 为单端泵浦的输入归一化常数。式（24-1）给出了增益与掺铒光纤长度和归一化输入的泵浦功率的关系。对确定的长度的掺铒光纤放大器，可以求得增益 G 随输入泵浦功率的变化关系，给定输入泵浦功率时掺铒光纤放大器的增益 G 随长度的变化关系。对于给定掺铒光纤结构参数的掺铒光纤放大器，根据上式就可以求得增益随入射光功率和光纤长度等变化关系。

2. 掺铒光纤放大器（EDFA）的结构

掺铒光纤放大器主要有前向泵浦、后向泵浦和双程前向泵浦、双程后向泵浦四种结构，四种基本结构如图 24-1 所示。泵浦光由半导体激光器提供，与被放大信号光一起通过光耦合器或波分复用耦合器注入掺铒光纤。光隔离器用于隔离反馈光信号，提高稳定性。光滤波器用于滤除放大过程中产生的噪声。为了提高 EDFA 的输出功率，泵浦激光亦可从掺铒光纤的末端的放大器输出端注入，或输入输出端同时注入。

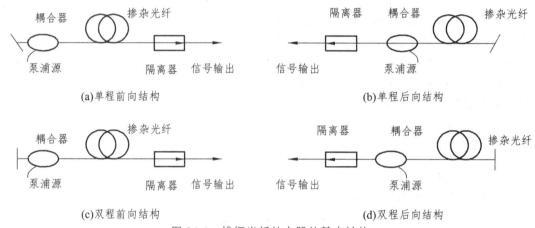

(a)单程前向结构   (b)单程后向结构

(c)双程前向结构   (d)双程后向结构

图 24-1　掺铒光纤放大器的基本结构

这四种结构的掺铒光纤放大器分别称作前向泵、后向泵和双向泵掺铒光纤放大器。双向泵浦可以采用同样波长的泵浦源，也可采用 1 480 nm 和 980 nm 双泵浦源方式。980 nm 的泵浦源工作在放大器的前端，用以优化噪声性能；1 480 nm 泵浦源工作在放大器后端，以便获得最大的功率转换效率，这种配置既可以获得高的输出功率，又能得到较好的噪声系数。

3. 掺铒光纤放大器的基本功能和性能指标

掺铒光纤放大器中，当接入泵浦光功率后输入信号光将得到放大，同时产生部分 ASE 自发辐射光，两种光都消耗上能级的铒粒子。当泵浦光功率足够大，而信号光与 ASE 很弱时，上下能级的粒子数反转程度很高，并可认为沿 EDFA 长度方向上的上能级粒子数保持不变，放大器的增益将达到很高的值，而且随输入信号光功率的增加，增益仍维持恒定不变，这种增益称为小信号增益。在给定输入泵浦光功率时，随着信号光和 ASE 光的增大，上能级粒子数的增加将因不足以补偿消耗而逐渐减少，增益也将不能维持初始值不变，并逐渐下降，此时放大器进入饱和工作状态，增益产生饱和。饱和增益值不是一个确定值，随输入功率和饱和深度以及泵浦光功率而变。下面我们来讨论小信号增益 G、饱和输出功率、噪声系数 NF

和偏振相关增益变化 ΔG_p 几个概念。

小信号增益 G 是指输出与输入信号光功率之比，定义式为

$$G = 10\lg[(P_\text{out} - P_\text{ASE})/P_\text{in}] \tag{24-2}$$

式（24-2）中，P_in 和 P_out 是被放大的连续信号光的输入和输出功率，P_ASE 是放大的自发辐射噪声功率，定义中不包括泵光和 ASE 光。

饱和输出功率是指增益相对小信号增益减小 3 dB 时的输出功率，实验中我们可以通过作图法得饱和输出功率。噪声系数 NF（Noise Figure）是指将放大器输入信噪比和输出信噪比之比

$$NF(\text{dB}) = 10\lg\left(\frac{P_\text{ASE}}{h\nu B_0} + \frac{1}{G_1}\right) = 10\lg\left(\frac{P_\text{ASE} P_\text{in}}{P_\text{out} - P_\text{ASE}} + \frac{P_\text{in}}{P_\text{out} - P_\text{ASE}}\right) \tag{24-3}$$

式（24-3）中，$h = 6.624\,196 \times 10^{-34} \text{J} \cdot \text{s}$，为普朗克常数，$\nu$ 为光频率，以波长 1 550 nm 计算，B_0 为有效带宽，实验中取 40 nm。

实验中测算出不同偏振状态下的小信号增益值，找出所有小信号增益值中的最大值 G_max 和最小值 G_min，则可计算出偏振相关增益变化 ΔG_p，表达式为

$$\Delta G_\text{p} = G_\text{max} - G_\text{min} \tag{24-4}$$

【实验系统与装置】

本实验仪器主要包括 1 550 nm LD 光源、掺铒光纤放大器（EDFA）、光功率计、跳线、法兰盘和光衰减器。实验系统图如图 24-2 所示，将各器件放置在实验台上，用来调节信号光功率的大小，本实验中的信号光源功率可以直接进行调节，故实验中没有用到光衰减器。

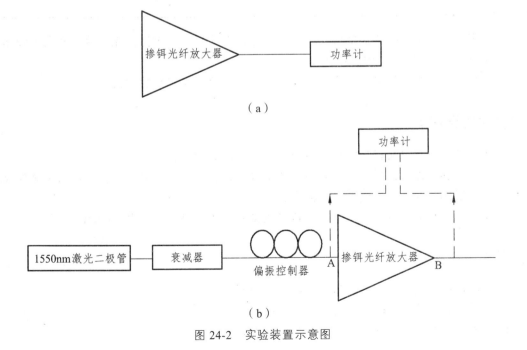

图 24-2　实验装置示意图

【实验内容与步骤】

实验内容主要包括如下内容:① 测量掺铒光纤放大器的增益曲线和输出饱和功率;② 根据测量结果判别线性工作区和饱和工作区;③ 测量噪声系数,并绘制噪声曲线。

(1)按图 24-2(a)所示的实验测量图,用跳线将放大器的输出连接到光功率计。

(2)开启掺铒光纤放大器至稳定状态,先使其的输入悬空,测得掺铒光纤放大器的自发辐射噪声功率 P_{ASE}。

(3)依据图 24-2(b)连接各装置,开启 1 550 nmLD 光源,依次等间隔增大其输出功率,测量 8 组输出功率值,同时用功率计测量 A 处的输入功率 P_{in} 和 B 点处的输出功率 P_{out},并将实验数据填入表 24-1 中,计算出各个输入功率下的增益值 G,绘出增益曲线。

表 24-1　掺铒光纤放大器特性测试数据记录表

编号	光源功率 P/mW	输入功率 P_{in}/dBm	输出功率 P_{out}/dBm	噪声功率 P_{ASE}/dBm	增益 G/dB	噪声系数 N/dB
1						
2						
3						
4						
5						
6						
7						
8						

(4)根据前面测量的增益曲线,作出小信号增益曲线,求出掺铒光纤放大器的饱和输出功率,并判断线性工作区和饱和工作区。

(5)根据式计算掺铒光纤放大器的噪声系数,并绘制噪声系数曲线。

【实验注意事项】

(1)系统上电后禁止将光纤连接器对准人眼,以免灼伤。

(2)光纤连接器陶瓷插芯表面光洁度要求极高,要使用专用清洁布,禁止用手触摸或接触硬物,空置的光纤连接器端子必须插上护套。

(3)所有光纤均不可过于弯曲,除特殊测试外其曲率半径应大于 30 mm。

【问题思考和拓展】

(1)简述掺铒光纤放大器的基本结构和工作原理。

(2)掺铒光纤放大器的主要特性参数包括那些?

(3)根据实验原理查阅相关文献,降低噪声系数的方法有哪些?

【参考文献】

[1]　DAGENAIS D M，GOLDBERG，MOELLER P，et al. Wavelength stability characteristics of a high-power amplified superfluorescent source [J]. Lightwave Technology，1999，17（8）：1415-1421.

[2]　王秀琳. 一种高效率的 L 波段掺铒光纤 ASE 宽带光源[J]. 光子学报，2006，35（3）：428-430.

[3]　黄章勇. 光纤通信用光电子器件和组件[M]. 北京：北京邮电大学出版社，2001.

实验 25　数字信号光纤传输实验

【实验背景】

　　光通信需要采用较高的载波频率，载波位于电磁波谱的近红外区域，通常称为光波系统。它与微波系统不同，微波系统的载波频率比光波系统低五个数量级，为 1 GHz。光纤通信系统是指光纤传输信息的信息系统，光波通信以其多方面的优点，已胜过长波通信、短波通信、电缆通信、微波通信和卫星通信等，目前光波通信已成为现代信息社会中信息传输和交换的主要手段，以光纤光缆为主体的网络已遍布全世界。本实验主要讨论计算机数据光纤传输和眼图的形成过程。

【实验目的】

　　（1）了解数字信号光纤传输系统的基本原理和架构。
　　（2）掌握数字信号光纤传输的方法。
　　（3）学习眼图的形成过程和意义。
　　（4）掌握光纤传输系统中的眼图观测方法。

【实验原理】

1. 数字信号光纤传输系统实验原理

　　数字信号光纤传输系统框图如图 25-1。本实验中计算机数据由串口输出，先经过串口电平转换电路，送入数字光发射机单元，完成电光转换。然后经光纤信道传输后，由光接收

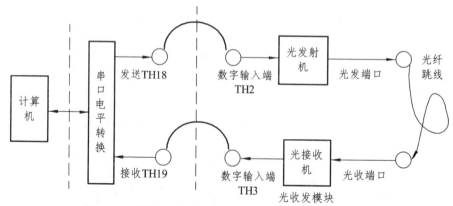

图 25-1　计算机串口数据自发自收光纤传输系统框图

机进行光电转换处理，还原成数字信号，再返回串口电平转换电路中，从而送入计算机串口接收端，最后由计算机串口调试工具接收显示。实验中需将光纤传输信道调节至无误码状态，才能正确接收到串口数据。

2. 眼图观测实验原理

眼图是一系列数字信号在示波器上累积而显示的图形，眼图包含丰富的信息，反映的是系统链路上传输的所有数字信号的整体特征。利用眼图可以观察出码间串扰和噪声的影响，分析眼图是衡量数字通信系统传输特性的简单且有效的方法。

本实验以数字信号光纤传输为例，进行光纤通信测量中的眼图观测实验。为方便模拟真实环境中的系统传输衰减等干扰现象，实验中加入可调节的带限信道，用于观测眼图的张开和闭合等现象。实验系统如图 25-2 所示，系统主要由信号源、光发射机、光接收机以及带限信道组成，图中所示信号源提供的数字信号经过光发射机和接收机传输后，再送入用于模拟真实衰减环境的带限信道，通过示波器测试，以数字信号的同步位时钟为触发源，观测 TP1 测试点的波形，这个波形是眼图。

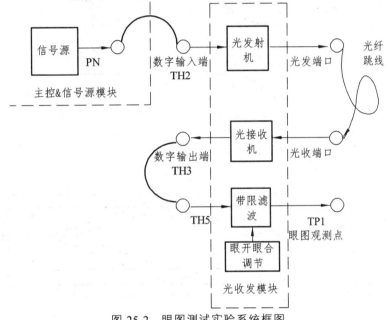

图 25-2　眼图测试实验系统框图

被测系统的眼图观测方法如图 25-3，以数字序列的同步时钟为触发源，用示波器测量系统输出端，调节示波器水平扫描周期与接收码元的周期同步，则示波器显示的波形即为眼图。一个完整的眼图应该包含从"000"到"111"的所有状态组，且每个状态组发送的尽量一致，否则有些信息将无法呈现在示波器屏幕上，眼图的八种状态如图 25-4 所示。

在无串扰影响情况下，从示波器上观测到的眼图与理论分析得到的眼图大致接近，眼图合成示意图如图 25-5 所示。眼图的垂直张开度表示系统的抗噪声能力，眼图的水平张开度反映过门限失真量的大小。眼图的张开度受噪声和码间干扰的影响，当光收端机输出端信噪比很大时眼图的张开度主要受码间干扰的影响，因此观察眼图的张开度就可以估算光收端机码间干扰的大小。

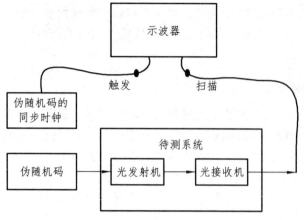

图 25-3　眼图观测方法框图

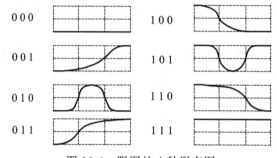

图 25-4　眼图的八种形态图

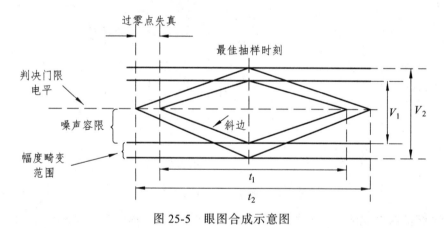

图 25-5　眼图合成示意图

眼图模型如图 25-6 所示，垂直张开度 $E_0 = V_1/V_2$，水平张开度 $E_1 = t_1/t_2$。从图中可以看出，最佳抽样时刻是"眼睛"张开最大的时刻，眼图斜边的斜率表示定时误差灵敏度，斜率越大，定时误差越敏感。在抽样时刻上，眼图上下两分支阴影区的垂直高度，表示最大信号畸变，眼图中央的横轴位置应对应于判决门限电平。在抽样时刻上，眼图上下两阴影区的间隔距离的一半为噪声容限，若噪声瞬时值超过它就会出现错判。眼图倾斜分支与横轴相交的区域的大小，即过零点失真的变动范围，它对利用信号零交点的平均位置来提取定时信息的接收系统来说影响定时信息的提取。

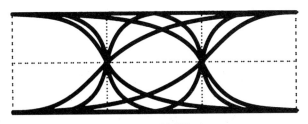

图 25-6　眼图模型

【实验系统与装置】

本实验系统的主要仪器有光纤通信实验箱、光发射机、光接收机、串口线、连接线和光纤跳线等。

【实验内容与步骤】

本实验内容主要包括计算机数据光纤传输系统实验和眼图观测实验。

1. 计算机数据光纤传输系统实验

（1）参考系统框图 25-1 进行连线。设置 25 号模块的功能初状态，选择数字信号光调制传输，连接激光器，拨码开关 APC 功能可根据需要进行选择，将功能选择开关选择光接收机，即选择光信号解调接收功能。

（2）系统调试和观测。在计算机上打开串口调试软件，根据计算机串口选择对应的串口号，设置波特率，改变光发射机的输出光功率，调节光接收机的接收灵敏度旋钮和判决门限旋钮，改变光接收效果。观察和比较串口调试软件的数据接收窗和数据发送窗的内容是否一致，当光纤传输信道无误码时，二者应一致。

2. 眼图观测实验

（1）参考系统框图 25-2 连线。设置模块的功能初状态，选择数字信号光调制传输，连接激光器，再选择光信号解调接收功能。

（2）对系统进行调试。打开系统开关，设置主控信号源模块的菜单，使 PN 输出频率为256 kHz，PN 输出码型为 PN127 或 PN15。观察眼图时，不同的示波器屏幕显示效果略有不同，需要选择一个合适的信号源或者将示波器的波形持续等功能开启。调节 25 号模块中光发射机的输出光功率旋钮，改变输出光功率强度。调节光接收机的接收灵敏度旋钮和判决门限旋钮，改变光接收效果。用示波器对比观测信号源 PN 序列和 25 号模块的 TH3 数字输出端，直至二者码型一致。

（3）以主控信号源模块上的 CLK 为触发，用示波器探头分别接信号源和 25 号模块的眼图观测点 TP1，调整示波器相关功能档位观测眼图显示效果。调节 25 号模块的眼开眼合旋钮，改变带限信道的影响强度，观测示波器中眼图张开和闭合现象。记录眼图波形并测量出眼图特性参数，评估系统性能。

【实验注意事项】

（1）在实验过程中切勿将光纤端面对着人，切勿带电进行光纤的连接。

（2）光电器件是静电敏感器件，请不要用手触摸。

（3）不要带电插拔信号连接导线。

（4）注意连接光纤跳线时需定位销口方向且操作小心仔细，切勿损伤光纤跳线或光收发端口。不要用力拉扯光纤，光纤弯曲半径一般不小于 30 mm，否则可能导致光纤折断。

（5）做完实验后光纤用相应的防尘帽罩住。

【问题思考和拓展】

（1）输出光功率大小对光纤通信系统传输有什么影响？

（2）数字信号光纤通信系统中为什么要加入 CMI 编译码部分？

（3）数字信号光纤通信系统中滤波器的作用是什么？是否可以放在加法器前面？为什么？

（4）为什么长的序列更易于观测眼图？

【参考文献】

[1] 杨祥林，张明德，许大信. 光纤传输系统[M]. 南京：东南大学出版社，1991.

[2] 王华，汶德胜，李相国，等. 无压缩多路数字视频光纤传输系统的研制[J]. 光子学报，2005，34（01）：151-154.

[3] 王兴亮，高利平. 通信系统概论[M]. 西安：西安电子科技大学出版社，2006.

[4] 朱勇，王江平，卢麟. 光通信原理与技术[M]. 北京：科学出版社，2011.

实验 26　模拟信号光纤传输实验

【实验背景】

模拟信号光纤传输是指通信传输模拟信号的光纤通信，光发射端机传给光纤的光信号用强度调制，光接收端机的光电检测用直接方式。送入光发射机发光管或激光管的原电信号可采用不同的调制形式，有调幅、调频、脉冲频率调制及脉位调制等形式。通常将采集的模拟基带信号直接调制到光载波上，从光发射机经光纤传送到光接收机，完成模拟信号的传送。本实验主要讨论不同频率、不同幅度的正弦波、三角波、方波等模拟信号的系统光传输性能。

【实验目的】

（1）了解模拟信号光纤通信原理。

（2）掌握不同频率、不同幅度的正弦波、三角波、方波等模拟信号的系统光传输性能。

（3）掌握模拟信号光纤传输的测量方法。

【实验原理】

1. 光纤传输系统的主要技术指标

模拟光纤传输系统有两个关键性的质量指标是信噪比 S/N 和信道线性度，其中信道线性度也叫非线性失真度，信噪比 S/N 与信道线性度分别表示噪声大小和线性好坏，这两个指标的数值依据传输的实际用途而定。一般高质量的电视传输要求信噪比 S/N 达到 56 dB，差分增益 $\Delta G = 0.3$ dB。信道线性度表示在不同输入信号电平上所引起增益的差值，也称为差分增益。对于模拟信号传输传输系统，信噪比 S/N 和信道线性度相对要求较低，可根据实际系统指标的分配决定。

2. 光纤传输系统的噪声

噪声问题是模拟光纤系统最重要的问题之一，系统的任何组成部分包括有源部件和无源部件都会产生噪声，并叠加在传输信号之上。模拟传输系统主要由光发射机、传输光纤、光接收机和各类连接器所组成。在光接收机中，光检测器由光检二极管和前置放大器组成。

模拟光纤传输链路中的噪声主要来源于相对强度噪声、干涉强度噪声、量子噪声、热噪声。相对强度噪声是指光发射机中激光器光强的涨落，它随着激光器的偏置不同而变化，在阈值附近，它会达到最大，然后随着偏置增加，也就是激光器输出功率增加，它会下降。与强度噪声和激光器的工作频率也有关系，一般在低频时较小，在高频时相对强度噪声则明显增加。干涉强度噪声是由光纤链路中光纤连接器、固定连接点、光纤耦合端面产生反射光以及光纤内部缺陷多次反射进入激光器腔内引起的。还有来源于光接收机中光检测二极管产生的量子噪声，光接收机中光检测器前置放大器产生的热噪声。

3. 光纤传输系统的信号失真

模拟光纤传输系统中非线性失真包括激光器进行调制用的驱动放大器失真、激光器调制非线性失真、光纤色散引起的非线性失真、光接收机的光检测二极管光电变换的非线性和接收机内放大器引起的失真等。在这些影响非线性失真的因素中，光发射机中激光器调制特性和光纤色散效应是非线性失真的主要原因。

4. 激光器光电特性的非线性

激光器的非线性很大程度上表现在激光器输出光功率 P 和注入电流 I 的关系，即激光器 $P\text{-}I$ 曲线。要使系统有好的传输特性，选择 $P\text{-}I$ 曲线线性好的激光器件是很重要的。

如图 26-1 是激光器的 $P\text{-}I$ 特性曲线，从图中可看出电流在超过门限电流 I_{th} 以后，光输出相对于电流是直线增加，有逐渐达到饱和的倾向，激光器的工作就是利用这个直线段，一般把偏置电流设定于这直线段的中部，利用信号电流进行光强度调制，所以其线性就显得极为重要。这段直线的倾斜度，表示驱动电流变化引起光强度变化的比例，也称为微分效率，以mW/mA 为单位。它表示调制时的调制灵敏度，若离开直线段，就会产生失真。即使在类似直线段内，只要稍有弯曲，在已调制的光输出信号中，就包含有失真成分。在模拟信号光纤传输中，由于对线性度具有一定的要求，因而对发光管的偏置及发送信号的大小均有要求，这在电路中通过调整电位来实现的。

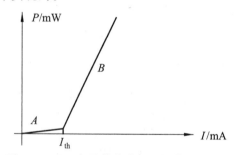

图 26-1 LD 半导体激光器 $P\text{-}I$ 曲线示意图

5. 光调制功率检测原理

本实验光调制功率检测框图如图 26-2，模拟信号光调制传输系统框图如图 26-3。

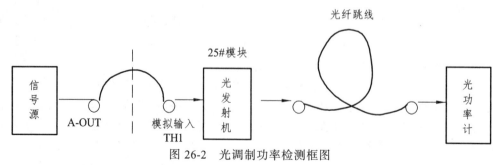

图 26-2 光调制功率检测框图

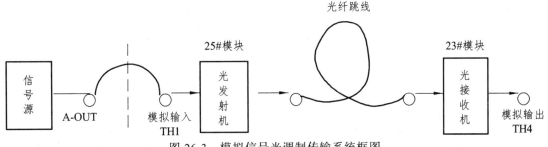

图 26-3　模拟信号光调制传输系统框图

本实验是输入不同的模拟信号，测量模拟光调制系统性能，不同频率、不同幅度的正弦波、三角波和方波等信号，经光发射机单元，完成电光转换，然后通过光纤跳线传输至光接收机单元，进行光电转换处理，从而还原出原始模拟信号。实验中利用光功率计对光发射机的功率检测，了解模拟光调制系统的性能。实验中还可以根据实际模块配置情况不同，自行选择不同波长（如 1 310 nm、1 550 nm）的光收发模块进行实验。

【实验系统与装置】

本实验系统的主要仪器有光纤通信实验箱、双踪示波器、25 号模块、23 号模块、光功率计、误码仪、连接线和光纤跳线。

【实验内容与步骤】

1. 线路连接

参考系统框图 26-3 进行连线，连接信号源和 25 号模块的 TH1 模拟输入端。用光纤跳线连接模块的光发端口和光收端口，将电信号转换为光信号，经光纤跳线传输后再将光信号还原为电信号。用同轴连接线将 25 号模块的 P4 光探测器输出端，连接至 23 号模块的 P1 光探测器输入端。设置模块初状态选择模拟信号光调制传输，连接激光器，功能选择光功率计测量功能。

2. 系统联调和观测

设置主控模块的菜单，选择模拟信号光调制。此时系统初始状态中 A-OUT 输出为 1 kHz 正弦波。调节信号源模块使 A-OUT 输出正弦波幅度为 1 V。选择进入主控和信号源模块的光功率计功能菜单，根据所选模块波长类型选择波长 1 310 nm 或 1 550 nm。保持信号源频率不变，改变信号源幅度测量光调制性能。调节信号源的幅度，记录不同幅度时的光调制功率变化情况，填入表 26-1。

表 26-1　不同幅度的光调制功率变化实验数据记录表

信号幅度 U/V	0.5	1	1.5	2	2.5	3
光调制输出功率 P/W						

3. 测量光调制功率

保持信号源幅度不变，改变信号源频率测量光调制性能。改变输入信号的频率，自行设计表格记录不同频率时的光调制功率变化情况。

4. 观察模拟光调制系统线性度

拆除 23 号模块和 25 号模块之间的同轴连接线，调节 25 号模块的接收灵敏度，用示波器对比观察光接收机的模拟输出端 TH4 和光发射机的模拟输入端 TH1，了解模拟光调制系统线性度。

5. 测量其他波形

改变信号源的波形，用三角波或方波进行上述实验步骤，进行相关测试，表格自拟。

【实验注意事项】

（1）在实验过程中切勿将光纤端面对着人，切勿带电进行光纤的连接。

（2）光电器件是静电敏感器件，请不要用手触摸。

（3）连接光纤跳线时需定位销口方向且操作小心仔细，切勿损伤光纤跳线或光收发端口。不要用力拉扯光纤，光纤弯曲半径一般不小于 30 mm，否则可能导致光纤折断。

（4）做完实验后将光纤调线端口用防尘帽罩住。

【问题思考和拓展】

（1）简述模拟信号光调制传输系统的过程。

（2）光电探测器的作用和原理是什么？

（3）能否用一根光纤传输两路模拟信号？请说明理由。

【参考文献】

[1] 王贤勇，赵传申. 单片机原理与接口技术[M]. 北京：清华大学出版社，2010.

[2] 杨拴科. 模拟电子技术基础[M]. 北京：高等教育出版社，2010.

[3] 陈根祥. 光纤通信技术基础[M]. 北京：高等教育出版社，2010.

第4章

光调制实验

　　光调制技术是将一个携带信息的信号叠加到载波光波上的一种调制技术。光调制能够使光波的某些参数如振幅、频率、相位、偏振状态和持续时间等按一定的规律发生变化，实现光调制的装置称为光调制器。

　　光调制过程本质上就是对极化方向上的单位矢量、振幅、载波频率和相位中的一种或多种参量进行调制。目前研究的主要调制方式有偏振位移调制键控（POLSK）、幅移键控（ASK）、频移键控（FSK）和相移键控（PSK）。光调制技术已广泛应用于光通信、测距、光学信息处理、光存储和显示等方面。

　　光调制的方法主要分为直接调制、腔内调制和腔外调制三种。直接调制法是外加信号直接控制激光器的泵浦源(如控制半导体激光器的注入电流)，从而使激光的某些参量得到调制。腔内调制法是腔内调制，是通过改变激光器的参数（如增益、谐振腔 Q 值或光程等）实现的，主要用于 Q 开关、锁模等技术。腔内调制又分为被动式与主动式两类。腔外调制法是只改变腔外光波参数而不影响激光振荡本身的一种调制方法，主要用于光偏转、扫描、隔离、调相、调幅和斩波等方面，腔外调制一般都采用主动方式。被动调制，此类调制利用某些吸收波长与激光波长一致的可饱和吸收体（如染料）的非线性吸收特性，把一个染料盒置于激光腔内可以构成一个被动式 Q 开关，开关时间一般为 $10^{-8} \sim 10^{-9}$ s。被动调制比较简单、经济，但开关时间不能精确控制、染料寿命较短，采用恢复吸收率的弛豫时间短的染料溶液可以实现激光器的锁模工作，获得 $10^{-10} \sim 10^{-13}$ s 的超短脉冲。主动调制，包括机械调制、电光调制、声光调制和磁光调制等。

　　本章针对光调制技术常见主动调制的方法，并结合实验室现有实验项目和专业特色，主要内容包括磁光调制实验、电光调制实验、声光调制实验、相位延迟实验、磁光共振实验、椭圆偏振实验，巩固学生理解光调制原理基本知识，锻炼学生的实验操作能力，加强学生对光与物质作用应用的深入理解。

实验 27　磁光调制实验

【实验背景】

1854 年，英国科学家法拉第发现，当平面偏振光穿过介质时，若对介质沿平行于光的传播方向施加磁场，光波的偏振面将发生旋转，旋转的角度大小正比于磁场强度，这种现象称为磁光效应。这种效应给予麦克斯韦重要的启发，1861 年他在发表的《论物理力线》第四部分，为了证明"分子涡流模型"的有效性，使用该模型推导出了法拉第效应。后来，维尔德研究了许多介质的磁致旋光效应，发现大多数对于光波呈透明的介质，当受到磁场作用时，普遍会出现这种效应，只是大部分物质的法拉第光效应很弱，掺杂稀土的维尔德常数较大。磁光效应可应用于研究旋光材料的物理性能以及光信息处理，磁光调制器在激光通讯、激光显示等领域都有广泛的应用。本实验讨论法拉第磁光效应的原理，掌握磁光介质在恒定磁场和交变磁场中的磁光现象，并学习测定磁光介质的维尔德常数。

【实验目的】

（1）掌握法拉第效应的基本物理思想和光路调节的基本方法。
（2）掌握法拉第旋转角的测量方法。
（3）测定磁光介质的旋光角与磁场强度的特性曲线。
（4）测量磁光介质的维尔德常数。

【实验原理】

1. 磁光效应

当平面偏振光穿透某种介质时，若在沿平行于光的传播方向施加一磁场，光波的偏振面会发生旋转，实验表明其旋转角 θ 正比于外加的磁场强度 B，这种现象称为法拉第效应，也称磁致旋光效应，简称磁光效应，即

$$\theta = VLB \tag{27-1}$$

式（27-1）中 L 为光波在介质中的路径，为表征磁致旋光效应特征的比例系数，V 称为维尔德常数。由于磁致旋光的偏振方向会使反射光引起的旋角加倍，而与光的传播方向无关，利用这一特性在激光技术中可制成具有光调制、光开关、光隔离、光偏转等功能性磁光器件，其中磁光调制为其最典型的一种。如图 27-1 所示，在磁光介质的外围加一个励磁线圈就构成基本的磁光调制器件。

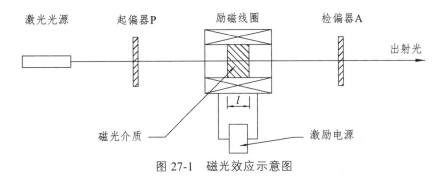

图 27-1　磁光效应示意图

2. 直流磁光调制

当线偏振光平行于外磁场入射磁光介质的表面时，偏振光的光强 I 可以分解成如图 27-2 所示的左旋圆偏振光 I_L 和右旋圆偏振光 I_R。由于介质对两者具有不同的折射率 n_L 和 n_R，当它们穿过厚度为 L 的介质后分别产生不同的相位差，体现在角位移上为

$$\begin{cases} \theta_L = \dfrac{2\pi}{\lambda} n_L L \\ \theta_L = \dfrac{2\pi}{\lambda} n_L L \end{cases} \tag{27-2}$$

式（27-2）中，λ 为光波波长，L、n 分别为介质的厚度和折射率。

由 $\theta_L - \theta = \theta_R - \theta$ 得

$$\theta = \frac{1}{2}(\theta_L - \theta_R) = \frac{2\pi}{\lambda}(n_L - n_R) \times L \tag{27-3}$$

式（27-3）中如折射率差（$n_L - n_R$）正比于磁场强度 B，即可得式（27-1），并由 θ 值和测得的 B、L 求出维尔德常数 V。

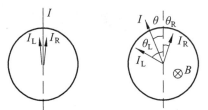

图 27-2　入射光偏振面的旋转运动示意图

3. 交流磁光调制

用交流电信号对励磁线圈进行激励，使其对介质产生变磁场，就组成了交流信号磁光调制器，在线圈未通电流并且不考虑光损耗的情况下，设起偏器 P 的线偏振光振幅为 A_0，则 A_0 可分解为 $A_0\cos\alpha$ 及 $A_0\sin\alpha$ 两个垂直分量，其中只有平行于 P 平面的 $A_0\cos\alpha$ 分量才能通过检偏器，故有输出光强 I 为

$$I = (A_0\cos\alpha)^2 = I_0\cos^2\alpha \tag{27-4}$$

式（27-4）中，$I_0 = A_0^2$ 为其振幅，α 为起偏器 P 与检偏器 A 主截面之间的夹角。i_0 为光强的幅值，当线圈通以交流电信号 $i = i_0\sin\omega t$ 时，设调制线圈产生的磁场为 $B = B_0\sin\omega t$ 时，则介质相应地会产生旋转角 $\theta = \theta_0\sin\omega t$ 时，则从检偏器输出的光强 I 为

$$I = I_0 \cos^2(\alpha \pm \theta) \tag{27-5}$$

当 θ 很小时，$\sin\theta \approx \theta$，$\cos\theta \approx 1$，则

$$\cos^2(\alpha \pm \theta) = \cos^2\alpha + \theta^2 \sin^2\alpha \mp 2\cos\alpha\sin\alpha \cdot \theta \tag{27-6}$$

当 $\alpha = \dfrac{\pi}{2}$，$\cos\alpha = 0$，$\sin\alpha = 1$ 时，

$$I = I_0\theta_0^2 \sin^2\omega t = \frac{1}{2}I_0\theta_0^2(1 - \cos 2\omega t) \tag{27-7}$$

由式（27-7）可看出输出信号为调制信号的倍频。

4. 磁光调制的基本参量

磁光调制的性能主要由调制深度和调制角度这两个基本参量来描述。

（1）调制深度 η

$$\eta = \frac{I_{\max} - I_{\min}}{I_{\max} + I_{\min}} \tag{27-8}$$

式（27-8）中 $I_{\max}$ 和 $I_{\min}$ 分别为调制输出光强的最大值和最小值，在 $0 \leqslant \alpha + \theta \leqslant \pi/2$ 的条件下，参照图 27-3 应用倍角公式，由（27-6）式得到在 $\pm\theta$ 时的输出光强分别为

$$\begin{cases} \dfrac{I_0}{2}[1 + \cos 2(\alpha - \theta)] \\[2mm] \dfrac{I_0}{2}[1 + \cos 2(\alpha + \theta)] \end{cases} \tag{27-9}$$

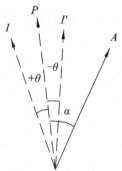

图 27-3　调制光强随旋光角变化示意图

（2）调制角幅度 θ_0

令 $I_A = I_{\max} - I_{\min}$ 为光强调制幅度，将（27-9）式代入化简得

$$I_A = I_0 \sin 2\alpha \sin 2\theta \tag{27-10}$$

由式（27-10）可知，若起偏器 P 与检偏器 A 主截面间夹角时，调制幅度可达最大值 $I_0\sin 2\theta$，此时调制输出的极值光强为

$$\begin{cases} I_{\max} = \dfrac{I_0}{2}(1 + \sin 2\theta) \\[2mm] I_{\max} = \dfrac{I_0}{2}(1 - \sin 2\theta) \end{cases} \tag{27-11}$$

将此式代入式（27-8）得到 $\alpha = 45°$时的调制深度和调制角幅度，$\eta = \sin 2\theta$。

$$\begin{cases} \eta = \sin 2\theta \\ \theta = \theta_0 = \dfrac{1}{2}\sin^{-1}\left(\dfrac{I_{\max} - I_{\min}}{I_{\max} + I_{\min}}\right) \end{cases} \qquad （27\text{-}12）$$

【实验系统与装置】

本实验的主要仪器包括法拉第调制仪、旋光玻璃，半导体激光器等。磁光调制器系统结构由两大单元组成，如图 27-4 所示。

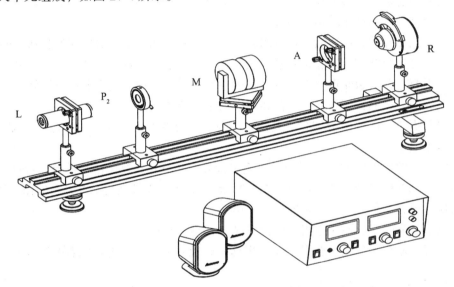

图 27-4　电光调制实验系统光路图

1. 光路系统

由激光器 L、起偏器 P_2、带调制线圈的磁光介质 T、检偏器与光电转换成一体的接收单元 R 和直流励磁的电磁铁 M 等组装在精密光具座上，组成磁光调制器的光路系统。

光电接收器组件前部的检偏器 A 有两个刻度盘，位于前端的圆盘，其四周由四挡 0 ~ 90° 的刻度盘构成。旋转带光孔和刻线的锥体可调圆盘用以粗调检偏器的角度，后面的精密测微量角器，用以细调检偏器的旋角。

2. 电路系统

除激光电源与光电转换接收部件，其余电路组装在主控单元中，各控制与显示部分的作用如下：

电源开关是用来控制主电源，同时对半导体激光器供电；外调输入是用来输入外接音频调制信号；调制幅度是用以调制交流调制信号的幅度；调制加载是用于对磁光介质施加交流调制信号；直流励磁是用于对电磁铁施加直流调制电流的开关；励磁强度是调节直流励磁电流大小，用于改变对磁光介质施加的直流磁场的大小；励磁极性是用于改变直流磁场的极性的开关；解调幅度是用于调节监视或解调输出信号的幅度。

【实验内容与步骤】

本实验内容主要包括测量磁光介质的旋光角与磁场强度的特性曲线，测量磁光介质的维尔德常数，研究磁光调制机理和特性。

1. 实验前的准备

（1）按图 27-4 的系统组成图，首先在光具座的滑座上放置好激光器和光电接收器，光电接收器位于光具座右侧末端。

（2）按系统连接方法将激光器、直流励磁的电磁铁、检偏器一体的光电接收器等组件连接到位，检偏器的两刻度盘均预置在零位。

（3）打开电源开关，接通激光器电源，点亮激光器，调节激光器尾部的旋钮，使激光器达足够光强。将激光器推近光电接收器，调节激光器架上的两颗调节螺钉，使激光器基本与光具座导轨平行，并使激光束落在接收部件的中心点上。然后将激光器移至导轨的另一端，再次微调后侧的夹持螺钉，使光点仍落在塑盖的中心位置上。

（4）用所提供的电缆线分别将"调制监视"与"解调监视"插座与双踪示波器的 Y_{I} 与 Y_{II} 的输入端相连。

（5）插入起偏器 P_2，接收光强指示应呈现读数，调节起偏器，使光强指示器近于 0，表示检偏器与起偏器的光轴正处于正交状态（$P \perp A$），记下起偏器角度。再将起偏器旋转约 45°角，使两偏振面在此夹角下调制幅度达最大值。

（6）调节激光强度，使光强指示的读数在"4~5"左右。

（7）将带调制线圈的磁光介质 T 插入光具座后对准中心，务使激光束正射透过。

2. 电磁铁磁头中心磁场的测量

（1）将直流励磁的电磁铁的电缆线插入励磁输出端，"红""黑"两端。

（2）将特斯拉计探头固定在探头架上，探头放入电磁铁 8 mm 的间隙里，并使探头处于两个磁头正中，旋转探头方向，使磁力线垂直穿过探头前端的霍尔传感器，这样测量出的磁感应强度最大，对应特斯拉计此时测量最准确，如图 27-5 所示。

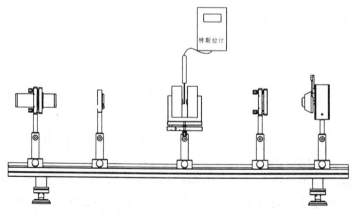

图 27-5　电磁铁磁头中心磁场的测量图

（3）调节直流稳压电源的电流调节电位器，使电流逐渐增大，并记录不同电流情况下的磁感应强度，然后画出电流 – 磁感应强度关系图。

3. 正交消光法测量法拉第效应实验

（1）仪器连接如图 27-6 所示，将法拉第旋光玻璃置入直流励磁的电磁铁中，取走带调制线圈的磁光介质，调节检偏器到正交消光位置，此时输出光强最小，即显示数值最小。改变电流，可以看到光强数值增大，根据马吕斯定律和拉第效应，此时穿过样品的线偏振光的偏振面发生了旋转。转动检偏器使光功率计输出数值重新达到最小，则检偏器转过的角度即为法拉第旋转角 θ。根据式（27-1），测量样品厚度 d 和中心磁场强度 B，可以求出样品的维尔德常数。

实验测量，电流为 $I = 1.51$ A 时，相对于未加磁场的情况，偏转角度为 9 min。所以根据前面电流和磁感应强度测量公式 $B = 152.2I + 10.73$，可以求出电流为 1.77 A 时，对应磁感应强度 $B = 240$ mT，转动角度为 9 min × 60 = 540 min，样品长度为 6 mm，所以材料的维尔德常数为

$$V = \frac{\theta}{Bd} = \frac{540}{240 \times 0.001 \times 6 \times 1} = 37.7 \times 10^2 \ [\text{min/（T·cm）}] \qquad （27\text{-}13）$$

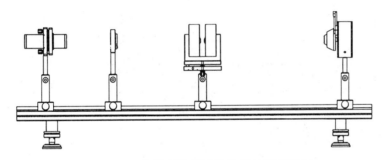

图 27-6　正交消光法测量法拉第效应实验图

（2）改变励磁电流测量旋转角度，将数据记录填入表 27-1。

表 27-1　励磁电流 I 和磁场中心磁感应强度 B 数据记录表

励磁电流/A	角度/rad	励磁电流/A	角度/rad	励磁电流/A	角度/rad

4. 磁光调制实验

实验连接如图 27-7 所示，将直流励磁的电磁铁换成带调制线圈的磁光介质，法拉第旋光玻璃置入带调制线圈的磁光介质中，在输入光强及调制磁场幅度不变的情况下，转动检偏器，即改变 α 的值，可以看到示波器上输出调制波形的变化如下：

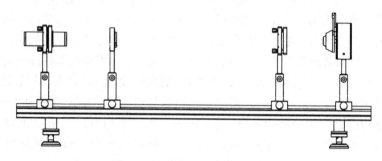

图 27-7　磁光调制实验光路图

（1）检偏器转动到一定角度，磁光调制输出幅度最大，从原理部分可知，此时 α = 45°，如图 27-8 中上半部分。

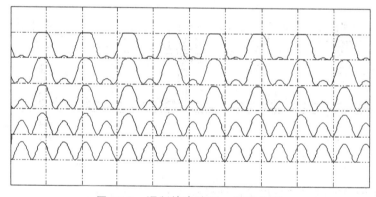

图 27-8　调制输出波形 α 值变化图

（2）在光强输出接近最大或者最小时，磁光调制幅度逐渐减小，即 α = 0°或者 90°时，正弦波输出幅度逐渐减小，这也符合上面的理论推断。

（3）当 α = 90°时，即起偏器和检偏器正交时，磁光调制输出幅度达到最小，如图 27-8 下半部分。

（4）当磁光调制输出幅度达到最小时，将调制监视、解调监视接到示波器上，可以看到倍频信号。即输入调制线圈的 1 kHz 的正弦波，经过调制之后，从光电探测器中输出是 2 kHz 的正弦波，当偏离消光位置时，可以看到，波形将发生畸变，逐渐由 2 kHz 的正弦波变为 1 kHz 的正弦波，如图 27-9 所示。

5. 磁光调制倍频法测量法拉第效应实验

实验连接如图 27-10 所示，导轨上需要放置激光器、起偏器、电磁铁、调制线圈、检偏器一体的光电接收器。

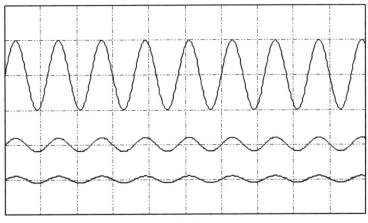

图 27-9　调制输出波形的畸变图

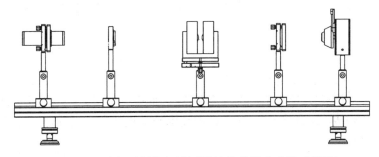

图 27-10　磁光调制倍频法测量法拉第效应实验光路图

（1）首先放置激光器和电磁铁，调节激光器微调俯仰角和扭转角的调节螺丝，使激光斑完全穿过电磁铁中心孔。

（2）放入起偏器和调制线圈，使光斑正好穿过调制线圈中间的调制晶体，这一点非常重要，然后再放入检偏器和光电接收转换器，调节光路使激光斑正好穿过并能够被光电接收器接收。

（3）将旋光玻璃置入直流励磁的电磁铁中，法拉第旋光玻璃置入调制线圈中，使激光穿过玻璃。

（4）将电流调节至 0 A，调节检偏器，使示波器能够观察到倍频信号，这时可以直接观察正弦波信号，精确调制倍频点，即使起偏器和检偏器完全正交，记录此时测角器螺旋测微头的读数。

（5）增大电流至合适值，可以看到倍频发生变化消失，即由于出现磁致旋光，检偏器和从电磁铁出射的光没有完全正交，调节检偏器，使倍频重新出现。这时检偏器转过的角度即为加磁场后样品发生法拉第效应转过的角度。

6. 光通信的演示实验

将音频信号输入到本机的"外调输入"插座，将扬声器插入"解调监听"插座，加晶体偏压至调制特性曲线的线性区域，适当调节调制幅度与解调幅度即可使扬声器播放出音响节目，示波器也可同时进行监视。

【实验注意事项】

（1）实验结束后，将实验样品及各元件取下，依次放入零件箱内。

（2）法拉第磁光玻璃为易损件，使用时应加倍小心。

（3）用正交消光法测量样品费尔德常数时，必须注意加磁场后要求保证样品在磁场中的位置不发生变化，否则光路改变会影响到测量结果。

【问题思考和拓展】

（1）电磁铁的剩磁现象会对实验数据记录带来一定程度的影响，请问实验过程中用何方法能够消除剩磁现象？

（2）当起偏器和检偏器正交时，若加载正旋信号，试推导输出解调信号会出现倍频吗？

（3）解释当起偏器和检偏器夹角为45°时，输出解调信号幅度最大的原因？

【参考文献】

[1] 张永林，狄红卫. 光电子技术[M]. 北京：高等教育出版社，2012.

[2] 周自刚，胡秀珍. 光电子技术及应用[M]. 北京：电子工业出版社，2017.

[3] 蔡伟，伍樊成，杨志勇，等. 磁光调制技术与应用研究[J]. 激光与电子学进展，2015，52：060003.

实验 28　电光调制实验

【实验背景】

晶体在外加电场的作用下，其折射随外加电场的改变而发生变化，此现象称为晶体的电光效应。许多固体和液体材料均能够显示出电光效应，其中最为重要的一类是电光晶体材料。外电场作用于晶体材料所产生的电光效可分为两种：一种是泡克耳斯效应，产生这种效应的晶体通常是不具有对称中心的各向异性晶体；另一种是克尔效应，产生这种效应的晶体通常是具有任意对称性质的晶体或各向同性介质。电光晶体主要是一些高电光品质因子的晶体和晶体薄膜，在可见波段的常用电光晶体有磷酸二氢钾、磷酸二氢铵、铌酸锂、钽酸锂等晶体，前两种晶体有较高的光学质量和光损伤阈值，但半波电压较高，而且要采用防潮解措施，后两种晶体有较低的半波电压，物理化学性能稳定，但其光损伤阈值较低。在红外波段电光晶体主要是砷化镓和碲化镉等半导体晶体。电光调制器的调制信号频率可到 10^9 Hz 量级，主要用于制作光调制器、扫描器、光开关等器件。晶体电光调制实验是集光、机、电于一体的合性实验。本实验主要观察和了解电光效应所引起的晶体光性的变化，测量晶体半波电压，加深对双折射、偏振光干涉等知识的理解。

【实验目的】

（1）掌握电光调制原理。
（2）掌握测量电光调制特性的方法。
（3）掌握测量电光晶体半波电压的方法。
（4）掌握测量和计算电光晶体消光比和透光率的方法。
（5）了解电光调制在光通讯中调制应用。

【实验原理】

某些晶体在外加电场的作用下，其折射率随外加电场的改变而发生变化的现象称为电光效应。利用这一效应可以对透过介质的光束进行幅度、相位或频率的调制，构成电光调制器。电光效应分为两种类型，第一种是一级电光泡克尔斯效应（Pockels），介质折射率变化正比于电场强度，第二种是二级电光克尔效应（Kerr），介质折射率变化与电场强度的平方成正比。

本实验仪使用铌酸锂（$LiNbO_3$）晶体做电光介质，组成横向调制（外加电场与光传播方向垂直）的一级电光效应。如图 28-1 所示，入射光方向平行于晶体光轴（Z 轴方向），在平行于 X 轴的外加电场 E 作用下，晶体的主轴 X 轴和 Y 轴绕 Z 轴旋转 $45°$，形成新的主轴 X' 轴、Y'轴，且 Z 轴不变，它们的感生折射率差为 Δn，并正比于所施加的电场强度 E。

$$\Delta n = n_0^3 rE \tag{28-1}$$

式（28-1）中，r 为晶体结构及温度有关的参量，称为电光系数，n_0 为晶体对寻常光的折射率。

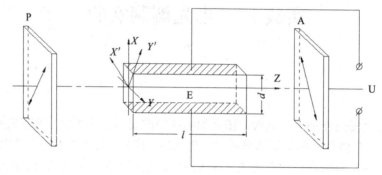

图 28-1　横向电光效应示意图

当一束线偏振光从长度为 L、厚度为 d 的晶体中出射时，由于晶体折射率的差异而使光波经晶体后出射光的两振动分量会产生附加的相位差 δ，它是外加电场 E 的函数：

$$\delta = \frac{2\pi}{\lambda}\Delta nL = \frac{2\pi}{\lambda}n_0^3 rE = \frac{2\pi}{\lambda}n_0^3 r\left(\frac{L}{d}\right)U \tag{28-2}$$

式（28-2）中，λ 为入射光波的波长。为测量方便起见，电场强度用晶体两极面间的电压来表示，即 $U = Ed$。当相差 $\delta = \pi$ 时，所加电压为

$$U = U_\pi = \frac{\lambda}{2n_0^3 r}\frac{d}{L} \tag{28-3}$$

式（28-3）中，U_π 称为半波电压，它是一个可用以表征电光调制时电压对相差影响大小的重要物理量。由式（28-3）可见，半波电压 U_π 决定于入射光的波长 λ 以及晶体材料和它的几何尺寸。由式（28-2）和式（28-3）可得

$$\delta(U) = \frac{\pi U}{U_\pi} + \delta_0 \tag{28-4}$$

式（28-4）中，δ_0 为 $U = 0$ 时的相差值，它与晶体材料和切割的方式有关，对加工良好的纯净晶体而言 $\delta_0 = 0$。

如图 28-2 为电光调制器的工作原理图，由激光器发出的激光经起偏器 P 后只透射光波中平行其透振方向的振动分量，当该偏振光 I_P 垂直于电光晶体的通光表面入射时，如将光束分

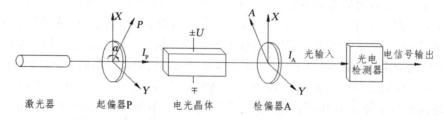

图 28-2　电光调制器工作原理示意图

解成两个线偏振光，则经过晶体后其 X 分量与 Y 分量会产生 $\delta(U)$ 的相差，然后光束再经检偏器 A，产生光强为 I_A 的出射光。当起偏器与检偏器的光轴正交（A⊥P）时，根据偏振原理可求得输出光强为

$$I_A = I_P \sin^2(2\alpha) \sin^2 \left[\frac{S(U)}{2} \right] \tag{28-5}$$

式（28-5）中，$\alpha = \theta_P - \theta_X$，为 P 与 X 两光轴间的夹角，若取 $\alpha = \pm 45°$，这时 U 对 I_A 的调制作用最大，并且有

$$I_A = I_P \sin^2 \left[\frac{\delta(U)}{2} \right] \tag{28-6}$$

再由式（28-4）可得

$$I_A = I_P \sin^2 \left[\frac{\pi U}{2\pi U_\pi} \right] \tag{28-7}$$

于是可画出输出光强 I_A 与相差 δ（或外加电压 U）的关系曲线，即 I_A-$\delta(U)$ 或 I_A-U，如图 28-3 所示。

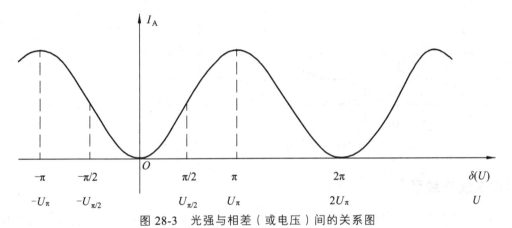

图 28-3　光强与相差（或电压）间的关系图

由此可见，当 $\delta(U) = 2k\pi$ 或 $U = 2kU_\pi(k = 0, \pm 1, \pm 2, \cdots)$时，$I_A = 0$；当 $\delta(U) = (2k + 1)\pi$ 或 $U = (2k + 1)U_\pi$ 时，$I_A = I_P$；当 $\delta(U)$ 为其他值时，I_A 在 $0 \sim I_P$ 之间变化。由于晶体受材料的缺陷和加工工艺的限制，光束通过晶体时还会受晶体的吸收和散射，使两振动分量传播方向不完全重合，出射光截面也就不能重叠起来。

于是，即使两偏振光处于正交的状态，且在 $\alpha = \theta_P - \theta_X = \pm 45°$的条件下，当外加电压 $U = 0$ 时，透射光强却不为 0，即 $I_A = I_{min} \neq 0$；$U = U_\pi$ 时，透射光强也不为 I_P，即 $I_A = I_{max} \neq I_P$。

由此需要引入另外两个特征参量：

消光比　　　　　$M = \dfrac{I_{max}}{I_{min}}$ 　　　　　　　　　　　　　　　　（28-8）

透射率　　　　　$T = \dfrac{I_{max}}{I_0}$ 　　　　　　　　　　　　　　　　　（28-9）

式（28-9）中，I_0 为移去电光晶体后转动检偏器 A 得到的输出光强最大值。M 愈大，T 愈接近于 1，表示晶体的电光性能愈佳。半波电压 U_π、消光比 M、透光率 T 是表征电光晶体品质的三个特征参量。

从图 28-3 可见，相差在 $\delta = \pi/2$ 或 $U = U_{\pi/2}$ 附近时，光强 I_A 与相差 δ 或电压 U 呈线性关系，故从调制的实际意义来说，电光调制器的工作点通常就选在该处附近。如图 28-4 为外加偏置直流电压与交变电信号时光强调制的输出波形图。由图 28-4 可见，选择工作点②（$U = U_{\pi/2}$）时，输出波形最大且不失真。选择工作点①（$U = 0$）或③（$U = U_\pi$）时，输出波形小且严重失真，同时输出信号的频率为调制频率的两倍。工作点的偏置可通过在光路中插入一个透光轴平行于电光晶体 X 轴的 $\lambda/4$ 波片，相当于附加一个固定相差 $\delta = \pi/2$，也可以加直流偏置电压来实现。

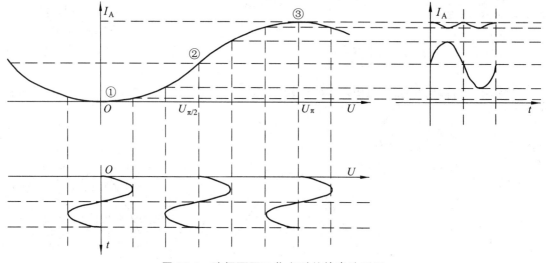

图 28-4　选择不同工作点时的输出波形图

【实验系统与装置】

本实验的仪器主要有电光晶体为铌酸锂（$LiNbO_3$）$2.5 \times 4 \times 60$ mm，激光光源为半导体激光管或氦氖激光管，激光主波长为 632.8 nm，光功率大于 2.5 mW。电光调制实验系统由光路与电路两大单元部件组成，如图 28-5 所示。

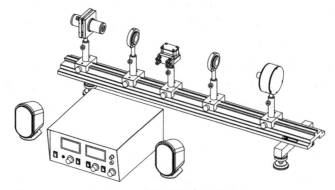

图 28-5　电光调制实验系统图

1. 光路系统

光路系统由激光管、起偏器、电光晶体、检偏器、光电接收组件、附加的减光器和 $\lambda/4$ 波片等组装在精密光具座上，组成电光调制器的光路系统。

2. 电路系统

除光电转换接收部件外，其余包括激光电源、晶体偏置高压电源、交流调制信号发生器、偏压与光电流数字指示表等电路单元均组装在同一主控单元之中，如图 28-6 为电路单元的仪器原理图。

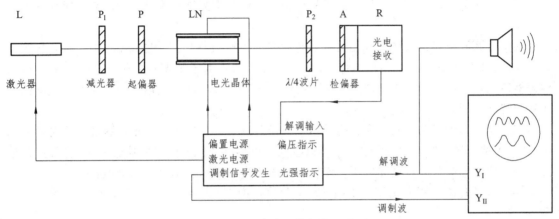

图 28-6　电路单元的仪器原理图

电源开关是用于控制主电源，接通时开关指示灯亮，同时对半导体激光器供电，外调输入插座是用于对电光晶体施加外接音频调制信号，调制幅度旋钮是用于调节交流调制信号的幅度；调制加载开关是用于对电光晶体施加交流调制信号（内置 1 kHz 的正弦波），晶体偏压开关是用于控制电光晶体的直流电场。偏压调节旋钮是调节偏置电压，用以改变晶体外加直流电场的大小，偏压极性开关是改变晶体的直流电场极性。

3. 系统连接

光源是将半导体激光器电源线缆插入后面板的"激光器电源"插座中，如使用 He-Ne 激光管专用电源的输出直流高压务必按正负极性正确连接。晶体调制是由电光晶体的两极引出的专用电缆插入后面板中间的两芯"偏压输出"的高压插座。光电信号输出是用专用多芯电缆将光电接收部件的航空插座连接到电路主控单元后面板左侧的"至接收器"插座上，以便将光电接收信号送到主控单元，同时主控单元也为光电接收电路提供电源。信号输出是光电接收信号由解调监视插座输出，主控单元中的内置信号或外调输入信号由调制监视插座输出。

【实验内容与步骤】

本实验内容包括搭建电光调制测量光路、测量电光晶体半波电压、测量和计算电光晶体消光比和透光率、观察电光调制在光通讯调制、观察调制现象和特点。

1. 实验光路调节

（1）按图 28-5 的结构图先在光具座上垂直放置好激光器和光电接收器，按系统连接方法将激光器、电光调制器、光电接收器等部件连接到位，预先将光敏接收孔盖上。

（2）光路准直，打开激光电源，调节激光电位器使激光束有足够强度。准直调整时可先将激光管沿导轨推近接收器，调节激光管架上的塑制夹持螺钉使激光束基本保持水平，并使激光束的光点落在接收器的塑盖中心点上，然后将激光管远离接收器，移至导轨的另一端，再次调节后面的三只螺钉，使光点仍保持在塑盖中心位置上。此后激光管与接收器的位置不宜再动。

（3）插入起偏器，调节起偏器的镜片架转角，使其透光轴与垂直方向的夹角成 $\theta_P = 45°$，（$\theta_X = 0°$）。

（4）将调制监视与解调监视输出分别与双踪示波器的 Y_I、Y_{II} 输入端相连，打开主控单元的电源，此时在接收器塑盖中心点应该出现光点（去除盖子则光强指示表应有读数）。插入检偏器转动检偏器，使激光点消失，光强指示近于 0，表示此时检偏器与起偏器的光轴已处于正交状态，即 $\theta_A = -45°$。

（5）电光晶体架插入光具座，再适当调节光源位置，务使激光束正射透过，这时 $\theta_P - \theta_X = 45°$，此时光强应近于 0（或最小）。如不为 0，可调节激光电位器使其近于 0，打开主控单元的晶体偏压电源开关，稍加偏压，偏压指示表与光强指示表均呈现一定值。

（6）必要时插入调节光强大小用的减光器 P_1 和作为光偏置的 $\lambda/4$ 波片构成完整的光路系统。

2. 观察晶体的会聚偏振光干涉图样和电光效应现象

（1）调节激光管使激光束与晶体调节台上表面平行，同时使光束通过各光学元件中心。调节起偏振片和检偏振片正交，且分别平行于 x 轴，y 轴，放上晶体后各器件要细调，精细调节是利用单轴晶体的锥光干涉图样的变化完成的。由于晶体的不均匀性，在检偏振片后面的白屏上可看到一弱光点，然后紧靠晶体前放磨砂玻璃片，这时在白屏上可观察到单轴晶体的锥光干涉图样如图 28-7 所示，一个暗十字图形贯穿整个图样，四周为明暗相间的同心干涉圆环，十字形中心同时也是圆环的中心，它对应着晶体的光轴方向，十字形方向对应于两个偏振片的偏振轴方向。在观察过程中要反复微调晶体，使干涉图样中心与

图 28-7　锥光干涉图

光点位置重合，同时尽可能使图样对称、完整，确保光束既与晶体光轴平行，又从晶体中心穿过的要求，再调节使干涉图样出现清晰的暗十字，且十字的一条线平行于 x 轴。

（2）加上直流偏压时呈现双轴晶体的锥光干涉图样，它说明单轴晶体在电场的作用下变成了双轴晶体。

（3）两个偏振片正交时与平行时干涉图样是互补的。

（4）改变直流偏压的极性时，干涉图样旋转 90°。

（5）只改变直流偏压的大小时，干涉图样不旋转，这时双曲线分开的距离发生变化，如

图 28-8 所示。这一现象说明，外加电场只改变感应主轴方向的主折射率的大小，折射率椭球旋转的角度与电场大小无关。

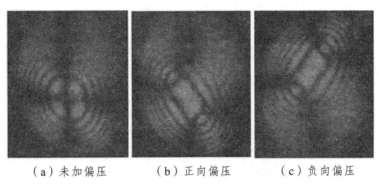

（a）未加偏压　　　　　（b）正向偏压　　　　　（c）负向偏压

图 28-8　锥光干涉图实拍图

3. 电光调制特性

在实验中，用两种方法测量铌酸锂晶体的半波电压，一种方法是极值法，另一种方法是调制法。极值法是晶体上只加直流电压，不加交流信号，将直流偏压加载到晶体上，从 0 到允许的最大正或负偏压值逐渐改变电压 U，测出对应于每一偏压指示值的相对光强指示值，然后作曲线，得调制器静态特性。其中光电流有极大值和极小值，相邻极小值和极大值对 $I_A \sim U$ 应的直流电压之差即是半波电压 U_π。具体做法为光电三极管接收器对准激光光点，加在晶体上的电压从零开始，逐渐增大，注意光强显示读数的变化，当读数超过 5.8 时，应减小激光功率，使光强减小，再增大直流偏压到最大，保持光强显示的读数不超过 5.8，再减小直流偏压到零，若光强显示的读数始终不超过 5.8，则可以开始测量数据。在电源面板上的数字表读出晶体上的电压，再读出相应的光强显示数值。

调制法是晶体上直流电压和交流信号同时加上，与直流电压调到输出光强出现极小值或极大值对应的电压值时，输出的交流信号出现倍频失真，出现相邻倍频失真对应的直流电压之差就是半波电压 U_π。具体做法是打开前面板上调制加载，把前面板上的调制监视接到二踪示波器的 CH2 上，把解调监视接到示波器的 CH1 上，比较 CH1 和 CH2 上的信号，调节偏压调节旋钮，当晶体上加的直流电压到某一值 U_1 时，输出信号出现倍频失真，再调节偏压调节旋钮，当晶体上加的直流电压到另一值 U_2 时，输出信号又出现倍频失真，相继两次出现倍频失真时对应的直流电压之差 $U_2 - U_1$ 就是半波电压 U_π。这种方法比极值法更精确，因为用极值法测半波电压时，很难准确确定 $T\text{-}U$ 曲线上的极大值或极小值，因而其误差也较大。但是这种方法对调节的要求很高，很难调到最佳状态。如果观察不到两次倍频失真，则需要重新调节成暗十字形干涉图样，调整好以后再做本内容。

4. 直流偏压和工作点对调制特性影响

前面板打开调制加载，机内单一频率的正弦波振荡器工作，产生正弦信号，此信号经放大后，加到晶体上，同时通过前面面板上的调制监视输出孔，输出此信号接到二踪示波器的 CH1 上，作为参考信号。改变直流偏压，使调制器工作在不同的状态，把被调制信号经光电转换、放大后由解调监视输出接到二踪示波器的 CH2 上，将其与 CH1 上的参考信号比较。

选择 5 个不同的工作点，观察接收信号的波形并画出图形。

工作点选定在曲线的直线部分，即 $U_0 = U_{\pi/2}$ 附近时是线性调制；工作点选定在曲线的极小值（或极大值）时，输出信号出现"倍频"失真；工作点选定在极小值（或极大值）附近时输出信号失真，观察时调制信号幅度不能太大，否则调制信号本身失真，输出信号的失真无法判断由什么原因引起的，把观察到的波形描下来，并和前面的理论分析做比较。

5. 1/4 波片调制工作点对输出特性的影响

在上述实验中，去掉晶体上所加的直流偏压，把 1/4 波片置入晶体和偏振片之间，绕光轴缓慢旋转时，可以看到输出信号随着发生变化。当波片的快慢轴平行于晶体的感应轴方向时，输出信号线性调制；当波片的快慢轴分别平行于晶体的 x、y 轴时，输出光失真，出现"倍频"失真。因此把波片旋转一周时，出现四次线性调制和四次"倍频"失真。

值得注意的是不仅通过晶体上加直流偏压可以改变调制器的工作点，也可以用 1/4 波片选择工作点，效果一样，但这两种方法的机理是不同的。

6. 光通信的演示

将来自广播收音机、手机等的音频信号输入到本机的"外调输入"插座，将扬声器插入"解调监听"插座，加晶体偏压至调制特性曲线的线性区域，适当调节调制幅度与解调幅度即可使扬声器播放出广播节目。

【实验注意事项】

（1）防止强激光束长时间照射导致光敏管疲劳或损坏。
（2）实验中使用的晶体绝缘性能最大允许电压约为 650 V 左右，严禁超过该电压。
（3）加偏压时应从 0 V 起缓慢增加至最大值，反极性时也应先退回到 0 值后再升压。

【问题思考和拓展】

（1）从加直流电压前后屏上显现的几天出射光强的变化，可判断晶体产生电光效应，其理由是什么？
（2）电光晶体调制器应满足什么条件方能使输出波形不失真？
（3）为什么本实验选用晶体的横向调制，它有什么优点？

【参考文献】

[1] 张永林，狄红卫. 光电子技术 [M]. 北京：高等教育出版社，2012.

[2] 郑传涛，马春生. 聚合物光开关器件物理[M]. 合肥：中国科学技术大学出版社，2015.

[3] 周自刚，胡秀珍. 光电子技术及应用[M]. 北京：电子工业出版社，2017.

实验 29   声光调制实验

【实验背景】

声光效应是指光通过某一受到超声波扰动的介质时发生衍射的现象，是光波与介质中声波相互作用的结果。早在 20 世纪 30 年代就开始声光衍射的实验研究。声光调制是利用声光效应将信息加载于光频载波上的一种物理过程，调制信号是以电信号调幅形式作用于电声换能器，通过电声转换器再将其转化为以电信号形式变化的超声场、当光波通过声光介质时，由于声光作用，使光载波受到调制而成为携带信息的强度调制波。20 世纪 60 年代激光器的问世为声光现象的研究提供了理想的光源，促进了声光效应理论和应用研究的迅速发展。声光调制的应用越来越多的拓展到各个行业当中。激光印刷机中，激光偏转调制器就是应用声光调制布拉格衍射原理实现的。利用高频驱动电路可以产生高频电振荡，通过超声转换能器形成超声波，通过快速控制超声波，实现声光器件调制激光束的目的。在军事上，声光调制也具有广泛应用。例如新式探测器，雷达波谱分析器。空军飞行员可以利用它分析射到飞机上的雷达信号来判断飞机是否被敌方跟踪。外来的雷达信号与本机内半导体激光器产生的振荡信号经混频，放大后，驱动声光调制器，产生超声波，当外来信号变化时，超声波长也变化，衍射光的角度也变化，反映在二极管列阵上，我们可以很容易的识别敌方雷达信号。本实验讨论声光效应的原理和特点，实验测量声光调制曲线，了解声光效应在光通信、光信息处理中的应用。

【实验目的】

（1）理解声光效应的原理。
（2）理解喇曼-纳斯衍射和布拉格衍射的实验条件和特点。
（3）掌握测量声光调制曲线的方法。
（4）了解声光偏转和声光调制在光通信、光信息处理中的应用。

【实验原理】

当声波在某些介质中传播时，会随时间与空间的周期性的弹性应变，造成介质光折射率的周期变化。介质随超声应变与折射率变化的这一特性，可使光在介质中传播时发生衍射，从而产生声光效应。存在于超声波中的此类介质可视为一种由声波形成的位相光栅，也称为声光栅，其光栅的栅距称为光栅常数，等于声波波长。当一束平行光束通过声光介质时，光波就会被该声光栅所衍射而改变光的传播方向，并使光强在空间中重新分布。

声光器件由声光介质和换能器两部分组成。前者常用的有钼酸铅和氧化碲，后者为由射频压电换能器组成的超声波发生器，如图 29-1 所示为声光调制原理图。理论分析指出，当入射角（入射光与超声波面间的夹角）θ_i 满足以下条件时，衍射光最强。

$$\sin\theta_i = N\left(\frac{2\pi}{\lambda_s}\right)\left(\frac{\lambda}{4\pi}\right) = N\left(\frac{K}{2k}\right) = \left(\frac{\lambda}{2\lambda_s}\right) \tag{29-1}$$

式（29-1）中，N 为衍射光的级数，λ、k 分别为入射光的波长和波数 $k = 2\pi/\lambda_s$，λ_s、K 分别为超声波的波长和波数。

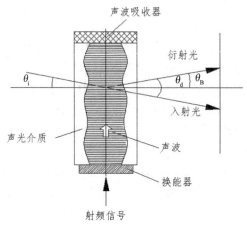

图 29-1　声光调制的原理图

　　声光衍射主要分为布拉格（Bragg）衍射和喇曼-奈斯（Raman-Nath）衍射两种类型。前者通常声频较高，声光作用程较长，后者则与之相反。由于布拉格衍射效率较高，故一般声光器件主要工作在仅出现一级光的布拉格区。

　　满足布拉格衍射的条件为

$$\sin\theta_B = \frac{\lambda f}{2v_s} \tag{29-2}$$

式中 f 与 v_s 分别为超声波的频率与速度，λ 为光波的波长。当满足入射角 θ_i 较小，且 $\theta_i = \theta_B$ 的布拉格衍射条件下，由（29-1）式可知，此时 $\theta_B \approx K/2k$，并有最强的正一级或负一级的衍射光呈现。入射角 θ_i 与衍射角 θ_B 之和称为偏转角 θ_d，如图 29-1 所示，由式（29-2）得

$$\theta_d = \theta_i + \theta_B = 2\theta_B = \frac{K}{k} = \frac{\lambda}{\lambda_s} = \frac{\lambda}{v_s} \tag{29-3}$$

　　由（29-3）式可知，当声波频率 f 改变时，衍射光的方向亦将随之线性地改变。同时也可求得超声波在介质中的传播速度，表达式为

$$v_s = \frac{f\lambda}{\theta_d} \tag{29-4}$$

【实验系统与装置】

　　本实验的仪器主要包括二氧化碲晶体、铌酸锂晶体、半导体激光器，其波长范围是 630 ~ 680 nm，光功率输出大于 2.5 mW。

图 29-2 为声光调制实验仪的装置图，由图可见，声光调制实验系统由光路与电路两个单元组成，图 29-3 示为系统的结构框图。

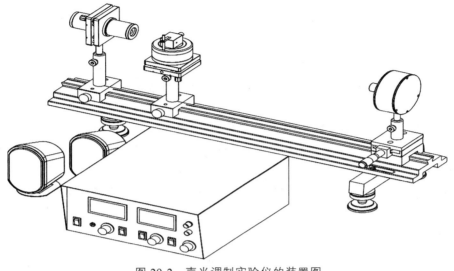

图 29-2　声光调制实验仪的装置图

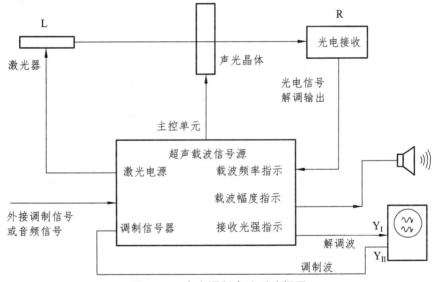

图 29-3　声光调制实验系统框图

1. 光路系统

光路系统由激光管、声光调制晶体与光电接收等单元组成。

2. 电路系统

除光电转换接收部件外，其余电路单元全部组装在同一主控单元之中，各控制部件的功能为，电源开关是控制主电源，同时对半导体激光器供电。外调输入是用于对声光调制的载波信号进行音频调制的插座（插入外来信号时 1 kHz 内置的音频信号自动断开），调制幅度是用以调节音频调制信号的大小，调制加载是用于对电光晶体施加交流调制信号，内置 1 kHz 的正弦波，调制监视是将调制信号输出到示波器显示，输出波形既可与解调信号进行比较，解调幅度是用以调节解调监听信号与输出信号的幅度。

3. 系统连接

光源是将半导体激光器电源线缆插入主控单元后面板的"激光器电源"插座中其输出直流高压务需按正负极性正确连接；声光调制是由声光调制器的 BNC 插座引出的同轴电缆插入主控单元后面板的"载波输出"插座上；光电接收是将光电接收部件的多芯电缆连接到主控单元后面板的"至接收器"航空插座上，以便将光电接收信号送到主控单元；解调输出是将光电接收信号由"解调监视"插座输出，主控单元中的内置信号或外调输入信号由"调制监视"插座输出。以上两信号可同时送入双踪示波器显示或进行比较；扬声器是将有源扬声器插入后面板的"解调监听"插座即可发声，音量由有源扬声器中的音量控制旋钮控制。

【实验内容与步骤】

本实验内容包括组建声光调制的实验光路，观察声光现象，测定声光调制的幅度特性和频率特性，测量声光调制器的衍射效率以及测量超声波的波速，了解声光调制在光通信中的应用。

1. 光路调节

（1）按图 29-2 与图 29-3 的系统组成图在光具座的滑座上放置好激光器和光电接收器，并安置好声光调制器的载物台。

（2）按系统连接方法将激光器、声光调制器、光电接收等组件正确连接。

（3）光路准直，打开电源开关，接通激光电源，调节激光器尾部的旋钮，使激光束达足够强度。先将激光器推近光电接收器，调节二维激光器架上调节螺钉使激光器基本保持水平，并使激光束落在接收器塑盖的中心点上，然后将激光器远离接收器移至导轨另一端，再次微调后面的夹持螺钉，务使光点仍保持在塑盖的中心位置上，以后激光器与接收器的位置不必再动。

（4）用提供的电缆线分别将前面板的"调制监视"与"解调输出"插座与双踪示波器的 Y_I、Y_{II} 输入端相连，移去接收器塑盖，接收光强指示表应有读数。

（5）将声光调制器的透光孔置于载物平台的中心位置，用压杆将调制器初步固定，然后使将该滑座固定在靠近激光管附近的导轨上。

（6）调节载物平台的高度和转向，使激光束恰在声光调制器的透光孔中间穿过，再用压杆将声光调制器固定。

（7）将光电接收器前端可放置白屏，观察衍射光斑。

2. 声光调制的偏转现象

（1）调节激光束的亮度，使在白屏中心有清晰的光点呈现，即为声光调制的 0 级光斑。

（2）初始状态下仪器以 100 MHz 超声波对声光介质进行调制。

（3）微调载物平台上声光调制器的转向，以改变声光调制器的光点入射角，即可出现因声光调制而偏转的衍射光斑。当一级衍射光最强时，声光调制器即运转在布拉格条件下的偏转状态。

3. 测试声光调制的幅度特性

（1）移去像屏，使激光束的 0 级光仍落在光敏接收孔的中心位置上。

（2）微调接收器滑座的测微机构，使接收孔横向移动到一级光的位置接收光强指示达最大值。

（3）调节"载波频率、幅度调节"功能区按键，分别读出载波幅度与接收光强的大小，作出光强-调制电压的曲线（I_d-U_m）。

4. 观察声光调制随频率偏转现象

调节"载波频率、幅度调节"功能区按键，改变载波频率，可以观察到 1 级光或多级光的平移变化现象。

5. 测试声光调制频率偏转特性

（1）微调接收器横向测微计，跟踪一级光的位置，分别记下载波频率指示与测微计读数，平移距离 d，测得 1 级光和 0 级光点间的距离 d 与声光调制器到接收孔之间的距离 L 后，由于 $L \gg d$，即可求出声光调制的偏转角为

$$\theta_d \approx \frac{d}{L} \tag{29-5}$$

（2）作出偏转角和调制频率的关系曲线。

5. 测量声光调制器的衍射效率

衍射效率 η 定义为 $\eta = I_{dmax}/I_0$，即最大衍射光强 I_{dmax} 与 0 级光强 I_0 之比，分别测得最强衍射光与 0 级光的光强值，其比值为衍射效率。

6. 测量超声波的波速

将超声波频率 f、偏转角 θ_d 与激光波长 λ 各值代入式（29-4），即可计算出超声波在介质中的传播速度。

7. 声光调制与光通讯实验演示

将广播收音机、手机等音频信号输入到本机的"外调输入"插座，将扬声器插入主控单元后面板的"解调监听"插座，调制加载开关置于"开"，适当调节载波幅度与解调幅度即可使扬声器播放出音响节目。

【实验注意事项】

（1）为防止强激光束长时间照射导致光敏管疲劳或损坏，调节或使用完毕后，应及时用塑料盖将光电接收孔的塑料盖盖好。

（2）调节过程中必须避免激光直射人眼，以免对眼睛造成危害。

（3）供电电源应提供保护地线，示波器的地线需与系统良好连接。

【问题思考和拓展】

（1）简述声光效应的原理和应用。

（2）声光衍射主要分为哪几种类型？其特点如何？

（3）什么是声光栅，声光器件由哪几部分组成？

【参考文献】

[1] 张永林，狄红卫. 光电子技术[M]. 北京：高等教育出版社，2012.

[2] 周自刚，胡秀珍. 光电子技术及应用[M]. 北京：电子工业出版社，2017.

[3] 陈鹤鸣，赵新彦，汪静丽. 激光原理及应用[M]. 北京：电子工业出版社，2017.

实验 30　相位延迟实验

【实验背景】

在光学技术领域，特别是在偏光技术应用中，光学相位延迟器件是光学调制系统中的重要器件。这类器件是基于晶体的双折射性质，利用光通过晶体可以改变入射光波的振幅和相位差的特点，改变光波的偏振态。相位延迟器件包括各种波片和补偿器，和其他偏光器件相配合，可以实现各种偏振态之间的相互转换、偏振面的旋转以及各类偏振光的调制，广泛应用于光纤通信、光弹力学、光学精密测量等领域中。相位延迟量是光学相位延迟器件的重要参数，与器件的厚度、光学均匀性、应力双折射等诸多因素有关。其精度直接关系到应用系统的质量，因此准确地测定相位延迟量，提高其测量精度有着非常有意义的。

目前，对光学相位延迟量的测量方法有很多，包括半阴法、补偿法、电光调制法、机械旋光调制法、磁光调制法、相位探测法、光学外差测量法、分频激光探测法、分束差动法等。测量方法的发展历程，经历了由简单到复杂，由直接测量到补偿法测量，由标准波片补偿到电光、磁光补偿。补偿法的一个问题是补偿器本身会带来一定的误差，如标准波片"不标准"，电光补偿存在非线性性、补偿器光轴与测量光束不垂直等。本实验采用一种新的光学相位延迟量测量方法，用调制偏振光准确判断极值点位置，用 Soleil-Barbinet 补偿器进行相位补偿，结合了补偿法和电光调制法的优点，又降低了补偿器本身对结果的影响，测量精度高，适用范围广。本实验通过电光调制晶体的电光效应，产生调制偏振光以准确判断极值点的位置，通过 Soleil-Barbinet 补偿器进行光学相位补偿。

【实验目的】

（1）掌握偏振光学理论和线性电光效应。
（2）掌握晶体电光调制理论。
（3）掌握 Soleil-Barbinet 相位补偿器的应用和相位延迟测量方法。
（4）掌握调试系统的方法并测量不同波片的延迟。

【实验原理】

1. 调制原理

由电场所引起的晶体折射率的变化，称为电光效应。通过晶体的透射光是一对振动方向相互垂直的线偏振光，通过调节外加电场大小，可对偏振光的振幅或相位进行调制。例如 KDP 晶体沿光轴方向（z 方向）加外电场 E_z 后，从单轴晶体变成了双轴晶体，折射率椭球与 xy 平面的交线由圆变成了椭圆如图 30-1 所示。沿 z 轴传播一对正交的本征模，分别在 ξ、η 方向偏振，折射率由（30-1）式表示：

$$\begin{cases} n_\xi = n_0 - \dfrac{1}{2}n_0^3\gamma_{63}E_Z \\ n_\eta = n_0 - \dfrac{1}{2}n_0^3\gamma_{63}E_Z \\ n_\xi = n_\varepsilon \end{cases} \qquad (30\text{-}1)$$

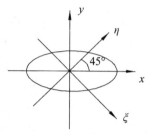

图 30-1　折射率椭球图

当光波在 z 方向传播的距离为 L 时，两个本征模的相位差为

$$\delta = \frac{2\pi}{\lambda}(\eta_\eta - \eta_\xi)L = \frac{2\pi}{\lambda}n_0^3\gamma_{63}E_Z L = \frac{2\pi}{\lambda}n_0^3\gamma_{63}U \qquad (30\text{-}2)$$

通常把 $\delta = \pi$ 时的外加电压称为半波电压，记为 U_π，则由式（30-2）可得

$$U_\pi = \frac{\lambda}{2n_0^3\gamma_{65}} \qquad (30\text{-}3)$$

通过 V_π 可将 δ 表示为

$$\delta = \pi\frac{U}{U_\pi} \qquad (30\text{-}4)$$

可见，沿 ξ、η 方向振动的出射偏振光其相位差和外加电压 V 的大小成正比，可通过调节外加电场大小的方式实现偏振光的调制。

电光调制电源采用了一个正弦调制信号，即

$$U = U_0 \sin\omega t \qquad (30\text{-}5)$$

如果此时起偏器 P 沿 x 方向透振，检偏器 A 沿 y 方向透振，电光调制晶体的感生主轴 ξ、η 方向和 x 轴成 45°角，则输出光波的光强为

$$I' = I_0 \sin^2\left(\frac{\delta}{2}\right) = I_0 \sin^2\left(\frac{\pi U_0}{2U_\pi}\sin\omega t\right) = \alpha_0 + \alpha_2 J_2\left(\frac{\pi U_0}{U_\pi}\right)\cos(2\omega t) - \cdots \qquad (30\text{-}6)$$

式（30-6）中，a_0、a_2 为常数，J_k 为 k 阶贝塞尔函数，式（30-6）表明输出的交变信号为二次频率信号，没有基频。这是系统零点的特征，调制电压、晶体的相位差、输出光强的关系如图 30-2 所示。

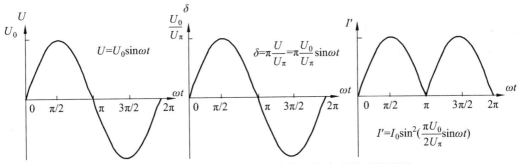

图 30-2　调制电压、晶体的相位差、输出光强的关系图

2. 补偿原理

Soleil-Barbinet 补偿器的作用类似于一个相位延迟量可调的零级波片，由成对的晶体楔 A、A′和一块平行晶片 B 组成。A 和 A′两光轴都平行于折射棱边，它们可以彼此相对移动，形成一个厚度可变的石英片，平行晶片 B 的光轴与晶体楔 A 垂直，如图 30-3 所示。

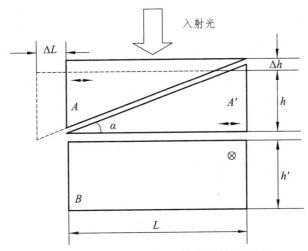

图 30-3　Soleil-Barbinet 补偿器的原理图

设晶体楔厚度为 h，宽为 L，楔角为 α，则有

$$h = L \tan \alpha \tag{30-7}$$

晶体楔平移 ΔL 后，沿光束通过方向厚度改变量为

$$\Delta h = \tan \alpha \Delta L \tag{30-8}$$

光通过补偿器后产生的相位延迟量为

$$\delta_{\mathrm{C}} = \frac{2\pi}{\lambda}[(n_{\mathrm{o}} - n_{\mathrm{e}})h + (n_{\mathrm{e}} - n_{\mathrm{o}})h'] = \frac{2\pi}{\lambda}(n_{\mathrm{e}} - n_{\mathrm{o}})(h' - h)$$

$$= \frac{2\pi}{\lambda}(n_{\mathrm{e}} - n_{\mathrm{o}})\Delta h = \frac{2\pi}{\lambda}(n_{\mathrm{e}} - n_{\mathrm{o}})\tan \alpha \Delta L \tag{30-9}$$

式（30-9）中，n_{o}，n_{e} 分别为晶体发生双折射的 o 光和 e 光对应的主折射率。式（30-9）

表明光通过补偿器后产生的相位延迟量正比于厚度改变量 Δh，也正比于晶体楔的平移量 ΔL。如果此时起偏器 P 沿 x 方向透振，检偏器 A 沿 y 方向透振，电光调制晶体的感生主轴 ξ、η 方向和 x 轴成 45°角，加入待测波片和 Soleil-Barbinet 补偿器后，输出光波的光强为

$$I' = I_0 \sin^2\left(\frac{\delta_E}{2} + \frac{\delta_S + \delta_C}{2}\right) = I_0 \sin^2\left(\frac{\pi U_0 \sin \omega t}{2U_\pi} + \frac{\delta_S + \delta_C}{2}\right)$$

$$= \alpha_0 + \alpha_1 \sin(\delta_S + \delta_C) J_1\left(\frac{\pi U_0}{U_\pi}\right) + \alpha_2 \cos(\delta_S + \delta_C) J_2\left(\frac{\pi U_0}{U_\pi}\right) \cos(2\omega t) + \cdots \quad （30\text{-}10）$$

由此可知，输出的交变信号由基频和二次频率分量构成，出现基频分量是系统偏离零点的特征。由式（30-10）可知，当 $(\delta_S + \delta_C)/2 = 0$ 或 π，即 $\delta_S + \delta_C = 0$ 或 2π 时，式（30-10）与式（30-6）完全相同，此时称为完全补偿。在完全补偿条件下，从补偿器的平移量 ΔL，即可得到待测波片的相位延迟量 δ_S 为

$$\delta_S = 2\pi - \delta_C = 2\pi - \frac{2\pi}{\lambda}(n_e - n_o) \tan \alpha \cdot \Delta L \qquad （30\text{-}11）$$

测量系统如图 30-4 所示。

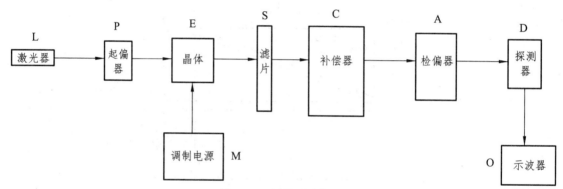

图 30-4　测量系统框图

图（30-4）中 L 是光源，P 为起偏器，E 为电光调制晶体，通过调制信号源 M 加上调制信号。S 为待测波片，C 为 Soleil-Barbinet 补偿器，A 为检偏器，出射光由光探测器 D 接收，并经过滤波放大等处理后，最终结果显示在示波器 O 上。系统的坐标方向规定为：光束传播方向为 z 轴，起偏器的透振方向沿 x 轴，检偏器的透振方向沿 y 轴，电光调制器加电压后的感生轴 ξ、η 方向和待测波片及补偿器的快慢轴方向一致，与 x 轴成 45°角，如图 30-5 所示。

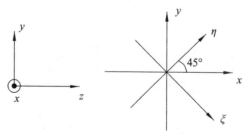

图 30-5　系统的坐标方向图

本实验中，通过电光调制晶体的电光效应，产生调制偏振光以准确判断极值点的位置，通过 Soleil-Barbinet 补偿器进行光学相位补偿，从而将调制和补偿两种作用分开，精度高，误差小，稳定性好。

【实验内容与步骤】

本实验的内容包括通过电光调制晶体的电光效应，产生调制偏振光以准确判断极值点的位置，通过 Soleil-Barbinet 补偿器进行光学相位补偿，测量不同波片的相位延迟。

（1）调整激光器的方向，使出射光平行于台面，并从补偿器的中心通过后打在探测器的接收靶面中心小孔。后续放入的探测器和各种光学元件其表面均应和光线传播方向垂直。

（2）取下补偿器，放入起偏器，旋转至光强最强，放入检偏器并旋转至消光，将两偏振片锁紧。

（3）放入电光晶体，连接好晶体电源连线，打开信号源开关，将电压值调节到 1 000 V 左右，此时加在晶体上的是 2 kHz 的正弦调制信号。调整晶体的上下左右和俯仰调节，使从晶体反射的光斑基本打回到激光器的出光口，转动晶体，始终保持反射光斑不偏离中心。将探测器连接示波器，转动晶体直至找到 4 kHz 的正弦信号，即倍频信号，记录晶体调节架的刻度数，然后以这个位置为中心 0 位，让晶体分别向两个时针方向旋转 45° 后在示波器上都能看到一条直线，否则，继续调节晶体直至出现以上结果，后将晶体固定在 0 位，并锁紧。这时从晶体出射的是一对正交的调制偏振光，偏振方向沿 KDP 晶体的感生主轴方向，示波器上呈现 4 kHz 倍频正弦信号。

（4）将补偿器的丝杆旋动到初始位置 0 mm，将其放入光路，示波器的波形有明显变化，此时旋转补偿器直至出现原来的 4 kHz 正弦信号，然后将补偿器顺时针或逆时针旋转 45° 并锁紧，补偿器的快慢轴方向与正交的调制偏振光的方向重合。

（5）补偿器定标，由于 Soleil-Barbinet 补偿器能够提供 $0 \sim 2\pi$ 范围内任意的相位延迟量，调节补偿器的螺旋丝杆，观察输出信号的变化，定出 0 和 2π 相位延迟量对应补偿器的平移位置。记 4 kHz 倍频信号第一次出现的位置为 X_1，继续调节螺旋丝杆，记 4 kHz 倍频信号第二次出现的位置为 X_2；两个最小值之间的平移距离 $\Delta X = X_2 - X_1$ 作为仪器常数，随光源波长的不同而不同，可在 $0 \sim 2\pi$ 之间对补偿器线性定标。根据式（30-12）

$$\delta_C = \frac{2\pi}{\lambda}(n_e - n_o)\tan\alpha \cdot \Delta L = C \cdot \Delta L \qquad (30\text{-}12)$$

可得补偿器的定标系数为

$$C = \frac{2\pi}{\lambda}(n_e - n_o)\tan\alpha = \frac{2\pi}{\Delta X} \qquad (30\text{-}13)$$

该系数和光源波长、补偿器楔角值及材料的折射率差有关。每次测量前应先对补偿器定标。

（6）调节补偿器平移旋钮，使补偿器恢复到位置 X_1，至此，系统调试完毕，进入测量状态。

（7）放入待测波片，旋转波片，找到零点位置（即信号倍频位置），然后将波片准确旋转 45°，此时待测波片快慢轴方向、补偿器快慢轴方向、KDP 晶体的感生主轴方向重合。

（8）调节补偿器的螺旋丝杆，找到零点位置（即信号倍频位置）X'，此时补偿器平移量

为 $\Delta L = X' - X_1$，根据定标系数，可得到补偿器的相位延迟 δ_C，待测波片的相位延迟即为 $\delta_S = 2\pi - \delta_C$。

（9）对待测波片不同方向，不同位置多次测量求平均值。

【实验注意事项】

（1）补偿器的测微丝杆属于精密调节装置，使用时不可用力过大，以免造成调节不当，搬动相位补偿器时，用力不要过大。

（2）在使用器件的过程中，应注意尽量避免直接用手指、潮湿的物体或者其他尖锐的硬物接触镜片的表面，以免损坏镜片的光洁度，影响器件的使用效果。器件使用完毕后应放入原包装袋。

【问题思考和拓展】

（1）电光晶体的作用是什么？

（2）相位补偿器为什么需标定？

（3）什么是相位延迟，它和群延迟有什么区别？

【参考文献】

[1] 宋连科，牛明生，韩培高，等. 基于电光补偿测量的光相位延迟拓展测量法[J]. 光学技术，2017，43（3）：199-202.

[2] 吴思诚. 近代物理实验[M]. 北京：北京大学出版社，1995.

[3] 廖延彪. 偏振光学[M]. 北京：科学出版社，2005.

[4] 宋菲君. 信息光子学物理[M]. 北京：北京大学出版社，2006.

实验 31 磁光共振实验

【实验背景】

光磁共振指原子、分子的光学频率的共振与射频或微波频率的磁共振同时发生的双共振现象。对于原子或分子的基态磁共振，由于原子束、分子束或气体状态的原子、分子密度低，信号非常微弱，难以直接观察到共振信号。利用光束先把这些原子或分子抽运到激发态，让它再返回基态，如抽运光的频率或偏振合适，可增加基态各子能态之间的布居数差，再观察基态磁共振，共振信号就大为加强。气体原子塞曼子能级间的磁共振信号非常弱，用磁共振的方法难以观察。实验应用光抽运、光探测的方法，既保持了磁共振分辨率高的优点，同时将探测灵敏度提高了几个以至十几个数量级。此方法一方面可用于基础物理研究，另一方面在量子频标、精确测定磁场等问题上都有很大的实际应用价值。本实验利用光抽运效应来研究原子超精细结构塞曼子能级间的磁共振。研究的对象是碱金属原子铷（Rb），天然铷中含量大的同位素有两种：^{85}Rb 占 72.15%，^{87}Rb 占 27.85%。本实验讨论磁光共振的原理，加深对原子超精细结构、光跃迁及磁共振的理解和测定铷原子超精细结构塞曼子能级的郎德因子。

【实验目的】

（1）加深对原子超精细结构、光跃迁及磁共振的理解。
（2）测定铷原子超精细结构塞曼子能级的郎德因子。
（3）测量本地的地磁场的大小。

【实验原理】

1. 铷（Rb）原子基态及最低激发态的能级

实验研究的对象是铷的气态自由原子，铷是碱金属原子，在紧束缚的满壳层外只有一个电子，铷的价电子处于第五壳层，主量子数 $n = 5$，主量子数为 n 的电子，其轨道量子数 $L = 0, 1, \cdots, n-1$，基态的 $L = 0$，最低激发态的 $L = 1$，电子还具有自旋，电子自旋量子数 $S = 1/2$。

由于电子的自旋与轨道运动的相互作用而发生能级分裂，称为精细结构。电子轨道角动量 P_L 与其自旋角动量 P_S 的合成电子的总角动量 $P_J = P_L + P_S$。原子能级的精细结构用总角动量量子数 J 来标记，$J = L + S, L + S - 1, \cdots, |L - S|$，对于基态，$L = 0$ 和 $S = 1/2$，因此 Rb 基态只有 $J = 1/2$，其标记为 $5^2S_{1/2}$。铷原子最低激发态是 $5^2P_{3/2}$ 及 $5^2P_{1/2}$，$5^2P_{1/2}$ 态的 $J = 1/2$，$5^2P_{3/2}$ 态的 $J = 3/2$，$5P$ 于 $5S$ 能级之间产生的跃迁是铷原子主线系的第 1 条线，为双线，它在

铷灯光谱中强度是很大的，$5^2P_{1/2} \to 5^2S_{1/2}$ 跃迁产生波长为 7 947.6 埃的 D_1 谱线，$5^2P_{3/2} \to 5^2S_{1/2}$ 跃迁产生波长 7 800 埃的 D_2 谱线。

原子的价电子在 LS 耦合中，其总角动量 P_J 与电子总磁矩 μ_J 的关系为

$$\mu_J = -g_J \frac{e}{2m} P_J \qquad (31\text{-}1)$$

$$g_J = 1 + \frac{J(J+1) - L(L+1) + S(S+1)}{2J(J+1)} \qquad (31\text{-}2)$$

式（31-2）中 g_J 是郎德因子，J 是电子总角动量量子数，L 是电子的轨道量子数，S 是电子自旋量子数。

核具有自旋和磁矩。核磁矩与上述电子总磁矩之间相互作用造成能级的附加分裂，这附加分裂称为超精细结构。铷的两种同位素的自旋量子数 I 是不同的，核自旋角动量 P_I 与电子总角动量 P_J 耦合成原子的总角动量 P_F，得 $P_F = P_I + P_J$。$J - I$ 耦合形成超精细结构能级，由 F 量子数标记，$F = I + J$、$\cdots$、$|I - J|$，^{87}Rb 的 $I = 3/2$，它的基态 $J = 1/2$，具有 $F = 2$ 和 $F = 1$ 两个状态。^{85}Rb 的 $I = 5/2$，它的基态 $J = 1/2$，具有 $F = 3$ 和 $F = 2$ 两个状态。整个原子的总角动量 P_F 与总磁矩 μ_F 之间的关系可写为

$$\mu_F = -g_F \frac{e}{2m} P_F \qquad (31\text{-}3)$$

式（31-3）中的 g_F 因子可按类似于求 g_J 因子的方法算出。考虑到核磁矩比电子磁矩小约 3 个数量级，μ_F 实际上为 μ_J 在 P_F 方向上的投影，从而得

$$g_F = g_J \frac{F(F+1) + J(J+1) - I(I+1)}{2F(F+1)} \qquad (31\text{-}4)$$

式（31-4）g_F 中是对应于 μ_F 与 P_F 关系的郎德因子。以上所述都是没有外磁场条件下的情况。

如果处在外磁场 B 中，由于总磁矩 P_F 与磁场 B 的相互作用，超精细结构中的各能级进一步发生塞曼分裂形成塞曼子能级。用磁量子数 M_F 来表示，则 $M_F = F$，$F - 1$，$\cdots$，$-F$，即分裂成 $2F + 1$ 个子能级，其间距相等。μ_F 与 B 的相互作用能量为

$$E = -\mu_F B = g_F \frac{e}{2m} P_F B = g_F \frac{e}{2m} M_F \left(\frac{h}{2\pi} \right) B = g_F M_F \mu_B B \qquad (31\text{-}5)$$

式（31-5）中 μ_B 为玻耳磁子。各相邻塞曼子能级的能量差为

$$\Delta E = g_F \mu_B B \qquad (31\text{-}6)$$

由式（31-6）可以看出 ΔE 与 B 成正比。当外磁场为零时，各塞曼子能级将重新简并为原来能级。

2. 圆偏振光对铷原子的激发与光抽运效应

一定频率的光可引起原子能级之间的跃迁。气态 ^{87}Rb 原子受 $D_1 \delta^+$ 左旋圆偏振光照射时，遵守光跃迁选择定则 $\Delta F = 0$，± 1，$\Delta M_F = \pm 1$，在由 $5^2S_{1/2}$ 能级到 $5^2P_{1/2}$ 能级的激发跃迁中，由于 δ^+ 光子的角动量为 $+ h/2\pi$，只能产生 $\Delta M_F = + 1$ 的跃迁。基态 $M_F = + 2$ 子能级上原子

若吸收光子就将跃迁到 $M_F = +3$ 的状态，但 $5^2P_{1/2}$ 各自能级最高为 $M_F = +2$，因此基态中 $M_F = +2$ 子能级上的粒子就不能跃迁，换言之其跃迁概率为零。由于 $D_1\delta^+$ 的激发而跃迁到激发态 $5^2P_{1/2}$ 的粒子可以通过自发辐射退激回到基态。

由 $5^2P_{1/2}$ 到 $5^2S_{1/2}$ 的向下跃迁（发射光子）中，$\Delta M_F = 0$，± 1 的各跃迁都是有可能的。当原子经历无辐射跃迁过程从 $5^2P_{1/2}$ 回到 $5^2S_{1/2}$ 时，则原子返回基态各子能级的概率相等，这样经过若干循环之后，基态 $M_F = +2$ 子能级上的原子数就会大大增加，即大量原子被"抽运"到基态的 $M_F = +2$ 的子能级上。这就是光抽运效应。各子能级上原子数的这种不均匀分布叫作"偏极化"，光抽运的目的就是要造成偏极化，有了偏极化就可以在子能级之间得到较强的磁共振信号。经过多次上下跃迁，基态中的 $M_F = +2$ 子能级上的原子数只增不减，这样就增大了原子布居数的差别，这种非平衡分布称为原子数偏极化。光抽运的目的就是要造成基态能级中的偏极化，实现了偏极化就可以在子能级之间进行磁共振跃迁实验。

3. 弛豫过程

在热平衡条件下，任意两个能级 E_1 和 E_2 上的粒子数之比都服从玻耳兹曼分布，由于能量差极小，近似地认为各子能级上的粒子数是相等的。光抽运增大了粒子布居数的差别，使系统处于非热平衡分布状态。系统由非热平衡分布状态趋向于平衡分布状态的过程称为弛豫过程。促使系统趋向平衡的机制是原子之间以及原子与其他物质之间的相互作用。在实验过程中要保持原子分布有较大的偏极化程度，就要尽量减少返回玻耳兹曼分布的趋势。但铷原子与容器壁的碰撞以及铷原子之间的碰撞都导致铷原子恢复到热平衡分布，失去光抽运所造成的碰撞。铷原子与磁性很弱的原子碰撞，对铷原子状态的扰动极小，不影响原子分布的偏极化。因此在铷样品泡中冲入 10 托的氮气，它的密度比铷蒸气原子的密度大 6 个数量级，这样可减少铷原子与容器以及与其他铷原子的碰撞机会，从而保持铷原子分布的高度偏极化。此外，处于 $5^2P_{1/2}$ 的原子须与缓冲气体分子碰撞多次才能发生能量转移，由于所发生的过程主要是无辐射跃迁，所以返回到基态中八个塞曼子能级的概率均等，因此缓冲气体分子还有利于粒子更快的被抽运到 $M_F = +2$ 子能级。

4. 塞曼子能级之间的磁共振

因光抽运而使 ^{87}Rb 原子分布偏极化达到饱和以后，铷蒸气不再吸收 $D_1\delta^+$ 光，从而使透过铷样品泡的 $D_1\delta^+$ 光增强。这时，在垂直于产生塞曼分裂的磁场 B 的方向加一频率为 ν 的射频磁场，当 ν 和 B 之间满足磁共振条件时，在塞曼子能级之间产生感应跃迁，称为磁共振，频率和磁场满足式（31-7）：

$$h\nu = g_F\mu_B B \tag{31-7}$$

跃迁遵守选择定则 $\triangle F = 0$ 和 $\Delta M_F = \pm 1$ 原子将从 $M_F = +2$ 的子能级向下跃迁到各子能级上，即大量原子由 $M_F = +2$ 的能级跃迁 $M_F = +1$，以后又跃迁到 $M_F = 0$，-1，-2 等各子能级上，这样，磁共振破坏了原子分布的偏极化，而同时，原子又继续吸收入射的 $D_1\delta^+$ 光进行新的抽运，透过样品泡的光就变弱。随着抽运过程的进行，粒子又从 $M_F = -2$，-1，0，$+1$ 各能级被抽运到 $M_F = +2$ 的子能级上。随着粒子数得偏极化，透射再次变强。光抽运与感应磁共振跃迁达到一个动态平衡。光跃迁速率比磁共振跃迁速度大几个数量级，因此光抽运与磁共振的过程就可以连续地进行下去。也有类似的情况，只是 $D_1\delta^+$ 光将抽 ^{85}Rb 运到基态 $M_F = +3$ 的子能级上，^{85}Rb 在磁共振时又跳回到 $M_F = +2,\ +1,\ 0,\ -1,\ -2,\ -3$ 等能级上。射频场频率 ν 和外磁场（产生塞曼分裂的）B 两者可以固定一个，改变另一个以满足磁共振条件（31-7）式，改变频率称为扫频法（磁场固定），改变磁场称为扫场法（频率固定），本实验装置是采用扫场法。

5. 光探测

投射到铷样品泡上的 $D_1\delta^+$ 光，一方面起光抽运作用，另一方面，透射光的强弱变化反映样品物质的光抽运过程和磁共振过程的信息，用 $D_1\delta^+$ 光照射铷样品，并探测透过样品泡的光强，就实现了光抽运-磁共振-光探测。在探测过程中射频（10^6 Hz）光子的信息转换成了频率高的光频（10^{14} Hz）光子的信息，这就使信号功率提高了 8 个数量级。

样品中 ^{85}Rb 和 ^{87}Rb 都存在，都能被 $D_1\delta^+$ 光抽运而产生磁共振。为了分辨是 ^{87}Rb 还是 ^{85}Rb 参与磁共振，可以根据它们的与偏极化有关能态的 g_J 因子的不同加以区分。对于 ^{85}Rb，由基态中 $F = 3$ 态的 g_J 因子可知 $\nu_0/B_0 = \mu_B g_F/h = 0.467$ MHz/Gs。对于 ^{87}Rb，由基态中 $F = 2$ 态的 g_J 因子可知 $\nu_0/B_0 = 0.700$ MHz/Gs。

【实验系统与装置】

本实验系统由主要由铷光谱灯、准直透镜、吸收池、聚光镜、光电探测器及亥姆霍兹线圈、电源、辅助源、射频信号发生器和示波器组成。

实验装置如图 31-1 使用高频无极放电铷灯作光源，它的稳定性好、噪音低、光强大。进一步滤波片用以滤去 D_2 光，偏振片可用常见的高碘硫酸奎宁片，1/4 波片可用厚度 40 μm 左右的云母片，透镜 L_1 使 D_1 光变为平行光，透镜 L_2 把透过样品泡的平行光会聚到光电接收器上。

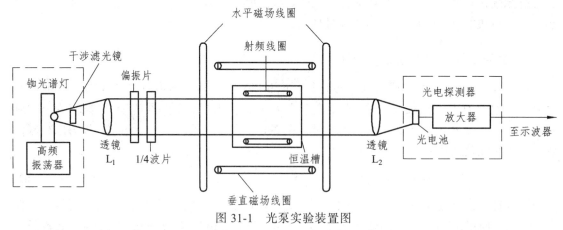

图 31-1　光泵实验装置图

产生水平方向磁场的亥姆霍兹线圈的轴线应与地磁场水平分量方向一致。扫场用三角波或方波，要与示波器的扫描同步，亥姆霍兹线圈产生的垂直方向的磁场用以抵消地磁场的垂直分量，射频线圈放在样品泡两侧，产生的射频 B_1 与 B_0 方向垂直，射频信号可用信号发生器产生。玻璃的样品泡内充有天然铷以及缓冲气体，把它置于温度在 30~70 ℃ 范围可调的恒温室中，恒温时温度波动要求小于 ± 1 ℃。

【实验内容与步骤】

本实验内容包括调节铷原子的光磁共振现象，测量它的超精细结构塞曼子能级的郎德因子，测量本地磁场的水平磁场和垂直磁场的大小。

1. 机械调制

在装置加电之前，先进行主体单元光路的机械调整。再用指南针确定地磁场方向，主体装置的光轴要与地磁场水平方向相平行。用指南针确定水平场线圈、竖直场线圈及扫场线圈产生的各磁场方向与地磁场水平和垂直方向的关系，并做详细记录。

2. 样品加温

将"垂直场""水平场""扫场幅度"旋钮调至最小，按下辅助源的池温开关，接通电源开关。开射频信号发生器、示波器电源。电源接通约 30 min 后，铷光谱灯点燃并发出紫红色光，池温灯亮，吸收池正常工作，实验装置进入工作状态。

3. 调节光学元件等高共轴

调整准直透镜以得到较好的平行光束，通过铷样品泡并射到聚光透镜上。铷灯因不是点光源，不能得到一个完全平行的光束，通过仔细调节，使铷灯通过聚光透镜的光到达光电池上的总光量为最大，便可得到良好的信号。

4. 获得圆偏振光

调节偏振片及 1/4 波片，使 1/4 波片的光轴与偏振光偏振方向的夹角为 π/4 以获得圆偏振光。

5. 观察光抽运信号

扫场方式选择"方波"，调大扫场幅度，再将指南针置于吸收池上边，设置扫场方向与地磁场方向相反，然后去掉指南针。预置垂直场电流为 0.07 A 左右，用来抵消地磁场分量，然后旋转偏振片的角度、调节扫场幅度及垂直场大小和方向，使光抽运信号幅度最大，再仔细调节光路聚焦，使光抽运信号幅度最大。

铷样品泡开始加上方波扫描的一瞬间，基态中各塞曼子能级上的粒子数接近热平衡，即各子能级上的粒子数大致相等，因此这一瞬间有总粒子数 7/8 的粒子在吸收 $D_1\delta^+$ 光，对光的吸收最强。随着粒子逐渐被抽到 $M_F = +2$ 子能级上，能吸收 $\sigma+$ 的光粒子数减少，透过铷样品泡的光逐渐增强。当抽运到 $M_F = +2$ 子能级上的粒子数达到饱和时，透过铷样品泡的光达到最大且不再变化。当磁场扫过零，即水平方向的总磁场为零，然后反向时，各塞曼子能级跟随着发生简并随即再分裂。能级简并时铷的子分布由于碰撞等导致自旋方向混杂而失去了偏极化，所以重新分裂后各塞曼子能级上的粒子数又近似相等，对 $D_1\delta^+$ 光的吸收又达到最大值，这样就观察到了光抽运信号，如图 31-2 所示。

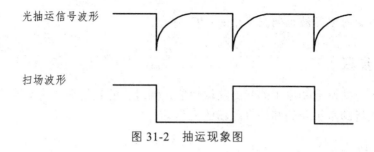

图 31-2　抽运现象图

6. 磁共振信号的观察

扫场方式选择"三角波"，将水平场电流预置为 0.2 A 左右，并使水平磁场方向与地磁场水平分量和扫场方向相同（由指南针判断）。垂直场的大小和偏振镜的角度保持前面的状态不变。调节射频信号发生器，频率可以观察到共振信号如图 31-3 所示，对应波形，可读出频率 ν_1 及对应的水平场电流 I。再按动水平场方向开关，使水平场方向与地磁场水平分量和扫场方向相反。同样可以得到 ν_2。这样水平磁场所对应的频率为 $\nu = (\nu_1 + \nu_2)/2$，即排除了地磁场水平分量及扫场直流分量的影响。

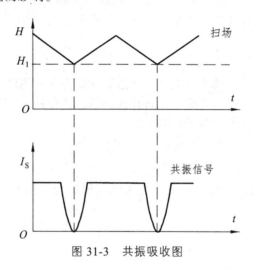

图 31-3　共振吸收图

用三角波扫场法观察磁共振信号时，当磁场 B_0 值与射频频率 ν_0 满足共振条件式（31-7）时，铷原子分布的偏极化被破坏，产生新的光抽运。因此，对于确定的频率，改变磁场值可以获得 $^{87}\mathrm{Rb}$ 或 $^{85}\mathrm{Rb}$ 的磁共振。可得到磁共振信号的图像。对于确定的磁场值，改变频率同样可以获得 $^{87}\mathrm{Rb}$ 或 $^{85}\mathrm{Rb}$ 的磁共振。实验中要求在选择 600 kHz 频率及场强的条件下，观察铷原子两种同位素的共振信号并详细记录所有参量。

7. 测量 g_J 因子

为了研究原子的超精细结构，测准 g_J 因子时很有用的，线圈产生的磁场为

$$B = \frac{16\pi}{5^{3/2}} \frac{N}{r} I \times 10^{-7} \tag{31-8}$$

式（31-8）中用的亥姆霍兹线圈轴线中心处的磁感强度为式中 N 为线圈匝数，r 为线圈

有效半径（m），I 为直流电流（A），B 为磁感强度（T），式（31-7）中，普朗克常数 $h = 6.626 \times 10^{-34}$（J·S），玻尔磁子 $u_B = 9.274 \times 10^{-24}$（J/T）。利用（31-7）和（31-8）两式可以测出 g_F 因子值。要注意，引起塞曼能级分裂的磁场是水平方向的总磁场（地磁场的竖上分量已抵消），可视为 $B = B_{SP} + B_D + B_S$，而 B_D、B_S 的直流部分和可能还有的其他杂散磁场，所有这些都难以测定。这样给直接测量 g_F 因子带来困难，但只要参考霍尔效应实验中用过的换向方法，就不难解决了。测量 g_F 因子实验的步骤自己拟定，利用实验测量的结果计算出 ^{87}Rb 或 ^{85}Rb 的 g_F 因子值，计算理论值并与测量值进行比较。

【实验注意事项】

（1）样品池要开机预热 30 min 左右，当达到设定温度时样品池温度灯亮。

（2）调节磁场的电流大小要缓慢调节，不能过快。

【问题思考和拓展】

（1）在实验装置中为什么要用垂直磁场线圈抵消地磁场的垂直分量？不抵消会有什么不良后果？为什么？

（2）实验所用的射频场频率为 10^6 数量级，样品泡的温度约为 50°，如果不考虑弛豫的后果，试估算利用光抽运探测磁共振比直接探测磁共振能级之间的磁共振跃迁的信号灵敏度提高了多少倍？

（3）分析观察到的现象，设法估计光抽运时间常数。

（4）如何测量本地磁场的竖直分量、水平分量及本地磁倾角？

【参考文献】

[1] 褚圣麟. 原子物理学[M]. 北京：高等教育出版社，1979.

[2] 曾谨言. 量子力学[M]. 北京：科学出版社，1982.

[3] 吴思诚，王祖铨. 近代物理实验[M]. 北京：高等教育出版社，2005.

实验 32　椭圆偏振实验

【实验背景】

随着科学技术的发展对各种薄膜的研究和应用日益广泛，因此更加精确和迅速地测定薄膜的光学参数更加迫切和重要。在实际工作中可以利用各种传统的方法测定光学参数，如布儒斯特角法测介质膜的折射率、干涉法测膜厚等。椭圆偏振法具有独特的优点，是一种较灵敏非破坏性测量，可以探测生长中的薄膜小于 0.1 nm 的厚度变化，精度比一般的干涉法高一至二个数量级。它是一种先进的测量薄膜纳米级厚度的方法，能同时测定膜的厚度和折射率以及吸收系数。目前椭圆偏振法测量已在光学、半导体、生物、医学等方面得到较为广泛的应用。这个方法的原理几十年前就已被提出，但由于计算过程太复杂，一般很难直接从测量值求得方程的解析解，直到广泛应用计算机以后，才使该方法具有了新的活力，目前，该方法的应用仍处在不断的发展中。本实验讨论使用椭圆偏振仪测量薄膜厚度的原理和计算方法，利用折射率计算薄膜厚度。

【实验目的】

（1）了解椭圆偏振法测量薄膜参数的基本原理。

（2）掌握椭圆偏振仪的使用方法，并对样品的折射率进行测量。

【实验原理】

一束自然光经起偏器变成线偏振光，再经 1/4 波片，使它变成椭圆偏振光入射在待测膜面上。反射时光的偏振状态将发生变化，根据偏振光在反射前后的偏振状态变化，包括振幅和相位的变化，便可以确定样品表面的光学特性，可以推算出待测膜面的某些光学参数如膜厚和折射率。椭偏法测量的基本思路是利用起偏器产生的线偏振光经取向一定的 1/4 波片后成为特殊的椭圆偏振光，把它投射到待测样品表面时，当 1/4 波片快轴取向及与入射线偏光夹角适当取值时，可使待测样品表面反射出来的将是线偏振光。

1. 薄膜折射率和厚度的测量

如图 32-1 所示为光学均匀和各向同性的单层介质膜，它有两个平行的界面，通常，上部是折射率为 n_1 的空气（或真空），中间是一层厚度为 d，折射率为 n_2 的介质薄膜，下层是折射率为 n_3 的衬底，介质薄膜均匀地附在衬底上，当一束光射到膜面上时，在界面 1 和界面 2 上形成多次反射和折射，并且各反射光和折射光分别产生多光束干涉，其干涉结果反映了膜的光学特性。

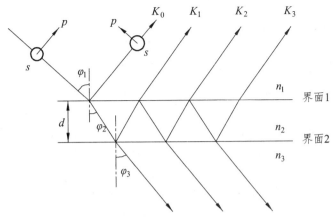

图 32-1 光在介质表面的反射和透射

设 φ_1 示光的入射角，φ_2 和 φ_3 分别为在界面 1 和 2 上的折射角。根据折射定律有

$$n_1 \sin \varphi_1 = n_2 \sin \varphi_2 = n_3 \sin \varphi_3 \tag{32-1}$$

光波的电矢量可以分解成在入射面内振动的 P 分量和垂直于入射面振动的 s 分量。若用 E_{ip} 和 E_{is} 分别代表入射光的 p 和 s 分量，用 E_{rp} 及 E_{rs} 分别代表各束反射光 K_0，K_1，K_2，$\cdots$ 中电矢量的 p 分量之和及 s 分量之和，则膜对两个分量的总反射系数 R_p 和 R_s 定义为

$$\begin{cases} R_p = \dfrac{E_{rp}}{E_{ip}}, & R_s = \dfrac{E_{rs}}{E_{is}} \\[2mm] E_{rp} = \dfrac{r_{1p} + r_{2p} e^{-i2\delta}}{1 + r_{1p} r_{2p} e^{i2\delta}}, & E_{rs} = \dfrac{r_{1s} + r_{2s} e^{-i2\delta}}{1 + r_{1s} r_{2s} e^{-i2\delta}} E_{is} \end{cases} \tag{32-2}$$

经计算可得式中，r_{1p} 或 r_{1s} 和 r_{2p} 或 r_{2s} 分别为 p 或 s 分量在界面 1 和界面 2 上一次反射的反射系数。2δ 为任意相邻两束反射光之间的位相差。根据电磁场的麦克斯韦方程和边界条件，可以证明：

$$\begin{cases} r_{1p} = \tan(\varphi_1 - \varphi_2)/\tan(\varphi_1 + \varphi_2), & r_{1s} = -\sin(\varphi_1 - \varphi_2)/\sin(\varphi_1 + \varphi_2) \\ r_{2p} = \tan(\varphi_2 - \varphi_3)/\tan(\varphi_2 + \varphi_3), & r_{2s} = -\sin(\varphi_2 - \varphi_3)/\sin(\varphi_2 + \varphi_3) \end{cases} \tag{32-3}$$

式（32-3）为著名的菲涅尔反射系数公式，由相邻两反射光束间的光程差，可以算出相邻两束反射光之间的位相差：

$$2\delta = \frac{4\pi}{\lambda} n_2 \cos \varphi_2 = \frac{4\pi d}{\lambda} \sqrt{n_2^2 - n_1^2 \sin^2 \varphi_1} \tag{32-4}$$

式（32-4）中，2δ 为相邻两束反射光之间的位相差，d 为介质薄膜的厚度，λ 为光在真空中的波长，n_2 为介质薄膜折射率，φ_2 为介质薄膜的折射角，n_1 为空气的折射率，φ_1 为入射光线在介质薄膜上面的入射角。

在椭圆偏振法测量中，为了简便，通常引入另外两个物理量 ψ 和 Δ 来描述反射光偏振态的变化。它们与总反射系数的关系定义为

$$\tan\psi \cdot e^{i\Delta} = \frac{R_p}{R_s} = \frac{(r_{1p} + r_{2p}e^{-i2\delta})(1 + r_{1s} + r_{2s}e^{-i2\delta})}{(1 + r_{1p} + r_{2p}e^{-i2\delta})(r_{1s} + r_{2s}e^{-i2\delta})} \tag{32-5}$$

式（32-5）简称为椭偏方程，其中的 ψ 和 Δ 称为椭偏参数。

由式（32-1）、式（32-4）、式（32-5）和上式可以看出，参数 ψ 和 Δ 是 n_1，n_2，n_3，λ 和 d 的函数，其中 n_1、n_3、λ 和 φ_1 可以是已知量，如果能从实验中测出 ψ 和 Δ 的值，原则上就可以算出薄膜的折射率 n_2 和厚度 d，这就是椭圆偏振法测量的基本原理。然而，从上述各式却无法解析出 $d = (\psi, \Delta)$ 和 $n_2 = (\psi, \Delta)$ 的具体形式。因此，只能先按以上各式用电子计算机采用查表法或计算机处理数据算出在 n_1、n_3、λ 和 φ_1 一定的条件下 (ψ, Δ) 和 (d, n) 的关系图表，待测出某一薄膜的 ψ 和 Δ 后再从图表上查出相应的 d 和 n_2 的值。需要说明的是，当 n_1 和 n_2 为实数时，厚度 d 与周期有关，其第一周期厚度 d_0 为

$$d_0 = \frac{\lambda}{2\sqrt{n_2^2 - n_1^2 \sin^2\varphi_1}} \tag{32-6}$$

本实验只能计算 d_0，若实际膜厚大于 d_0，可用其他方法（如干涉片）确定所在的周期数 j，且膜的总厚度为

$$D = (j-1)d_0 + d \tag{37-7}$$

2. ψ 和 Δ 的物理意义

用复数形式表示入射光和反射光的 p 和 s 分量，

$$\begin{cases} E_{ip} = |E_{ip}| \exp(i\theta_{ip}), \quad E_{is} = |E_{is}| \exp(i\theta_{is}) \\ E_{rp} = |E_{rp}| \exp(i\theta_{rp}), \quad E_{rs} = |E_{rs}| \exp(i\theta_{rs}) \end{cases} \tag{37-8}$$

式中各绝对值为相应电矢量的振幅，各 θ 值为相应界面处的位相。

由式（32-5），式（32-2）和式（32-8）可以得到

$$\tan\psi \cdot e^{i\Delta} \frac{|E_{rp}||E_{is}|}{|E_{rs}||E_{ip}|} \exp\{i[(\theta_{rp} - \theta_{rs}) - (\theta_{ip} - \theta_{is})]\} \tag{32-9}$$

比较等式两端即可得

$$\tan\psi = |E_{rp}||E_{is}| / |E_{rs}||E_{ip}| \tag{32-10}$$

$$\Delta = (\theta_{rp} - \theta_{rs}) - (\theta_{ip} - \theta_{is}) \tag{32-11}$$

式（32-10）表明，参量 ψ 与反射前后 p 和 s 分量的振幅比有关。而（32-11）式表明，参量 Δ 与反射前后 p 和 s 分量的位相差有关。可见，ψ 和 Δ 直接反映了光在反射前后偏振态的变化。一般规定，ψ 和 Δ 的变化范围分别为 $0 \leqslant \psi < \pi/2$ 和 $0 \leqslant \Delta < 2\pi$。

当入射光为椭圆偏振光时，反射后一般为偏振态（指椭圆的形状和方位）发生了变化的椭圆偏振光（除去 $\psi < \pi/4$ 且 $\Delta = 0$ 的情况）。为了能直接测得 ψ 和 Δ，须将实验条件做某些限制以使问题简化，即要求入射光和反射光满足以下两个条件：

（1）要求入射在膜面上的光为等幅椭圆偏振光，即 p 和 s 二分量的振幅相等。由 $\dfrac{|E_{ip}|}{|E_{is}|} = 1$，

式（3-11）则简化为

$$\tan\varphi = \frac{|E_{rp}|}{|E_{rs}|} \qquad (32\text{-}12)$$

（2）要求反射光为线偏振光。也就是要求 $\theta_{rp} - \theta_{rs} = 0$ 或 π，式（32-11）则简化为

$$\Delta = -(\theta_{ip} - \theta_{is}) \qquad (32\text{-}13)$$

满足后一条件并不困难。因为对某一特定的膜，总反射系数比 R_p/R_s 是一定值，式（32-5）决定了 Δ 也是某一定值，根据（32-11）式可知，只要改变入射光二分量的位相差（$\theta_{ip} - \theta_{is}$），直到其大小为一适当值（具体方法见后面的叙述），就可以使（$\theta_{ip} - \theta_{is}$）＝0 或（$\theta_{ip} - \theta_{is}$）＝$\pi$，从而使反射光变成一线偏振光。利用一检偏器可以检验此条件是否已满足。以上两条件都得到满足时，式（32-12）表明，$\tan\psi$ 恰好是反射光的 p 和 s 分量的幅值比，ψ 是反射光线偏振方向与 s 方向间的夹角，如图 32-2 所示。式（32-13）则表明，Δ 恰好是在膜面上的入射光中 p 和 s 分量间的位相差。

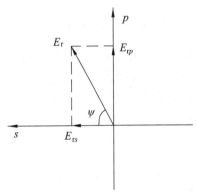

图 32-2　ψ 角的物理意义原理图

3. ψ 和 Δ 的测量

实现椭圆偏振法测量的仪器称为椭圆偏振仪（简称椭偏仪）。它的光路原理如图 32-3 所示。氦氖激光管发出的波长为 632.8 nm 的自然光，先后通过起偏器 Q，1/4 波片 C 入射在待测薄膜 F 上，反射光通过检偏器 R 射入光电接收器 T。如前所述，p 和 s 分别代表平行和垂直于入射面的两个方向。快轴方向 f，对于负晶体是指平行于光轴的方向，对于正晶体是指垂直于光轴的方向。t 代表 Q 的偏振方向，f 代表 C 的快轴方向，t_r 代表 R 的偏振方向。慢轴方向 l，对于负晶体是指垂直于光轴方向，对于正晶体是指平等于光轴方向。无论起偏器的方位如何，经过它获得的线偏振光再经过 1/4 波片后一般成为椭圆偏振光，为了在膜面上获得 p 和 s 二分量等幅的椭圆偏振光，只需转动 1/4 波片，使其快轴方向 f 与 s 方向的夹角 $\alpha = \pm\pi/4$ 即可。为了进一步使反射光变成为一线偏振光 E，可转动起偏器，使它的偏振方向 t 与 s 方向间的夹角 P_1 为某些特定值。这时，如果转动检偏器 R 使它的偏振方向 t_r 与 E_r 垂直，则仪器处于消光状态，光电接收器 T 接收到的光强最小，检流计的示值也最小。本实验中所使用的椭偏仪，可以直接测出消光状态下的起偏角 P_1 和检偏方位角 ψ。从式（32-13）可见，要得到 Δ，还必须求出 P_1 与（$\theta_{ip} - \theta_{is}$）的关系。

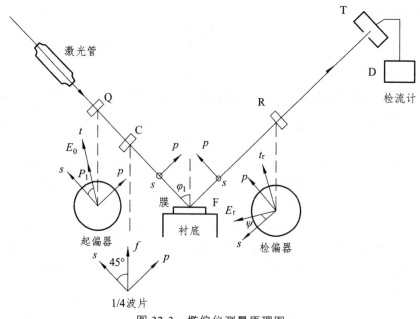

图 32-3　椭偏仪测量原理图

下面就上述的等幅椭圆偏振光的获得及 P_1 与 Δ 的关系做进一步的说明，如图 32-4 所示，设 1/4 波片置于快轴方向 f 与 s 方向间夹角为 $\pi/4$ 的方位。E_0 为通过起偏器后的电矢量，P_1 为 E_0 与 s 方向间的夹角。令 γ 表示椭圆的开口角，两对角线间的夹角。由晶体光学可知，通过 1/4 波片后，E_0 沿快轴的分量 E_f 与沿慢轴的分量 E_l 比较，位相上超前 $\pi/2$，用数学式可以表达成

$$E_f = E_0 \cos\left(\frac{\pi}{4} - P_1\right) e^{i\frac{\pi}{2}} = iE_0 \cos\left(\frac{\pi}{4} - P_1\right) \tag{32-14}$$

$$E_l = E_0 \sin\left(\frac{\pi}{4} - P_1\right) \tag{32-15}$$

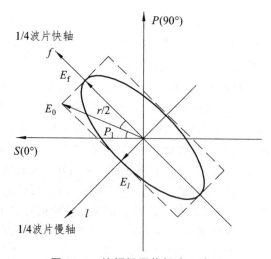

图 32-4　等幅椭圆偏振光示意图

从它们在 p 和 s 两个方向的投影可得到 p 和 s 的电矢量分别为

$$E_{ip} = E_f \cos\frac{\pi}{4} - E_l \cos\frac{\pi}{4} = \frac{\sqrt{2}}{2} E_0 e^{i\left(\frac{3\pi}{4} - P_1\right)} \tag{32-16}$$

$$E_{is} = E_f \cos\frac{\pi}{4} - E_l \cos\frac{\pi}{4} = \frac{\sqrt{2}}{2} E_0 e^{i\left(\frac{\pi}{4} + P_1\right)} \tag{32-17}$$

由式（32-16）和式（32-17）看出，当 1/4 波片放置在 $+\pi/4$ 角位置时，在 p 和 s 二方向上得到了幅值均为 $\sqrt{2}E_0/2$ 的椭圆偏振入射光 p 和 s 的位相差为

$$\theta_{ip} - \theta_{is} = \frac{\pi}{2} - 2P_1 \tag{32-18}$$

另一方面，从图 32-3 上的几何关系可以得出，开口角 γ 与起偏角 P_1 的关系为

$$\frac{r}{2} = \frac{\pi}{4} - P_1, \quad \gamma = \frac{\pi}{2} - 2P_1 \tag{32-19}$$

$$\theta_{ip} - \theta_{is} = \gamma \tag{32-20}$$

由式（32-18）可得

$$\Delta = -(\theta_{ip} - \theta_{is}) = -\gamma \tag{32-21}$$

至于检偏方位角 ψ，可以在消光状态下直接读出。在测量中，为了提高测量的准确性，常常不是只测一次消光状态所对应的 P_1 和 ψ_1 值，而是将四种（或两种）消光位置所对应的四组 (P_1, ψ_1)、(P_2, ψ_2)、(P_3, ψ_3) 和 (P_4, ψ_4) 值测出，经处理后再算出 Δ 和 ψ 值。其中 (P_1, ψ_1) 和 (P_2, ψ_2) 所对应的是 1/4 波片快轴相对于 S 方向置 $+\pi/4$ 时的两个消光位置（反射后 P 和 S 光的位相差为 0 或为 π 时均能合成线偏振光）。而 (P_3, ψ_3) 和 (P_4, ψ_4) 对应的是 1/4 波片快轴相对于 s 方向置 $-\pi/4$ 的两个消光位置。另外，还可以证明下列关系成立，$|P_1 - P_2| = 90°$，$\psi_2 = -\psi_1$，$|P_3 - P_4| = 90°$，$\psi_4 = -\psi_3$。求 Δ 和 ψ 的方法如下所述。

（1）计算 Δ 值：

将 P_1、P_2、P_3 和 P_4 中大于 $\pi/2$ 的减去 $\pi/2$，不大于 $\pi/2$ 的保持原值，并分别记为 $\{P_1\}$、$\{P_2\}$、$\{P_3\}$ 和 $\{P_4\}$，然后分别求平均。计算中，令

$$P_1' = \frac{\{P_1\} + \{P_2\}}{2}$$

$$P_3' = \frac{\{P_3\} + \{P_4\}}{2} \tag{32-22}$$

而椭圆开口角 γ 与 P_1' 和 P_3' 的关系为

$$\gamma = |P_1' - P_3'| \tag{32-23}$$

由式（32-24）算得 ψ 后，再按表 32-1 求得 Δ 值。利用类似于图 32-4 的作图方法，分别画出起偏角 P_1 在表 32-1 所指范围内的椭圆偏振光图，由图上的几何关系求出与式（32-19）类似的 γ 与 P_1 的关系式，再利用式（32-21）就可以得出表 32-1 中全部 Δ 与 γ 的对应关系。

表 32-1　P_1 与 Δ 的对应关系

P_1	$\Delta = -(\theta_{ip} - \theta_{is})$
$0 \sim \pi/4$	$-\gamma$
$\pi/4 \sim \pi/2$	γ
$\pi/2 \sim 3\pi/4$	$\pi - \gamma$
$3\pi/4 \sim \pi$	$-(\pi - \gamma)$

（2）计算 ψ 值，应按公式（32-24）进行计算，可得

$$\psi = \frac{|\psi_1| + |\psi_2| + |\psi_3| + |\psi_4|}{4} \tag{32-24}$$

4. 金属复折射率的测量

介质膜对光的吸收可忽略不计，其折射率为实数，当测量表面为金属时，由于其为电媒质，存在不同程度的吸收，根据相关理论，金属的介电常数是复数，其折射率也是复数。表示为

$$N = n - jk \tag{32-25}$$

经推算得，

$$\begin{cases} N \approx \dfrac{n_1 \sin \varphi_1 \tan \varphi_1 \cos 2\psi}{1 + \sin 2\psi \cos \Delta} \\ K \approx \tan 2\psi \sin \Delta \end{cases} \tag{32-26}$$

式（32-26）中 ψ 和 Δ 的测量与介质膜时相同。

【实验系统与装置】

本实验的实验仪器主要包括椭偏仪、半导体激光器（波长 635 nm）、实验样品氧化锆（基片材料为 K_9 玻璃）等。

【实验内容与步骤】

本实验的内容包括理解椭圆偏振测量薄膜厚度的原理，使用椭圆偏振仪测量实验室给定样品的薄膜厚度，并分析测量误差。

（1）检查椭圆偏振仪各部件的连接，连接妥当后通电，打开激光管，预热 5～10 min，然后打开计算机。

（2）打开电源箱电源开关，放上样品，启动配套软件。

（3）样品准直，每个待测样品都需要正确仔细完成这一准直步骤，否则将直接影响数据的准确性。

（4）点击"Rotate"设置待测角度，手动旋转入射臂和出臂至待测角度，如 70°，使计算机中设置的角度与设备实际所在机械角度一致，将入射臂旋转至 0°，调节样品台平面倾斜度，

使激光反射回出射孔，将入射臂旋转至待测角度，调节样品台高度位置，使得经样品反射的激光光斑进入探测臂小孔。

（5）在测量角度点击"Start"开始测量，获得结果，点击"Save"保存。

（6）如要多次测量，点击"restart"，弹出对话框询问是否保存上次测得结果，保存完毕或不保存后，可开始继续测量，全部测量完毕后，退出程序。

（7）关闭椭圆偏振仪电源，按下电源箱开关，取下样品，对获得的数据进行分析或关闭计算机。

【实验注意事项】

（1）使用时一定要注意开关仪器的顺序，即先开计算机，等进入系统稳定后再打开电源箱，关闭仪器时，先关电源箱，再关闭计算机。

（2）不要强行碰撞和扭动或转动椭偏仪主体上的激光器，以免损坏激光器或影响测量精度，不可直视激光，以免损伤视力。

（3）在通电的情况下不可打开探测器的后盖，以免损坏光电倍增管，更换完光电倍增管须重新设置高压。

【问题思考和拓展】

（1）什么叫自然光？什么叫线偏振光？什么叫椭圆偏振光？

（2）四分之一波片有何特点？

（3）单色光在单层膜表面多次反射后会出现什么情况？

（4）若测量薄膜为多层膜，如何计算膜的厚度？

【参考文献】

[1] 轩植华，白贵儒，郭光灿. 光学[M]. 北京：科学出版社，2018.

[2] 姜春光，谌雅琴，刘涛，等. 全反射式宽光谱成像椭偏仪[J]. 光电工程，2016，43（1）：55-59.

[3] 宋国志，刘涛，谌雅琴，等. 利用多个标准样品校准光谱椭圆偏振仪[J]. 光学学报，2014，34（3）：0312003-3.

[4] 陈星，童晟飞，王正忆，等. 椭圆偏振仪测量薄膜折射率及周期厚度解的分析[J]. 实验技术与管理，2011，28（6）：42-46.

第5章

光谱测量实验

　　光源在物理学上指能发出一定波长范围的电磁波的物体，包括可见光与外线、红外线、X 光线等不可见光，通常指能发出可见光的发光体。在我们的日常生活中离不开可见光的光源，可见光以及不可见光的光源还被广泛地应用到工农业、医学和国防现代化等方面。根据光的传播方向，光源可分为点光源和平行光源。

　　光谱学研究的是各物质的光谱的产生及其同物质之间的相互作用。光谱是电磁波辐射按照波长的有序排列，通过光谱的研究，人们可以得到原子、分子等的能级结构、电子组态、化学键的性质、反应动力学等多方面物质结构的知识，在化学分析中也提供了重要的定性与定量的分析方法。发射光谱可以分为线状光谱、带状光谱、连续光谱三种不同类别的光谱。线状光谱主要产生于原子，带状光谱主要产生于分子，连续光谱则主要产生于白炽的固体或气体放电。

　　光谱仪就是用来分析光谱的仪器，它利用光学色散原理及现代先进电子技术设计，将成分复杂的光分解为光谱线。它的基本作用是测量和分析被研究光所研究物质反射、吸收、散射或受激发的荧光等的光谱特性，包括波长、强度等谱线特征。

　　在光谱仪器中，分光元件由棱镜、衍射光栅等构成。光谱仪有多种类型，有可见光波段使用的光谱仪外，还有红外光谱仪和紫外光谱仪。根据现代光谱仪器的工作原理，光谱仪可以分为两大类，经典光谱仪和新型光谱仪，经典光谱仪器是建立在空间色散原理上的仪器，是狭缝光谱仪器，新型光谱仪器是建立在调制原理上的仪器，是非空间分光的采用圆孔进光，按色散元件的不同可分为棱镜光谱仪、光栅光谱仪和干涉光谱仪等。按探测方法分，有直接用眼观察的分光镜，用感光片记录的摄谱仪，以及用光电或热电元件探测光谱的分光光度计等。常见的光谱仪器还有紫外光度计、可见光分光光度计、红外分光光度计、荧光光谱仪、原子发射光谱仪、XRD 光谱仪、成像光谱仪等。

　　通过光谱仪对光信息的抓取以照相底片显影，或电脑化自动显示数值仪器显示和分析，从而测知物品中含有何种元素。这种技术被广泛地应用于空气污染、水污染、食品卫生、金属工业等的检测中。本章主要讨论光源光谱仪的原理和应用、激光拉曼光谱仪的原理和应用、单色光栅光谱仪的原理与应用、吸收红外光谱仪的原理与应用等。

实验 33　光源光谱综合测量实验

【实验背景】

人类观察到的第一种光谱无疑是天空中的彩虹。对可见光谱首次研究是牛顿的实验，1666 年，牛顿让一束太阳光射进暗室，将一个玻璃三棱镜放在光路中，在墙壁上看到了一条彩带。光度学是度量光的强弱和方向的一门学科，作为照明科学的基础，此外，光不仅仅被用来照明，还被广泛地与应用于其他多个领域中，如生化与医药领域、印刷防伪技术、宝石与矿物学等。特别是，作为化学计量学的应用，荧光光度法对比于紫外可见吸光光度法，有其独有的特点和优势。通过本实验，加深对光度学基本概念的理解，并掌握常见的光度测量设备、理解光度学的相关标准与算法，了解光源的特性，熟悉常见的光源，学生掌握分光光度法的原理，通过实际搭建分光光度计，了解分光光度法的校准、测量和数据处理流程。

【实验目的】

（1）了解光度学的基础知识。
（2）测量光源光度，测量 LED 角度与相对光强的关系。
（3）测量实际样品的颜色，测量汞灯的发射光谱和测量给定滤光片的吸收度。
（4）观察电致发光的现象。
（5）测量维生素 B_2 的荧光发射光谱。

【实验原理】

1. 光度学基础知识

光度学是 1760 年由朗伯建立的，定义了光通量、发光强度、照度、亮度等主要光学光度学参量，并用数学阐明了它们之间的关系和光度学几个重要定律如照度的叠加性定律、距离平方比定律、照度的余弦定律等。在可见光波段内，考虑到人眼的主观因素后的相应计量学科称为光度学。光度学的常用物理量有光通量、光强度、亮度、照度、出射度等。

（1）光通量 Φ（Φ_v）。

在光度学中光通量被定义为能够被人的视觉系统所感受到的那部分光辐射功率的大小的度量。光通量的国际单位为 lm（流明），$K_m = 683$ lm/W（流明/瓦），复色光的光通量需对所有波长的光通量求和，lm 是发光强度为 1 cd 的均匀点光源在 1 球面度立体角内发射的光通量。辐射通量以光谱光视函数 $v(\lambda)$ 为权重因子的对应量，设波长为 λ 的光的辐射通量为 $\Phi(\lambda)$，

对应的光通量为 $\Phi_v(\lambda) = K_m \nu(\lambda)\Phi(\lambda)$，式中 K_m 为比例系数，是波长为 555 nm 的光谱光视效能，也叫最大光谱光视效能，由 Φ_e 和 Φ_v 的单位决定。

（2）光强度 I_v。

光强度是点光源在某方向上单位立体角内的光通量，记作 I_v，即 $I_v = \mathrm{d}\Phi_v/\mathrm{d}\Omega$。发光强度的国际单位为 cd（cd = Lm·sr^{-1}），是光度学中的基本单位，1979 年第十六届国际大会通过的坎德拉的定义为发出频率为 540×10^{12} Hz 的单色辐射源在给定方向上的发光强度，该方向上的辐射强度为 1/683 W·sr^{-1}。

（3）亮度 L_v。

它表示单位面积上发光强度。辐射亮度的光度学对应量定义为：$L_v = (\mathrm{div})/\mathrm{d}s\cos\theta$，式中 $\mathrm{d}s$ 为面光源上的面积元，θ 为面元法线与观察方向间的夹角，div 是面元在观察方向的发光强度。光亮度的国际单位为 cd/m²。光亮度的其他常用单位有 nit（尼特）和 fl（朗伯），1 nit = 1 cd/m²，1 fl = 3.426 nit = 3.426 cd/m²。

光亮度一般随观察方向而变，若一辐射体的光亮度是与方向无关的常量，则其发光强度与 $\cos\theta$ 成正比，此规律称为朗伯定律，这种辐射体称为朗伯辐射体或余弦辐射体。黑体是理想的余弦辐射体。

（4）照度 E_v。

照度是单位受照面积上接收到的光通量，单位为 lx（lx = lm·m^{-2}），发光强度为 1 lm 的点光源在离光源的距离为 r 处的照度为 $E_v = (L_v/r^2)\cos i$，式中 i 为光沿 r 方向射到受照面时的入射角。入射光垂直入射时，$\cos i = 0$，$E_v = L_v/r^2$，即光照度的平方反比律。

（5）出射度 M_v。

光出射度表征光源自身性质的一个物理量。光源的光通量除以光源的面积就得到光源的光出射度值。光出射度用勒克斯（lm·m^{-2}）表示，光出射度中的面积是指光源的面积，不是被照射的面积。平板发射会测试该值，漫反射面受光照后，其光出射度与光照度成正比，比例系数小于 1，称漫反射系数。

2. 光度学基本定律

（1）余弦定理。

任意表面上的照度 E 随该表面法线与辐射能传播方向之间夹角 θ 的余弦成正比。$E' = E\cos\theta$。

（2）亮度守恒定律。

当光束在同一种介质中传输时，沿其传输路径任取二个面元 $\mathrm{d}A_1$ 和 $\mathrm{d}A_2$，并使通过面元 $\mathrm{d}A_1$ 的光束也都通过 $\mathrm{d}A_2$，它们之间的距离是 r，面元法线与光传输方向夹角分别为 θ_1 和 θ_2，则面元 $\mathrm{d}A_1$ 和 $\mathrm{d}A_2$ 的辐射亮度相同，即亮度守恒定律，光在同一种介质中传播时，若传输过程中无能量损失，则光能传输的任一表面亮度相等，即亮度守恒定律。

（3）照度与距离平方反比定律。

均匀点光源向空间发射球面波，在传输方向上任意点的照度与该点到点光源距离平方成反比。设在传输路径上光束无分束，也无能量损失，那么由点光源向空间任一立体角内辐射通量 Φ 是不变的，而由球心点光源发出的光所张的立体角所截的表面积与球的半径平方成正比。即照度 E 与距离 R^2 成反比。

如图 33-1，由于点光源发出的是球面波，所以表面 dA 到点光源的距离是该球面波的半径 R，若 dA 对点光源的立体角是 dΩ，那么 dA = dΩR^2，因而 dA 上的照度 $E = \dfrac{\varphi}{\mathrm{d}\omega R^2}$。实际的光源，总有一定的几何尺寸，根据光源叠加原理，所求表面的照度实际上是该光源作用的照度之和，若光源面积为 πr^2，而 $r \ll R$，则照度 E 可写成 $E \approx \pi L \dfrac{r^2}{R^2}$，$L$ 为光源发光亮度。

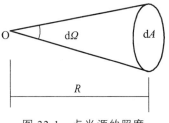

图 33-1　点光源的照度

3. 光源的光谱

可见光的波长范围在 360～830 nm，LED 发光的波长全部在可见光范围内。LED 灯光谱，目前大部分白光 LED 的都是由蓝光芯片激发一种或者多种荧光粉，最终由蓝光和荧光粉发出的光混合而成白光，因此一般 LED 的光谱会有两个以上峰值，而其他的波长范围相对辐射强度很低，因此 LED 光源光谱也是线状谱，分布在辐射强度较低的连续光谱上。

4. LED 角度与相对光强

不同的 LED 有着不同的角度特性，特别是不同封装的 LED，其角度特性更是各有差异如图 33-2 所示。根据不同的应用要求及角度特性性，LED 种类可分为普通型、指向型、发散性等。发光强度（法向光强）是表征发光器件发光强弱的重要性能。LED 大量应用要求是圆柱、圆球封装，由于凸透镜的作用，故都具有很强指向性，位于法向方向光强最大，其与水平面交角为 90°。当偏离正法向不同 θ 角度，光强也随之变化，发光强度随着不同封装形状而强度依赖角方向。通过探测器可以测量出 LED 在一定电流驱动条件下的不同角度的光强，通过角度与光强的关系可以分析 LED 的角度特性。

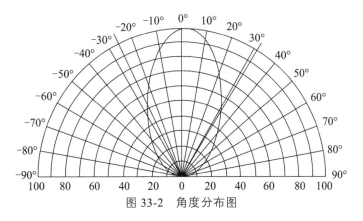

图 33-2　角度分布图

5. 反射光谱测量的原理

光照射于物体，物体选择吸收某种波长范围的光，反射回其余波长的光，反映到人脑就是物体的颜色印象，目前，颜色的测量方法主要有目视法、光电积分法和分光光度法三种。

目视法是一种最传统的颜色测量方法，由观察者在特定的照明条件下对产品进行目测鉴别，人眼不能准确识别微细的色彩差异，主观性性大，常判断失误，而且工作效率低，目视法在工业测色中的应用已越来越少。

光电积分法是 20 世纪 60 年代仪器测色中常用的方法，光电积分法不是测量各个波长的色刺激值，而是在整个测量波长区间内，对被测颜色光能量进行一次性积分测量，得到三刺激值，再计算出样品的色品坐标等参数。滤光片需满足卢瑟条件，以精确匹配光探测器。但在实际应用中，由于有色玻璃的品种有限，仪器不可能完全符合卢瑟条件，只能近似符合。

根据光谱信号采集方式的不同，分光光度法可分为光谱扫描法和光电摄谱法。光谱扫描法是单通道测色方法，它按一定波长间隔，采用机械扫描结构，逐个波长采集光谱信号，优点是精度较高，缺点是光路和结构复杂，测量速度慢，且波长重复性差，对光源的稳定性要求高，受光源的不稳定性等因素影响显著，不适合在线测量。光电摄谱法是通过多通道光电探测器获取整个空间光谱能量的分布信息，得出全波段光谱数据。与前者相比有所改进，如测量时间短，信噪比高，对光源稳定性要求低，不必使用机械扫描就能获取全谱数据，适用于瞬态测量。

（1）反射式光谱测量光路设计。

测量光路如图 33-3 所示，用反射式光纤一端连接光源，一端连接光谱仪，反射端照射待测物。光源发光通过光纤传到采样探头，光线照射于物体表面后，反射的光线进入光谱仪，经过内部准直镜照射在光栅上，再经聚光镜照射在 CCD 检测器上，采集光谱信息，经电脑进行数据分析，得出相应的光谱信息。

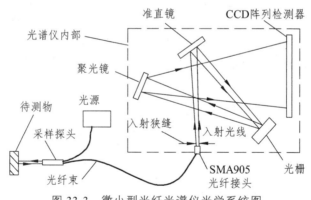

图 33-3　微小型光纤光谱仪光学系统图

（2）反射谱测量的几何条件。

颜色测量必须在 CIE 规定的标准照明和几何光学条件下进行，使结果便于国际对比。市场销售和工业界实际使用的测色光谱光度计多采用 d/0（实际取 d/8）和 45/0 几何照明条件，这两种方式有杂散光干扰小，信噪比大等优点。

当采用 d/8 视场进行测量时，可使用积分球完成如图 33-4 所示，它可以放在待测物的表面，测量各个位置的颜色。积分球的主要功能是作为光收集器，基本原理是光经多次反射后，均匀地散射在积分球内部，使之成为一个理想均匀的光源，探测光纤通过 SMA 接头与积分球侧面的接口相连，该接口前有一阻光挡板，避免了采样口的光直接反射进入光纤。积分球内壁由具有高反射率的漫反射材料制成，它可以在很宽的光谱范围内（250 ~ 2 500 nm）具有较高的漫反射率（>96%）。积分球探测的主要优点在于这种测量几乎与样品表面结构无关，这对纺织品和纸张的测量特别有用，因为它们的毛面和光面有显著差别。积分球还可用于对 LED 的色温、色品坐标、辐射量和光通量的性能参数进行快速检测。

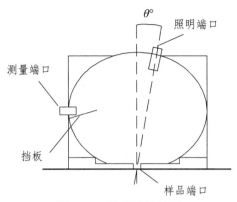

图 33-4　积分球结构图

图 33-5 为光纤采样探头结构图，光纤束有 7 根光纤组成，通过标准 SMA905 接头，可把光源发出的光耦合进由 6 根光纤组成的光纤束中，传导到探头末端，被测表面反射回来的光进入第 7 根光纤，由这根光纤把信号传输入光谱仪检测。光纤探头主要有反射式和透射式浸入型两类，探头的外面有保护层，使之具有耐高温和抗化学腐蚀等性能。

根据实际应用场合的不同，配合相应的光纤探头及采样附件，可实现多种不同的采样方式，如对固体表面或漆膜的颜色测量，可用反射式探头或积分球直接测量；如对液体的颜色测量可使用透射式浸入型探头；如对测量在线流动的液体，可将之旁路引出，结合样品流通池进行实时测量。

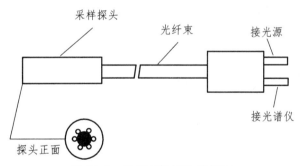

图 33-5　光纤采样探头结构图

（3）测量实际样品的颜色。

反射率即经过样品的反射光强度与入射光强度的比值，在反射模式下可以测量样品的反射率。在反射模式下，反射率表示为 Reflectivity，即测量视图中的纵坐标。Morpho 软件对反射率的测量遵循式（33-1）：

$$R(\lambda)\% = \frac{S_\lambda - D_\lambda}{R_\lambda - D_\lambda} \times 100\% \tag{33-1}$$

式（33-1）中 S_λ 为在波长 λ 处的样品光谱，D_λ 为在波长 λ 处的暗背景光谱，R_λ 为在波长 λ 处的参考光谱，实验中，我们用白板作为参考，色卡作为样品。实际测量出的光谱曲线只适合参考物的相对反射率，参考物不同，光谱曲线也不同。

6. 吸收度测量原理

吸收率即投射到物体上而被吸收的热辐射能与投射到物体上的总热辐射能的比值，在吸收模式下可以测量样品的吸收率，在吸收模式下，吸收率表示为 Absorptance，即测量视图中的纵坐标。Morpho 软件对吸收率的测量遵循式（33-2）：

$$A(\lambda)\% = \left(1 - \frac{S_\lambda - D_\lambda}{R_\lambda - D_\lambda}\right) \times 100\% \tag{33-2}$$

式（33-2）中 S_λ 为在波长 λ 处的样品光谱，D_λ 为在波长 λ 处的暗背景光谱，R_λ 为在波长 λ 处的参考光谱。

7. 光致发光的原理

物体依赖外界光源进行照射，从而获得能量，产生激发导致发光的现象，它大致经过吸收、能量传递及光发射三个主要阶段，光的吸收及发射都发生于能级之间的跃迁，都经过激发态。而能量传递则是由于激发态的运动。紫外辐射、可见光及红外辐射均可引起光致发光。

【实验系统与装置】

本实验的主要仪器包括 5 V 电源适配器、LED 驱动器、BNC 线、单色 LED 光源组件（白、红、橙、黄、绿、蓝 LED）、卤素灯、汞灯、蓝光激光器、直通光纤、光谱仪、电脑，Y 型光纤、R3-SMA905 支架、光谱测量支架、光谱仪、数据线、标准白板、色卡。化学器具：石英比色皿、烧杯、药勺、吸管、维生素 B_2。

【实验内容与步骤】

本实验内容包括测量光源的光度、LED 的角度与强度的关系、反射率实验、吸收度实验、测量汞灯的光谱实验、荧光应用测量实验。

1. 测量光源光度

打开光谱仪软件，点击菜单栏 Start-Control 中的 Continue，即可看到绿光 LED 光谱图。如果光谱曲线饱和或者幅度太低，在左侧窗口 Parameters 可调节积分时间，最高峰在 55 000 ~ 60 000，可通过调节 LED 驱动器电流大小来改变光谱峰值。

点击软件右下角窗口 Series Set，点击 Add，可将当前光谱保存下来，自动命名 001。点击 001，同时在右侧窗口显示横坐标每个光谱所对应的纵坐标的相对能量强度，更换其他颜色 LED 进行光谱测量，并将测量 LED 波长值填入表 33-1。

表 33-1　光谱测量记录表

颜色	蓝	绿	黄	橙	红	白	卤素灯
波长/nm							

2. 测量 LED 角度与相对光强的关系

取下 LED 光源前端连接头，用 BNC 线连接 LED 驱动器，让 LED 对准光纤连接头，打开光谱仪软件，点击菜单栏 Start-Control 中的 Continue，即可看到 LED 光谱图。调整 LED 驱动器和积分时间，使得光谱显示完整，调节旋转台让在 0 刻度时光强最强。

点击软件左下角 ADD，重命名 0，顺时针旋转角度台到 1°，点击软件左下角 ADD，重命名 1，同理添加 2°、3°、…、10°、320°、…、359°时的光谱曲线。在左下角窗口点击每个曲线，在右侧记录每个角度对应的最大相对光强值。将数据填入表 33-2。根据以上数据，可画出 LED 角度与相对光强的关系图。

表 33-2 角度与强度关系表

偏转角度/°	350	…	358	359	0	1	2	…	10
相对光强/%									

3. 反射率测量实验

（1）首先将参考物白板拧开放在圆盘上，将 Y 型光纤反射端固定在 R₃ 支架上，调整光纤端面与白板距离 2 mm 左右，将 6 芯光纤接卤素光源，将光纤接光谱仪。

（3）打开卤素光源，打开软件，点击菜单栏 Start-Control 中的 Continue，光谱曲线饱和，调小积分时间为 1，平滑窗口改为 4，点击蓝色窗口，如果仍然饱和，可调小卤素光源驱动电流。

（3）点击 Start-Modes 中的 Light，采集参考物——白板光谱，软件左下角自动生成 001 光源光谱，如果不设置参考光谱则无法进入反射模式进行测量。

（4）遮蔽或关闭光源，此时光谱仪测得光谱为背景光谱，此时设置背景光谱的积分时间与测量参考光谱的积分时间相同，点击 Start-Modes 中的 Dark，软件左下角自动生成 002 背景光谱。

（5）将色卡不同颜色卡片分别放在白板上方，点击软件左下角 Add，曲线 003，可改名为色卡背后的名称，便于对比查看不同颜色的色卡曲线。

（6）光谱仪软件显示的是每个波长的光对色卡颜色的一个反射率值。

4. 吸收度测量实验

（1）将支架两侧的两个准直镜固定在支架的最上方，分别连接光纤到两个光源上，将干板架放在两个支架的中间，待测物片先用白纸代替。

（2）打开左侧光源，为了便于调节光路，把光源调节到最亮，此时会在白纸上看到一个光斑，调节左侧滑块的位置，让光斑最小，也可适当调整准直镜上的内六角螺丝，微调光纤固定头的位置，让光斑最小，关闭左侧光源，同理，调整好右侧光斑，再打开左侧光源，让左右两侧光斑在白纸上重合，光路调整完毕。

（3）把光谱仪连接好电脑，打开光谱软件，点击菜单栏 Start-Control 中的 Continue，软件进入光谱测量模式，用手指按住光谱仪进光孔，点击 Start-Modes 中的 Dark，采集背景光谱。

（4）关闭右侧光源，取下光源上的光纤接头，连接到光谱仪上，去掉干板架上的白纸，此时测量的是左侧光源的光谱，点击 Start-Modes 中的 Light，采集光源光谱，软件左下角自动生成 002 光源光谱。

（5）点击 Start-Modes 中的按钮，进入吸收模式测量，在干板架上放入待测样品，即可测量待测样品吸收度。

5. 测量汞灯的发射光谱

（1）把光谱仪连接好电脑，打开光谱软件，点击菜单栏 Start-Control 中的 Continue，软件进入光谱测量模式，用手指按住光谱仪进光孔，点击 Start-Modes 中的 Dark。

（2）用直通光纤，一端连接光谱仪，另一端连接测量支架，对准光源。

（3）适当调整光纤头与光源的距离，调节积分时间，点击 Add，保存当前曲线，可修改名称为汞灯。

6. 荧光测量

（1）将 R_4 比色皿光谱测量支架固定光纤口上下放置，任意一口连接到光谱仪上，将蓝光激光器对准测量支架左侧孔。

（2）取一小勺维生素 B_2，放置烧杯中，加入适量水，搅拌均匀后，用吸管吸入滴入比色皿中，打开测量支架盖子，将比色皿放入支架中，盖上盖子。

（3）打开蓝光激光器电源，当光照射在比色皿中时，黄色的溶液变成暖白色，即荧光光谱。

（4）打开光谱仪软件，调节光源强度和积分时间，让光谱曲线峰值占纵坐标约80%。点击软件左下角，保存当前光谱曲线。

【实验注意事项】

（1）注意发光二极管为反向连接，按照原理图连接。
（2）如果恒流源的起始电流不为0，要得到0照度只要断开光源的一根线。

【问题思考和拓展】

（1）在正向偏压状态下，光电二极管受光照射时有无光电流产生？
（2）什么是光源的照度和亮度？
（3）什么是吸收度，测量时应考虑什么影响？
（4）荧光测量物质含量的原理是什么？

【参考文献】

[1] 刘征峰，王术军，张保洲. 快速光谱测量分析系统[J]. 光电工程，2001，2：27-31.
[2] 张永刚，顾溢，马英杰. 半导体光谱测试方法与技术[M]. 北京：科学出版社，2016.
[3] 周自刚，胡秀珍. 光电子技术与应用[M]. 北京：电子工业出版社，2017.
[4] 晋卫军. 分子发射光谱分析[M]. 北京：化学工业出版社，2018.
[5] 徐秋云. 光谱辐亮度和辐照度响应度系统级定标方法研究[M]. 南京：东南大学出版社，2018.

实验 34　激光拉曼光谱测量实验

【实验背景】

拉曼效应是一种由分子和晶格振动导致的非弹性散射。早在 1923 年，A. Smekal 已经在理论上预言了这种效应。1928 年印度科学家拉曼（C. VRaman）与 Krishman 首先在液体中观察到这种现象。在拉曼和 Krishman 的论文发表后不久，Landberg 和 Manderstam 就在俄国报道了他们在石英中观察到频率发生改变的光散射现象，并且 Cabannes 和 Rocard 在法国也证实了拉曼和 Krishman 的观察结果。在散射的光谱中，新波数的谱线称作拉曼线或拉曼带，合起来就说它们构成一个拉曼光谱。波数小于入射波数的拉曼带称作斯托克斯带，而波数大于入射波数的带称为反斯托克斯带。

拉曼光谱是分子或凝聚态物质的散射光谱，在激光等强单色光作用下，物质的散射光中除含有频率不发生改变的瑞利散射光外，还含有相当弱的频率变化的拉曼散射光，其中携带有散射体结构和状态的信息，其波长比瑞利光长的拉曼光叫斯托克斯线，其波长比瑞利光短的拉曼光叫反斯托克斯线。Rayleigh 散射，弹性碰撞，无能量交换，仅改变方向，Raman 散射，非弹性碰撞，方向改变且有能量交换。本实验讨论拉曼光谱的产生原理，利用光谱仪测量四氯化碳的拉曼光谱。

【实验目的】

（1）了解拉曼散射的原理。
（2）掌握测定液体样品四氯化碳的拉曼光谱的方法。
（3）分析偏振光的特性。

【实验原理】

1. 拉曼散射

激光作用于试样时，试样物质会产生散射光，在散射光中，除了与入射光有相同频率的瑞利散射光外，在瑞利散射光的两侧，有一系列其他频率的光，其强度通常只为瑞利光的 $10^{-9} \sim 10^{-6}$，这种散射光被命名为拉曼光。其中波长比瑞利波长长的拉曼光叫斯托克线，而波长比瑞利波长短的拉曼光叫反斯托克线。

拉曼谱线的频率虽然随着入射光频率变换，但拉曼光的频率和瑞利散射光的频率差却不随入射光的频率变化，而与样品的振动能级和转动能级有关。拉曼谱线的强度与入射光的强度和样品分子的浓度成比例关系，可以利用拉曼谱线的定义来分析，在与激光入射方向垂直

的方向上，能收集到的拉曼散射的光通量 Φ_R 为

$$\Phi_R = 4\pi \cdot \Phi_L \cdot A \cdot N \cdot S \cdot \sin \alpha^2 \left(\frac{\theta}{2}\right) \tag{34-1}$$

式（34-1）中 Φ_L 为入射光照射到样品上的光通量，A 为拉曼散射系数，等于 $10^{-29} \sim 10^{-28}$ mol/Sr，N 为单位体积内的分子数，S 为样品的有效面积，K 为考虑到折射率和样品内场效应等因素影响的系数，α 为拉曼光光束在聚焦透镜方向上的角度。

利用拉曼效应及拉曼散射光与样品分子的上述关系，可对分子的结构和浓度进行分析研究，于是建立了拉曼光谱法。激光拉曼光谱法是以拉曼散射为理论基础的一种光谱分析方法。激光拉曼光谱法的原理是拉曼散射效应。E_0 基态，E_1 振动激发态，$E_0 + h\nu_0$，$E_1 + h\nu_0$ 激发虚态，获得能量后，跃迁到激发虚态，如图 34-1、图 34-2 所示。

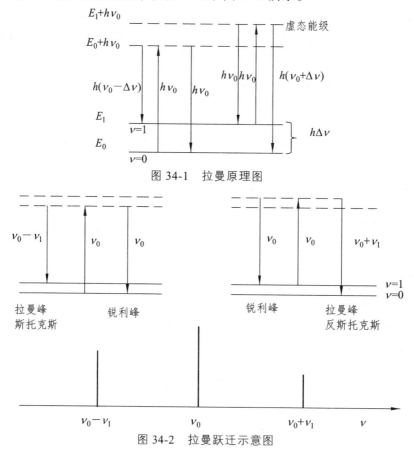

图 34-1　拉曼原理图

图 34-2　拉曼跃迁示意图

2. 拉曼位移（Raman shift）

散射光频率与激发光频之差即 Raman 散射光与入射光频率差 $\Delta\nu$，$\Delta\nu$ 取决于分子振动能级的改变，对不同物质 $\Delta\nu$ 不同，对同一物质，拉曼谱线的频率虽然随着入射光的频率而变。但拉曼光的频率与入射光的频率之差却不随入射光频率而变，而与样品分子的转动能级有关。表征分子振-转能级的特征物理量，定性与结构分析的依据。拉曼线的强度与入射光的强度和样品分子的浓度成正比关系。

【实验系统与仪器】

本实验的主要仪器有激光拉曼光谱仪、计算机、打印机、酒精、待测样品四氯化碳或固体样品。

【实验内容与步骤】

本实验内容包括理解拉曼光谱产生的原理，使用拉曼光谱仪测量实验室给定样品的拉曼光谱，并分析测量光谱。

（1）打开电源开关，打开激光电源，此时激光器会有绿色激光输出。

（2）调节外光路，在进行实验之前先进行外光路的调整，外光路包括聚光、集光、样品架和偏振部件等。调节前先检查一下外光路是否正常，若正常可以立即测量，其方法是在单色仪的入射狭缝处使进入缝的两光线先聚焦然后重合到缝的中心处，观察绿光亮条纹是否清晰，若清晰并也进入狭缝就不用调整。

（3）样品放置，液体样品放入洗干净的玻璃比色皿，盖好盖子，放入样品架，固体样品是用样品杆支持，样品杆底部是椭圆形的，可以先将双面胶贴到椭圆底部，将样品杆放入样品支架里，最后将所要测量的固体粘在椭圆底部的双面胶上即可。

（4）将激光拉曼光谱仪的数据线插到计算机的 USB 接口，打开计算机，启动应用程序。

（5）测阈值，点击"阈值窗口"计算机会自动扫描出曲线，点击该曲线图有下角的第三个按钮此事会出现一十字叉丝用键盘移动此叉丝，在曲线右侧寻找拐点，读出此时的阈值，将此阈值输入到左边的设定区域中。

（6）通过阈值窗口选择合适的阈值，一般负高压取 7，积分时间取 200 ms 左右，扫描波长取 510 ~ 560 nm。

（7）在参数设定区设定合适的参数，开始单程扫描，扫描完成后，点击窗口下方辅工具栏中的按钮，给拉曼谱线上各个峰值标序。

（8）根据扫描结果判断是否处于最佳成像位置，若未处于最佳成像位置则重复实验步骤（2），并调节狭缝的宽度直到打印效果为最佳，按下 Print screen 保存最佳的扫描图像，以备打印用。

（9）取下样品用酒精洗干净，比色皿并晾干，以免脏东西附着其壁，影响测量，若样品是固体则取下样品杆以及杆下面的物品，清理杆下面椭圆处粘贴的双面胶，关闭应用程序、仪器电源和激光器电源，图 34-3 为四氯化碳的拉曼光谱。

【实验注意事项】

（1）该半导体激光器的波长为 533 nm。

（2）实验结束时应先取下样品然后断电源。

（3）光学零件表面有灰尘，请勿接触擦拭，可用吹气球小心吹掉。

（4）眼睛不能直视激光。

（5）一定要把玻璃比色皿用酒精洗干净并晾干后再用来盛放待测液体。

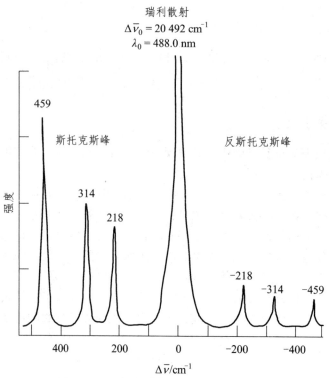

瑞利散射
$\Delta \bar{\nu}_0 = 20\ 492\ cm^{-1}$
$\lambda_0 = 488.0\ nm$

图 34-3　四氯化碳拉曼光谱图（波数）

【问题思考和拓展】

（1）拉曼散射的机理，拉曼散射与康普顿散射的异同？
（2）瑞利散射光的频率与泵浦光的频率有无关系？
（3）拉曼位移与物质有无关系？
（4）拉曼光谱和红外光谱有何异同？

【参考文献】

[1]　欧阳爱国，张宇，唐天义，等. 基于拉曼光谱的乙醇柴油密度、粘度和乙醇含量分析[J]. 光谱学与光谱分析，2018，38（6）：1772-8.
[2]　吴国祯，拉曼谱学[M]. 北京：科学出版社，2014.
[3]　吴国祯. 分子振动光谱学原理[M]. 北京：清华大学出版社，2018.
[4]　董学峰. 拉曼光谱传递与定量分析技术研究及其工业应用[D]. 浙江大学，2013.

实验35 光纤光栅光谱测量实验

【实验背景】

光纤光栅是经过特定工艺技术对光纤纤芯折射率进行轴向周期性调制形成的，按照沿光栅轴向折射率的分布方式，分为均匀光纤光栅和非均匀光纤光栅两大类，均匀周期光栅又分为长周期光栅和闪耀光栅，非均匀光栅包括啁啾光栅、变迹光栅和取样光栅。光纤布拉格光栅（Fiber Bragg Grating，FBG）是光栅大家族中应用最为广泛的器件，光纤布拉格光栅作为一种波长器件，具有体积小，易于波长复用、抗电磁干扰、耐高温等特点，FBG以温度和应变为基本物理量，可以实现压力、位移、角度和加速度等物理量的测量，在结构变化检测、地球动力学、地震勘探等领域具有独特的优势和重要的应用价值。本实验主要介绍光纤光栅的基本原理，分析光栅的光谱特点，并研究FBG的啁啾化光谱的特点。

【实验目的】

（1）了解FBG的形成机理。
（2）掌握FBG、CFBG（啁啾光栅）反射光谱的特点。
（3）理解掌握FBG啁啾化的机理。
（4）实验测量FBG和CFBG反射光谱的主要特征参数。

【实验原理】

前面实验光栅波长测量实验中，我们已经分析了FBG的基本原理，依据耦合模理论可知前向传输的光和后向传输的光满足方程

$$\begin{cases} \dfrac{\mathrm{d}A^+}{\mathrm{d}z} = \mathrm{j}\xi^+ A^+(z) + \mathrm{j}kB^+(z) \\ \dfrac{\mathrm{d}B^+}{\mathrm{d}z} = -\mathrm{j}\xi^+ B^+(z) - \mathrm{j}k^* A^+(z) \end{cases} \tag{35-1}$$

式（35-1）中，$A^+(z) = A(z)\mathrm{e}^{(\mathrm{j}\delta_d z - \phi/2)}$，$B^+(z) = B(z)\mathrm{e}^{(-\mathrm{j}\delta_d z + \phi/2)}$，$\xi^+$是直流自耦合系数，定义为

$$\xi^+ = \delta_d + \xi - \frac{1}{2}\frac{\mathrm{d}\phi}{\mathrm{d}z} \tag{35-2}$$

$$\delta_d = \beta_1 - \beta_2 \tag{35-3}$$

式（35-3）中，δ_d为失谐量，与z无关，β_1为前向传输的模式的传播常数，β_2为后向传输的模式的传播常数。由耦合模理论知，当β_1和β_2满足相位匹配条件时，有

$$\beta_1 - \beta_2 = 2\beta_{01} = \frac{2\pi}{\Lambda} \tag{35-4}$$

式（35-4）中，β_{01} 为单模光纤的传播常数，对应的反射波长称为布拉格反射波长 λ_B，定义为

$$\lambda_B = 2n_{eff}\Lambda \tag{35-5}$$

对于单模 FBG，自耦合系数 ξ 和互耦合系数 k 可以简化为

$$\begin{cases} \xi = \frac{2\pi}{\lambda}\overline{\Delta n_{eff}} \\ k = k^* = \frac{\pi}{\lambda}s\overline{\Delta n_{eff}} \end{cases} \tag{35-6}$$

由于 FBG 的周期是均匀的，因此有 $\overline{\Delta n_{eff}}$、$k$ 和 ξ 均为常数，且 $d\phi/dz = 0$。在此基础上，耦合模方程（35-1）进一步化简为一介常系数微分方程，结合边界条件 $A^+(-L/2)=1$、$B^+(-L/2)=0$ 和 $B^+(L/2)=0$ 可解出该方程，归一化振幅 ρ 为

$$\rho = \frac{-k\sin h\sqrt{(kl)^2-(\xi^+L)^2}}{\xi^+\sin h\sqrt{(kL)^2-(\xi^+L)^2}+j\sqrt{k^2-(\xi^+)^2}\cos h\sqrt{(kl)^2-(\xi^+L)^2}} \tag{35-7}$$

进一步可求得反射率 R 为

$$R = \frac{\sin h^2\sqrt{(kL)^2-(\xi^+L)^2}}{-\left(\frac{\xi^+}{k}\right)^2+\cos h^2\sqrt{(kL)^2-(\xi^+L)^2}} \tag{35-8}$$

由（35-8）可以得到 FBG 的最大反射率 R_{max} 及其对应的峰值波长 λ_p 为

$$R_{max} = \tan h^2(kL) \tag{35-9}$$

$$\lambda_p = \left(1+\frac{\Delta n_{max}}{n_{eff}}\right)\lambda_B \approx \lambda_B \tag{35-10}$$

同时可得到光纤光栅的反射谱 3 dB 带宽 $\Delta\lambda_{FWHM}$ 为

$$\frac{\Delta\lambda_{FWHM}}{\lambda_B} = \sqrt{\left(\frac{\Delta n_{max}}{2n_{eff}}\right)^2+\left(\frac{\Lambda}{L}\right)^2} \tag{35-11}$$

对于非均匀光纤光栅，因为光栅的相位和周期不再是常数，而是随着光栅的轴向变化而变化，由此耦合模方程不再是常系数微分方程组，很难直接求出解析解，一般采用传输矩阵理论来数值模拟的分析方法分析啁啾光栅的反射谱的特征，其基本的思想是将整个非均匀光栅看成许多相对独立的子光栅构成，每一个子光栅看成一个均匀的短光纤光栅，分为 M 段，每个子光栅看作一个传输矩阵，矩阵中的每一个元素可以通过 FBG 的解析解来求得。啁啾光纤光栅是指光纤光栅的周期非均匀或折射率的调制深度非均匀或者两者都是非均匀的，即光纤光栅折射率分布表达式中函数不为零，这种光纤光栅称为啁啾光纤光栅。根据函数的分布形式不同，啁啾光栅分为线性啁啾光栅，高阶啁啾光栅以及高斯啁啾光栅等，其中最具代表性以及在传感领域应用最广的是线性啁啾光纤光栅。假设折射率的调制深度是均匀的，而光

纤光栅的周期是非均匀的，该情况在光纤光栅实际传感领域具有典型的代表意义，则光栅的线性啁啾的周期定义为

$$\Lambda' = \frac{\Lambda}{1 + Fz/L} \quad \left(-\frac{L}{2} \leqslant z \leqslant \frac{L}{2} \right) \tag{35-12}$$

式（35-12）中，Λ 为光纤光栅中心处的周期值，F 为表征光栅啁啾程度的常数，L 为光纤光栅的长度。由式（35-12）可得 $\phi(z)$ 为

$$\phi(z) = \frac{2\pi}{\Lambda} F \frac{z}{L} \tag{35-13}$$

假设光纤光栅的折射率调制函数为正弦函数，则啁啾光栅的折射率 $\Delta n(r)$ 分布为

$$\Delta n(r) = \Delta n_{\max} \cos\left[\left(\frac{2\pi}{\Lambda} + \frac{2\pi}{\Lambda} F \frac{z}{L} \right) z \right] \tag{35-14}$$

由耦合模理论知，此时相位失配，则失匹因子 δ_{d} 为

$$\delta_{\mathrm{d}} = \beta_{\mathrm{m}} - \frac{\pi}{\Lambda} \left(1 + F \frac{z}{L} \right) \tag{35-15}$$

为了方便分析，图 35-1 给出了光纤光栅啁啾的示意图，很明显，光纤光栅的光学周期发生了变化，光纤光栅在不同的位置反射不同的波长，布拉格波长 λ_{B} 表示为

$$\lambda_{\mathrm{B}} = 2[n_{\mathrm{eff}}(0) \cdot \Lambda(0) + f(z)] \tag{35-16}$$

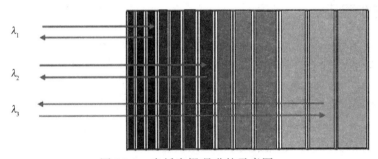

图 35-1　光纤光栅啁啾的示意图

式（35-16）中，$n_{\mathrm{eff}}(0)$ 为 $z = 0$ 时的有效折射率，$\Lambda(0)$ 为 $z = 0$ 时光栅的周期，$f(z)$ 为光纤光栅的啁啾函数。不同的 $f(z)$，则对应不同形状的反射谱。当函数 $f(z)$ 为 z 的一次函数，称为线性啁啾光栅，定义为

$$f(z) = c \cdot z \tag{35-17}$$

式（35-17）中，c 为光纤光栅的啁啾系数。

若整个光栅处在同一温度下，根据式（35-16），在线性应变作用下，光纤光栅光谱带宽 $\Delta\lambda$ 表示为

$$\Delta\lambda = \lambda_{\max} - \lambda_{\min} = 2n_{\mathrm{eff}} \Lambda(1 - p_{\mathrm{e}}) g_{\varepsilon} \tag{35-18}$$

式（35-18）中，$\lambda_{\max}$ 为最大谐振波长，$\lambda_{\min}$ 为最小谐振波长，g_{ε} 为非均匀应变的应变

梯度，定义为 $g_\varepsilon = \mathrm{d}\varepsilon/\mathrm{d}z$。由数值分析可以得出如下结论：① 光纤光栅的啁啾系数与带宽呈线性关系；② 光纤光栅的长度越长，啁啾系数与带宽的线性越好，光纤光栅的长度越短，啁啾系数与带宽的线性变差；③ 光纤光栅的长度越长，在同样啁啾系数下，带宽展宽的灵敏度越大；④ 光纤光栅越短越不容易啁啾，这对波长调制型器件的封装设计具有重要的意义。

【实验系统与装置】

本实验仪器主要包括光纤光谱仪（AQ6319）、宽带荧光光纤光源、光纤熔接机、光纤切刀、2×2 耦合器、光纤跳线（FC/PC）、光纤光栅（FBG）和光纤光栅啁啾化调谐梁，实验系统框图如图 35-2 所示。

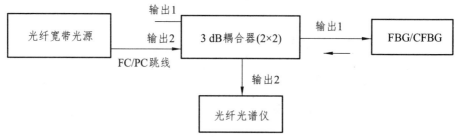

图 35-2　光纤光栅光谱测量装置框图

【实验内容与步骤】

本实验内容有：① 测量光纤布拉格光栅的反射谱的 3 dB 带宽、中心波长和峰值波长；② 利用啁啾化调谐梁测量光纤光栅啁啾化后不同带宽下的中心波长和峰值波长，观察变化规律。

（1）打开光谱仪、宽带荧光光纤光源和熔接机的电源开关。取一根 FC/PC 的跳线，一端剥除黄色保护管，利用光纤剥线钳剥除光纤的涂敷层，用酒精擦拭干净，放入切刀的光纤槽，轻按切刀，将切好的光纤放入熔接机的一端光纤槽。

（2）将写有光纤光栅的光纤一端利用光纤剥线钳剥除光纤的涂敷层，用酒精擦拭干净，放入切刀，放入切刀的光纤槽，轻按切刀，将切好的光纤放入熔接机的另一端光纤槽，保持两只光纤的端面距离合适，小于 0.5 mm，合上光纤熔接机的保护盖，选择自动熔接功能，并按下确认键熔接熔接光纤，如果熔接机提示损耗过大，重复步骤（2）和（3），直至熔接损耗满足要求。

（3）取一根 FC/PC 的跳线，连接宽带光源和耦合器的一个输入相连，将含有光纤光栅的光纤跳线与耦合器的一个输出相连，并将一根 FC/PC 的跳线的一端连接耦合器的另外一个输入口，将光纤的另外一端与光谱仪的输入相连。

（4）设置光谱仪的扫描波长范围、分辨率和采样点数，一般情况下，扫描波长范围设置 10 nm，分辨率为 20 pm，采样点数不要过多，否则会影响扫描的速度。扫描 FBG 的反射谱，并测量 FBG 的中心波长 λ_c、峰值波长 λ_p、3 dB 带宽，并填入表 35-1。

（5）将封装有 FBG 的传感器固定于实验三维调节支架上，并将原耦合器的输出端的光栅取下，同时将该传感器的一端跳线与耦合器的输出端相连。

（6）设置扫描波长范围为 20 nm，分辨率为 20 pm，分别测量梁端不同位移下的啁啾光栅光谱的特征参数，并填入表 35-2。根据上面的实验测量结果，分析 FBG 的光谱特征和啁啾化后光谱的带宽和能量变化规律。

（7）根据表 35-1 分析波长传感中 FBG 的 3 dB 的带宽大小，说明带宽大小对波长测量精度的影响，并根据表 35-2 分析 FBG 啁啾化传感的灵敏度。

表 35-1　FBG 反射谱测量数据记录表　　　　　温度：_____℃

测量次数	中心波长 λ_c/nm	峰值波长 λ_p/nm	3 dB 带宽 $\Delta\lambda$/nm
1			
2			
3			
4			
平均值			

表 35-2　FBG 啁啾化反射谱测量数据记录表　　　　　温度：_____℃

自由端位移	中心波长 λ_c/nm	峰值波长 λ_p/nm	带宽 $\Delta\lambda$/nm	
			3 dB 带宽	
			5 dB 带宽	
			7 dB 带宽	
			9 dB 带宽	

【实验注意事项】

（1）实验中注意光纤端口的连接，FC/APC 一定要连接 FC/APC 跳线。

（2）光纤端口连接不要太紧，实验完毕后，必须盖上光纤冒。

（3）实验过程中，不要碰断光纤光栅。

（4）光纤熔接机使用完毕及时断开电源，光纤切刀按压用力不要太大。

（5）不要触碰切好后的光纤端面，以免增大熔接损耗。

【问题思考和拓展】

（1）简述光纤光栅啁啾的机理。

（2）分析光纤光栅啁啾化的温度不敏感测量机理。

（3）查阅相关资料，分析啁啾化传感的应变分布条件，尝试设计一个 FBG 啁啾化传感器的结构。

【参考文献】

[1] 刘钦朋. 井间地震中光纤加速度检波技术研究[D]. 西安：西北工业大学，2015.

[2] PRABHUGOUD M，PETERS K. Modified transfer matrix formulation for Bragg strain sensor [J]. IEEE Journal of Lightwave Technology，2004，22（10）：2302-2309.

[3] 郭团，刘波，张伟刚，等. 光纤光栅啁啾化传感研究[J]. 光学学报，2008，28（5）：828-834.

[4] 廖延彪，光纤光学[M]. 北京：清华大学出版社，2000.

实验 36 　光栅单色光谱测量实验

【实验背景】

　　1666 年牛顿在研究三棱镜时发现将太阳光通过三棱镜太阳光分解为七色光。1814 年夫琅和费设计了包括狭缝、棱镜和视窗的光学系统，并发现了太阳光谱中的吸收谱线（夫琅和费谱线）。1860 年克希霍夫和本生为研究金属光谱设计成较完善的现代光谱仪-光谱学诞生。由于棱镜光谱是非线性的，人们开始研究光栅光谱仪。光栅单色仪是用光栅衍射的方法获得单色光的仪器，它可以从发出复合光的光源（即不同波长的混合光的光源）中得到单色光，通过光栅一定的偏转的角度得到某个波长的光，并可以测定它的数值和强度。光栅单色仪在科研、生产、质控等方面应用广泛，无论是穿透吸收光谱，还是荧光光谱、拉曼光谱，如何获得单波长辐射是不可缺少的手段。由于现代单色仪可具有很宽的光谱范围（UV~IR），高光谱分辨率（0.001 nm），自动波长扫描，完整的电脑控制功能极易与其他周边设备融合为高性能自动测试系统，使用电脑自动扫描多光栅单色仪已成为光谱研究的首选。本实验讨论光栅光谱仪的使用原理，使用氘灯、钠灯、汞灯光谱对光谱仪进行标定。

【实验目的】

　　（1）了解光栅光谱仪的工作原理。
　　（2）掌握利用光栅光谱仪进行测量的技术。
　　（3）测量氘灯、钨灯、钠灯、汞灯的光谱。

【实验原理】

　　光谱仪是指利用折射或衍射产生色散的一类光谱测量仪器。光栅光谱仪是光谱测量中最常用的仪器。当一束复合光线进入单色仪的入射狭缝，首先由光学准直镜汇聚成平行光，再通过衍射光栅色散为分开的波长（颜色）。利用每个波长离开光栅的角度不同，由聚焦反射镜再成像出射狭缝。通过电脑控制可精确地改变出射波长。基本结构如图36-1 所示，它由入射狭缝 S_1、准直球面反射镜 M_1、光栅 G、聚焦球面反射镜 M_2 以及输出狭缝 S_2 构成。

　　衍射光栅是光栅光谱仪的核心色散器件。它是在一块平整的玻璃或金属材料表面（可以是平面或凹面）刻画出一系列平行、等距的刻线，然后在整个表面镀上高反射的金属膜或介质膜，就构成一块反射式光栅。相邻刻线的间距 d 称为光栅常数，通常刻线密度为每毫米数百至数十万条，刻线方向与光谱仪狭缝平行。入射光经光栅衍射后，相邻刻线产生的光程差 $\Delta S = d(\sin\alpha \pm + \sin\beta)$，$\alpha$ 为入射角，β 为衍射角，则可导出光栅方程：

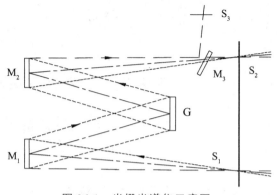

图 36-1　光栅光谱仪示意图

$$d(\sin\alpha \pm \sin\beta) = m\lambda \quad\quad\quad （36-1）$$

光栅方程将某波长的衍射角和入射角通过光栅常数 d 联系起来，λ 为入射光波长，m 为衍射级次，取 0，± 1，± 2 等整数。式（36-1）中的"$\pm$"号选取规则为入射角和衍射角在光栅法线的同侧时取正号，在法线两侧时取负号，如果入射光为正入射 $\alpha = 0$，光栅方程变为 $d\sin\beta = m\lambda$。衍射角度随波长的变化关系，称为光栅的角色散特性，当入射角给定时，由光栅方程可得

$$\frac{\mathrm{d}\beta}{\mathrm{d}\lambda} = \frac{m}{d\cos B} \quad\quad\quad （36-2）$$

复色入射光进入狭缝 S_1 后，经 M_2 变成复色平行光照射到光栅 G 上，经光栅色散后，形成不同波长的平行光束并以不同的衍射角度出射，M_2 将照射到它上面的某一波长的光聚焦在出射狭缝 S_2 上，再由 S_2 后面的电光探测器记录该波长的光强度。光栅 G 安装在一个转台上，当光栅旋转时，就将不同波长的光信号依次聚焦到出射狭缝上，光电探测器记录不同光栅旋转角度（不同的角度代表不同的波长）时的输出光信号强度，即记录了光谱。这种光谱仪通过输出狭缝选择特定的波长进行记录，称为光栅单色仪，如图 36-2 所示。在使用单色仪时，对波长进行扫描是通过旋转光栅来实现的。通过光栅方程可以给出出射波长和光栅角度之间的关系：

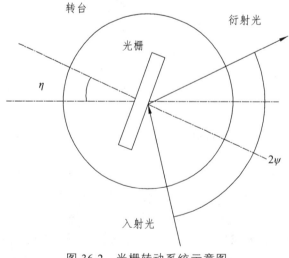

图 36-2　光栅转动系统示意图

$$\lambda = \frac{2d}{m}\cos\psi\sin\eta \qquad\qquad (36\text{-}3)$$

式（36-3）中，η 为光栅的旋转角度，ψ 为入射角和衍射角之和的一半，对给定的单色仪来说 ψ 为一个常数。

【实验系统与装置】

本实验仪器主要包括多功能光栅光谱仪、计算机、氙灯、钨灯、钠灯、汞灯等。单色仪的入射狭缝宽度、出射狭缝宽度和负高压（光电倍增管接收系统）不受计算机控制用手工设置外，其他的各项参数设置和测量均由计算机来完成。多功能光栅光谱仪结构框图图36-3 所示。

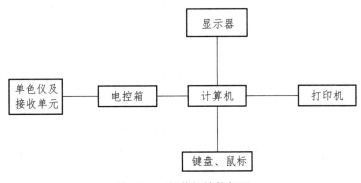

图 36-3　光谱仪结构框图

1. 光学系统

如图 36-1 所示，光谱仪光学系统由 M_1 准光镜、M_2 物镜、M_3 转镜、G 平面衍射光栅、S_1 入射狭缝组成，通过旋转 M_3 选择出射狭缝 S_2 或 S_3 从而选择接收器件类型，出射狭缝为 S_2 则为光电倍增管或硫化铅、钽酸锂、TGS 等接收器件，出射狭缝为 S_3 则为 CCD 接收器件。入射狭缝、出射狭缝均为直狭缝，宽度范围 0～2 mm 连续可调，光源发出的光束进入入射狭缝 S_1，S_1 位于反射式准光镜 M_2 的焦面上，通过 S_1 射入的光束经 M_2 反射成平行光束投向平面光栅 G 上，衍射后的平行光束经物镜 M_2 成像在 S_2 上，或经物镜 M_2 和 M_3 平面成像在 S_3 上。光源系统为仪器提供工作光源，可选氙灯、钨灯、钠灯、汞灯等各种光源。

2. 电子系统

电子系统由电源系统、接收系统、信号放大系统、A/D 转换系统和光源系统等部分组成。电源系统为仪器提供所需的工作电压，接受系统将光信号转换成电信号，信号放大器系统包括前置放大器和放大器两个部分，A/D 转换系统将模拟信号转换成数字信号，以便计算机进行处理。

3. 软件系统

多功能光栅光谱仪的控制和光谱数据处理操作均由计算机来完成。软件系统主要功能有仪器系统复位、光谱扫描、各种动作控制、测量参数设置、光谱采集、光谱数据文件管理、光谱数据的计算等。多功能光栅光谱仪器系统操作软件根据型号不同和接收仪器的不同配有PMT 操作系统和 CCD 操作系统。每一系统均可采用快捷键和下拉菜单来进行仪器操作，下面分别进行说明。

（1）PMT 操作系统。

在 Windows 操作系统中，从"开始"—"程序"—光栅光谱仪"中执行相应的 PMT 可执行程序，或双击桌面上的快捷方式，启动系统操作程序。

在系统初始化过程后应有波长复位正确的提示，然后按"确定"进入系统操作主界面。

菜单栏的使用，系统菜单栏包括文件、测量方式、数据处理、系统操作和帮助五项内容。

文件，在测量模式一栏中，可选择能量或透过率测量，并在系统允许的范围内，对起始刻度和终止刻度进行设置，能量（0~4 095），透过率（0~100），系统默认增益为 1，若信号较弱，可适当选择增益（1~4）。测量方式，测量方式菜单中包括光谱扫描、基线扫描和时间扫描等项。数据处理，在数据处理菜单中包括刻度扩展、局部放大、峰值检索、峰值显示、读取数据、光谱平滑、光谱微分和光谱运算等项。系统操作，系统操作菜单中主要包括波长检索、波长校正、系统复位和系统设置等项。工具栏的使用，工具栏中主要包括新建、打开、保存、打印、光谱扫描、参数设置、波长检索、读取数据、峰值检索、刻度扩展、屏幕刷新和停止等项。

（2）CCD 操作系统。

在 Windows 操作系统中，从"开始"-"程序"-"光栅光谱仪"中执行相应的 CCD 可执行程序，或双击桌面上的快捷方式，启动系统操作程序。菜单栏中使用与 PMT 操作系统相同。

【实验内容与步骤】

本实验的主要内容包括分别使用氚灯谱线、汞灯谱线、钠灯谱线对光栅光谱仪进行波长校准，并测量未知光谱线。

1. 检查初始状态

开机之前，请认真检查光栅光谱仪的各个部分单色仪主机、电控箱、接受单元、计算机等连线是否正确，保证准确无误。为了保证仪器的性能指标和寿命，在每次使用完毕，将入射狭缝宽度、出射狭缝宽度分别调节到 0.1 mm 左右，在仪器系统复位完毕后，根据测试和实验的要求分别调节入射狭缝宽度、出射狭缝宽度到合适的宽度。

2. 接收单元

WDS 系列多功能光栅光谱仪根据仪器型号的不同配有光电倍增管、CCD、硫化铅、钽酸锂、TGS 等不同接收单元。

3. 狭缝调节

仪器的入射狭缝和出射狭缝均为直狭缝，宽度范围 0～2 mm 连续可调，顺时针旋转为狭缝宽度加大，反之减小。每旋转一周狭缝宽度变化 0.5 mm，最大调节宽度为 2 mm。为延长使用寿命，狭缝宽度调节时应注意最大不要超过 2 mm。仪器测量完毕或平常不使用时，狭缝最好调节到 0.1～0.5 mm。

4. 电控箱的使用

电控箱包括电源、信号放大、控制系统和光源系统，在运行仪器操作软件前一定要确认所有的连接线正确连接且已经打开电控箱的开关。

5. 程序安装

仪器的参数设置和测量均由计算机来完成。

6. 校准

采用标准光谱灯进行波长校准，光栅光谱仪由于运输过程中震动等各种原因，可能会使波长准确度产生偏差，因此在第一次使用前用已知的光谱线来校准仪器的波长准确度，在平常使用中，也应定期检查仪器的波长准确度。检查仪器波长准确度可用氖灯、钠灯（标准值为 589.0 nm 和 589.6 nm）、汞灯以及其他已知光谱线的来源来进行。下面介绍几种谱线的校准。

（1）用氘灯谱线校准。

利用氘灯的两根谱线的波长值（标准值为 486.0 nm 和 656.0 nm）来进行校准仪器。根据能量信号大小手工调节入射狭缝和出射狭缝，扫描氘灯光谱，如果波长有偏差，用"零点波长校正"功能进行校正。

（2）用钠灯谱线校准。

利用钠灯的两根谱线的波长值（标准值为 589.0 nm 和 589.6 nm）来进行校准仪器。根据能量信号大小手工调节入射狭缝和出射狭缝，扫描钠灯光谱。如果波长有偏差，用"零点波长校正"功能进行校正。

（3）用汞灯谱线校准。

利用汞灯的五根谱线的波长值（标准值为 404.7 nm、435.8 nm、546.1 nm、577.0 nm、579.0 nm）来进行校准仪器。根据能量信号大小手工调节入射狭缝和出射狭缝，扫描汞灯光谱。如果波长有偏差，用"波长线性校正"功能进行校正。

7. 测量光源光谱

调节光源，使其在单色义的波长范围内有最大的输出。根据测量对系统参数进行相应的设置。根据测量学要对出射、入射狭缝宽度进行相应的设置。

【实验注意事项】

（1）若采用光电倍增管作为接收单元，一定不要在光电倍增管加有负高压的情况下，使其暴露在强光下。在使用结束后，一定要注意调节负高压旋钮使负高压归零，然后再关闭电控箱。

（2）实验过程测量氖灯光谱时，应在避光的环境中进行。

（3）调节狭缝时应缓慢调节，不能损坏刀口。

【问题思考和拓展】

（1）光栅单色光谱仪的分辨率和哪些参数有关？

（2）光栅光谱仪和棱镜光谱仪有哪些区别？

（3）CCD 探测器和光电倍增管各有什么优点和缺点？

【参考文献】

[1]　魏福祥. 现代分子光谱技术及应用[M]. 北京：中国石化出版社，2015.

[2]　陈敏，赵福利，董建文，等. 光学[M]. 北京：高等教育出版社，2018.

[3]　周西林，叶反修，王娇娜，等. 光电直读光谱分析技术[M]. 北京：冶金工业出版社，2019.

[4]　沈本剑. 谱合成技术与空间低通滤波技术研究[D]. 长沙：国防科学技术大学，2012.

实验 37　开放式光栅摄谱仪实验

【实验背景】

摄谱仪（Spectrograph）是一种可将进入光线分离成频谱的仪器。在原子发射光谱分析中，试样激发后将光源的复合光经色散分解为不同波长的光谱线，并用感光板记录下来的装置称摄谱仪，其由照明系统、准光系统、色散系统和投影系统组成。摄谱仪分为棱镜摄谱仪和光栅摄谱仪两种，光栅摄谱仪以光栅作为色散元件的摄谱仪器，分平面光栅摄谱仪和凹面光栅摄谱仪。它比棱镜摄谱仪分辨本领高、色散均匀，利用一定闪耀角的光栅，可将光谱能量集中辐射在某一光谱区内，因而得到广泛应用。本实验讨论开放式光栅摄谱仪的原理和光谱仪的标定方法，使用光谱仪测量未知光源的谱线。

【实验目的】

（1）理解光栅衍射的原理，研究衍射光栅的特性。
（2）观察光栅衍射现象以及一级谱和二级谱，观察光栅衍射角与光波长的关系。
（3）通过目视观察光源的谱线构成，理解光栅光谱仪原理。
（4）测量不同光源的特征光谱，并确定其他谱线的频率。

【实验原理】

1. 光谱和物质结构的关系

每种物质的原子都有自己的能级结构，原子通常处于基态，当受到外部激励后，可由基态跃迁到能量较高的激发态。由于激发态不稳定，处于高能级的原子很快就返回基态，此时发射出一定能量的光子，光子的波长或频率由对应两能级之间的能量差 ΔE_i 决定。$\Delta E_i = E_i - E_0$，E_i 和 E_0 分别表示原子处于对应的激发态和基态的能量，即

$$\Delta E = h\nu_i = \frac{hc}{\lambda_i} \tag{37-1}$$

由式（37-1）得出

$$\lambda_i = \frac{hc}{\Delta E_i} \tag{37-2}$$

式（37-2）中，$i = 1,2,3,\cdots$，h 为普朗克常数，c 为光速。每一种元素的原子，经激

发后再向低能级跃迁时，可发出包含不同频率的光，这些光经色散元件即可得到一一对应的光谱。此光谱反映了该物质元素的原子结构特征，故称为该元素的特征光谱，通过识别特征光谱，就可对物质的组成和结构进行分析。

2. 光栅的衍射

光栅片的结构如图 37-1 所示。设平面单色光波入射到光栅表面上产生反射衍射光，衍射光通过透镜成像在焦平面（观察屏）上，于是在观察屏上就出现衍射图样，如图 37-2 所示，已知光栅方程为

$$d(\sin\theta \pm \sin\theta_0) = j\lambda \qquad (37-3)$$

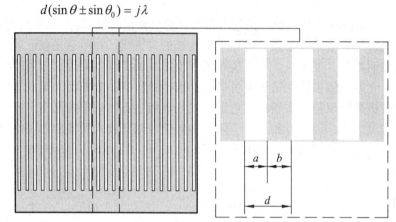

图 37-1　光栅片示意图

式（37-3）中 θ 为衍射角，j 为衍射级数（$j = 0$，± 1，± 2，± 3，$\cdots$），θ_0 表示衍射方向与法线间的夹角，其角度均为正值，θ 与 θ_0 在法线同侧时上式左边括号中取加号，在法线异侧时取减号。可以看出在相同的衍射环境下，不同波长的光，其衍射角是不同的。当入射光为复合光时，在相同的 d 和相同级别 j 时，衍射角随波长增大而增大，这样复合光就可以分解成各种单色光。

3. 用线形内插法求待测波长

光栅是线性色散元件，谱线的位置和波长有线性关系。如波长为 λ_x 的待测谱线位于已知波长 λ_1 和 λ_2 谱线之间，如图 37-2 所示，它们的相对位置可以在 CCD 采集软件上读出，如用 d 和 x 分别表示谱线 λ_1 和 λ_2 的间距及 λ_1 和 λ_x 的间距，那么待测线波长为

$$\lambda_x = \lambda_1 \frac{x}{d}(\lambda_2 - \lambda_1) \qquad (37-4)$$

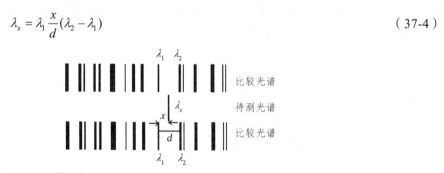

图 37-2　比较已知光谱与待测光谱的关系图

【实验系统与装置】

如图 37-3 所示为本实验的装置图，本实验的系统包括底座、狭缝、准直透镜、光栅、成像透镜、接收模块、镜筒、目视观察屏、CCD 光强分布测量仪和 USB 数据采集盒等。光谱图像既可以直观地用肉眼在目视观察屏上观察，又可以通过 CCD 光强分布测量仪进行精密测量。

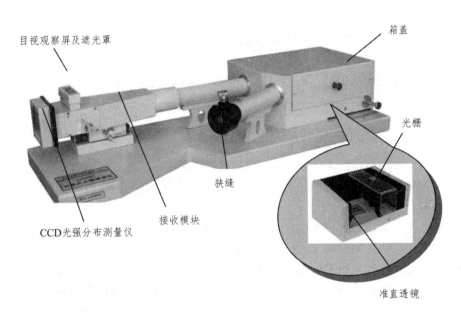

图 37-3　开放式光栅仪器结构图

【实验内容与步骤】

本实验的主要内容包括观察光栅的衍射现象、测量未知波的波长。

1. 观察光栅衍射现象

在实验中，通过对光栅光谱仪光路的调节，掌握光栅衍射的特性和光栅光谱仪的原理，为第二部分测量未知光谱的波长做好准备。在光路的调节过程中，应遵循自狭缝开始、由前及后的顺序调节。具体的实验步骤如下：

（1）准备，钠灯预热 5 min 直至钠灯光源趋于稳定，在预热等待的同时，将目视观察屏上方的目视观察屏遮光罩去掉，将侧面的目视/CCD 选择旋钮置于"目视"挡，打开光谱仪箱盖，预热完成后，将钠灯放在狭缝前面。

（2）狭缝调节，旋转狭缝使狭缝基本垂直于光栅光谱仪水平支撑面。

（3）准直透镜调节，在较暗的环境下可以在光栅片上发现一个圆斑，调节准直透镜的 X、Y 调节旋钮将圆斑调节到光栅片中心位置。

（4）光栅转台调节，将光栅转台的指针旋转至刻度 0°左右，此时光栅片作为反射镜可以将入射的光直接反射到成像物镜上。

（5）成像物镜调节，利用二维调节架使其基本垂直即可。

（6）观察成像，如果像不在屏的中心位置，则调节光栅片后面的俯仰机构旋钮，将像调节至屏的中心位置，如果像是倾斜的，则旋转狭缝使所成的狭缝像与观察屏垂直，如果像粗且模糊，则调节狭缝宽度使观察屏上可以看到清晰锐利的像。

（7）观察衍射现象，调节好 0 级亮纹，顺时针旋转光栅转台旋钮，此时随着光栅片的旋转，成像物镜接收到的是钠光的衍射光线。钠灯发出的光线是由多个不同波长的谱线组成，因衍射角的不同将分为多个谱线。观察谱线的分布情况，可以发现一级谱按波长从紫到红、从短到长分布。注意在目视谱线时因谱线强度、宽度以及谱线间距较小等原因，需使用所配放大镜观察方可观察到清晰、锐利的像，观测过程中若钠谱线分辨不清晰或者谱线过粗，先旋转狭缝上的调节旋钮，逆时针旋转减小谱线宽度，若所显条纹不清晰，则前后调节接收模块位置，以上光路完成调节后，必须保持不变直至全部实验的完成，如果实验过程中光路发生变化，则必须重新开始实验。

2. 测量未知光谱的波长

本实验采用线形内插法求待测波长，根据式（37-4），先采集并定标两条已知波长的谱线，然后再采集未知的谱线并对其波长进行测量，接下来以钠灯的双黄线作为已知波长的谱线来计算氦灯的未知谱线。

（1）将光栅光谱仪的目视/CCD 选择旋钮置于"CCD"档并将目视孔遮光罩罩在目视观察屏上面（以免杂散光的影响），此时成像将直接投射到 CCD 上。

（2）用数据线连接光栅光谱仪接收端的 CCD 光强分布测量仪和 USB 数据采集盒，再用 USB 线连接 USB 数据采集盒和计算机，运行并熟悉 CCDSHOT 数据处理程序。

（3）在程序界面下方的"模拟黑白照片效果"的区域可以看到 CCD 接收到的像，观察其清晰度，若成像不清晰则前后移动接收模块的位置，直至能看到一个清晰的像。

（4）通过旋转角度估测谱线的波长，在准备阶段，将光栅转台旋转至 0°，此时在 CCD 上可以观察到一个清晰的像，这是 0 级谱，相当于直接将光源光线聚焦到一条线上，其所包含的各种谱线并没有分开。记下 0 级谱线对应 CCD 的像素点位置，旋转光栅转台，当发现分离出的谱线时，继续旋转光栅转台使此谱线移动到刚才的 0 级谱的像素点位置，此时读取转台的角度值 θ，根据式（37-3）可推得

$$1.953d\sin\theta = j\lambda \qquad\qquad (37\text{-}5)$$

式（37-5）中，j 为谱线级数，d 为光栅常数，可以计算出波长。例如钠双黄的转角，当光栅光谱仪采用 1 200 条光栅（$d = 1\,200$）时为 21.2°，采用 600 条光栅（$d = 600$）时为 10.4°。

（5）采集并定标已知波长的谱线，按上一步，将光栅转台调至 21.2°（$d = 1\,200$）或 10.4°（$d = 600$），在软件上采集到钠光的特征谱-双黄线后，点击"停止采集"。移动蓝色的取样框到左边的谱线处，将鼠标移至右面，选择"A/D"值最大时，输入"589.6 nm"，然后将鼠标移至右边的谱线处输入"589.0 nm"，完成定标。

（6）采集并测量未知波长的谱线 1，不改变光学系统，在同一位置换上氦灯，不要转动光栅转台，用软件采集到某一条未知待测波长的谱线，将鼠标压在此谱线上，点击右键，

弹出"待测谱线计算"对话框，按下"由列表选定标谱线 1"，选择一条刚才定过标的钠灯谱线；同样方法，在"由列表选定标谱线 2"选择另一定过标的钠灯谱线，之后点击"计算待测波长"。

（7）采集并测量未知波长的谱线 2，如果待测谱线是在光栅转台转角改变的情况下获得的，则不能采用上一步的方法直接测量，因为在光栅角度改变的情况下，已定过标的钠灯双黄线与此未知谱线的相对位置关系已被破坏，这时需重新标定谱线。

（8）光栅衍射仪的衍射光谱是线性分布的，因此在同一张 CCD 图片中只要能确定二条谱线就可以确定其他的谱线。

【实验注意事项】

（1）光栅是精密光学器件，严禁用手触摸刻痕。
（2）钠、汞灯等光谱灯源在使用时不要频繁开启、关闭，否则会降低其寿命。
（3）实验时，应先测量出 0 级谱后再观察和测量其他谱线。
（4）测量时如需改变狭缝大小，不要旋转光栅转台。

【问题思考和拓展】

（1）开放式光栅摄谱仪和棱镜摄谱仪有什么区别？
（2）在用线性内插法测定波长时，采取哪些措施来减少测量误差法？
（3）光栅摄谱仪非线性主要有哪些因素引起的？

【参考文献】

[1] 陈晓莉，王培吉. 普通物理实验（下）[M]. 重庆：西南师范大学出版社，2011.
[2] 李传亮. 高灵敏光谱技术在痕量检测中的应用[M]. 北京：电子工业出版社，2017.
[3] 晋卫军. 分子发射光谱分析[M]. 北京：化学工业出版，2018.
[4] 周西林，叶反修，王娇娜，等. 光电直读光谱分析技术[M]. 北京：冶金工业出版社，2019.

实验 38　红外光分度计测量实验

【实验背景】

电磁光谱的红外部分根据与见光谱的关系，可分为近红外光、中红外光和远红外光，远红外光（大约 $10 \sim 400\ cm^{-1}$）同微波毗邻，能量低，可以用于旋转光谱学，中红外光（$400 \sim 4\ 000\ cm^{-1}$）可以用来研究基础震动和相关的旋转-震动结构，更高能量的近红外光（$4\ 000 \sim 14\ 000\ cm^{-1}$）可以激发泛音和谐波震动。共振频率或者振动频率取决于分子等势面的形状、原子质量、和最终的相关振动耦合。在波恩-奥本海默和谐振子近似中，当对应于电子基态的分子哈密顿量能被分子几何结构的平衡态附近的谐振子近似时，分子电子能量基态的势面决定的固有振荡模，决定了共振频率，简单的双原子分子只有一种键，即伸缩。更复杂的分子可能会有许多键，并且振动可能会共轭出现，导致某种特征频率的红外吸收可以和化学组联系起来。常在有机化合物中发现的 CH_2 组，可以存在 "对称和非对称伸缩" "剪刀式摆动" "左右摇摆" "上下摇摆" 和 "扭摆" 六种方式振动。红外光谱仪是利用物质对不同波长的红外辐射的吸收特性，进行分子结构和化学组成分析的仪器。红外光谱仪通常由光源、单色器、探测器和计算机处理信息系统组成。根据分光装置的不同，分为色散型和干涉型。对色散型双光路光学零位平衡红外分光光度计而言，当样品吸收了一定频率的红外辐射后，分子的振动能级发生跃迁，透过的光束中相应频率的光被减弱，造成参比光路与样品光路相应辐射的强度差，从而得到所测样品的红外光谱。本实验主要讨论红外光度计的原理和组成，学习利用红外光光度计测量几种物质的红外光谱。

【实验目的】

（1）掌握红外光谱分析基本原理、特点及应用。
（2）掌握红外分光光度计的组成及作用。
（3）掌握红外分光光度计的操作。
（4）了解红外图谱的解析方法。

【实验原理】

1. 红外光谱原理

红外光谱是分子振动光谱，通过谱图解析可以获取分子结构的信息，任何气态、液态、固态样品均可进行红外光谱测定，这是其他仪器分析方法难以做到的。由于每种化合物均有红外吸收，尤其是有机化合物的红外光谱能提供丰富的结构信息，因此红外光谱是有机化合物结构解析的重要手段之一。

红外辐射光的波数可以分为三类：近红外区（4 000 ~ 10 000 cm^{-1}）、中红外区（400 ~ 4 000 cm^{-1}）、远红外区（100 ~ 400 cm^{-1}），最常用的是中红外区。大多数化合物的化学键振动能级的跃迁发生在这一区域。在此区域出现的光谱为分子振动光谱，即红外光谱。

因为频率在 400 ~ 4 000 cm^{-1}（或者波长 2 500 ~ 25 000 nm）的红外光不足以使原子的电子发生跃迁，但是能够引起物质分子的振动。由于每种分子具有特定的振动能级，能够选择性地吸收相应频率（或者波长）的红外光，并由其振动或转动运动引起偶极矩的净变化，产生分子振动和转动能级从基态到激发态的跃迁，使相应于这些吸收区域的透射光强度减弱。记录红外光的百分透射比与波数或波长关系曲线，就得到红外光谱。红外光谱最重要的应用是中红外区有机化合物的结构鉴定，根据红外吸收光谱中吸收峰的位置和形状来推测未知物结构，进行定性分析和结构分析，根据吸收峰的强弱与物质含量的关系进行定量分析。

2、红外光谱法的特点

（1）辐射应具有能满足物质产生振动跃迁所需的能量。

（2）辐射与物质间有偶合作用，没有偶极矩变化的振动不会产生红外吸收，一些中心对称的双原子分子，如 N_2、O_2 没有红外光谱。

（3）红外光谱法主要研究在振动中伴随有偶极矩变化的化合，凡是具有结构不同的两个化合物，一定不会有相同的红外光谱。

（4）通常红外吸收带的波长位置与吸收谱带的强度，反映了分子结构上的特点，可以用来鉴定未知物的结构组成或确定其化学基团，而吸收谱带的吸收强度与分子组成或化学基团的含量有关，可用以进行定量分析和纯度鉴定。

（5）峰位、峰数、峰强。峰位是指化学键的力常数 K 越大，原子折合质量越小，键的振动频率越大，吸收峰将出现在高波数区（短波长区）。反之，出现在低波数区（高波长区），峰数与分子自由度有关。无瞬间偶矩变化时，无红外吸收。瞬间偶距变化大，吸收峰强，键两端原子电负性相差越大（极性越大），吸收峰越强。

【实验系统与装置】

实验系统如图 38-1，系统中光源发出的光，被分为能量均等对称的两束，一束为样品光通过样品，另一束为参考光作为基准。这两束光通过样品室进入光度计后，被扇形镜以一定的频率所调制，形成交变信号，然后两束光和为一束，并交替通过入射狭缝进入单色器中，经离轴抛物镜将光束平行地投射在光栅上，色散并通过出射狭缝之后，被滤光片滤除高级次光谱，再经椭球镜聚焦在探测器的接收面上。探测器将上述交变的信号转换为相应的电信号，经放大器进行电压放大后，转入 A/D 转换单位，计算机处理后得到从高波数到低波数的红外吸收光谱图。本实验系统包括红外光度计、计算机、压片机和测量附件等。

1. 光　源

光源是能够发射高强度连续红外辐射的物质，通常采用惰性固体作光源，能斯特灯（由锆、钇、铈或钍的氧化物），特点是发射强度大，尤其在高于 1 000 cm^{-1} 的区域稳定性较好，但机械强度较差，价格较贵。硅碳棒由碳化硅烧结而成，特点为在低波数区发射较强，波数范围宽，400 ~ 4 000 cm^{-1}，坚固、寿命长、发光面积大。

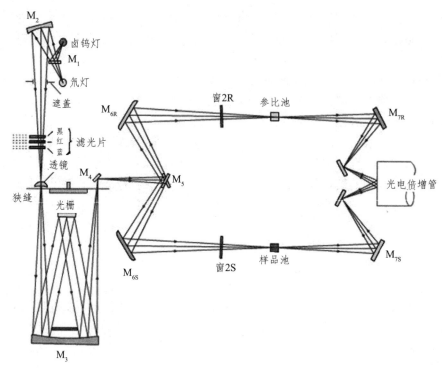

图 38-1 红外仪器原理图

2. 吸收池

红外吸收池窗口一般用一些盐类的单晶制作，KBr 或 NaCl 等，它们极易吸湿，吸湿后会引起吸收池窗口模糊，要求恒湿环境，可测定固、液、气态样品。

3. 检测器

检测器的作用是将照射在它上面的红外光变成电信号，红外区光子能量低，不能使用紫外可见吸收光谱仪上的光电管或光电倍增管。常用的红外检测器有三种，真空热电偶、测辐射热计、热电检测器。

【实验内容与步骤】

本实验的主要内容包括使用聚苯乙烯薄膜测量标准的红外光谱；使用压机进行压片制样，测量固体样品的红外光谱，并分析红外光谱。

（1）打开计算机和红外光谱仪主机电源，双击图标进入工作界面。

（3）在样品测试之前，先要根据对样品的要求和样品本身的特性进行相应的参数设置，可点击"文件-参数设置"或工具栏中的"参数设置"，弹出参数设置对话框。

（4）样品测试时，首先按照要求及样品特性进行参数设置，其次进行系统校正，然后把样品放入样品室的"样品"（即样品室中，靠近操作者的一侧）一路，点击"扫描"即可。

（5）设置好测量参数并确认样品室中无任何物品后，按 F2 键进行零点校正，然后，将标准聚苯乙烯薄膜插入样品池，点击"扫描"即可。

（6）用压片法等方法制作样品，在"测量"中的"基本设置"中点击"测量样品通道"。

（7）实验结束时，先关闭工作界面，再顺序关闭红外光谱仪主机和计算机电源。

【实验注意事项】

（1）红外压片时，所有模具应该使用酒精棉擦洗干净。

（2）取用 KBr 时，不能将 KBr 污染，避免影响其他学生做实验。

（3）红外压片时，样品量不能加太多，样品量和 KBr 的比例大约在 1：100。

（4）用压片机压片时，应该严格按操作规定操作，压片机使用时压力不能过大，以免损坏模具。

（5）采集背景信息时应将样品从样品室中拿出。

【问题思考和拓展】

（1）红外分光光度计和傅立叶红外光谱仪之间的区别？

（2）红外光谱有哪些特点？

（3）使用红外分光光度计应注意什么？

（4）红外光谱分析主要有哪些应用？

【参考文献】

[1] 李昌厚. 光谱仪器及其应用的发展和展望[J]. 分析仪器，2010，06：93-9.

[2] 王春雨，李洋，孙英杰. 近红外光谱仪研究[J]. 工程与试验，2012，04：65-67.

[3] 李全臣. 光谱仪器原理[M]. 北京：北京理工大学出版社，1999.

[4] 吴国祯. 分子振动光谱学原理 M]. 北京：清华大学出版社，2018.

[5] 冯计民. 红外光谱在微量物证分析中的应用[M]. 北京：化学工业出版社，2019.